L'INVENTION DES FORMES

ALAIN BOUTOT

L'INVENTION DES FORMES

Chaos – Catastrophes – Fractales – Structures dissipatives – Attracteurs étranges

EDITIONS
ODILE JACOB

ISBN : 2-7381-0201-8

15 RUE SOUFFLOT, 75005 PARIS

Avertissement

Traitant des rapports entre les théories scientifiques de la morphogénèse et la philosophie de la nature, cet ouvrage comporte un certain nombre de développements physico-mathématiques. Les plus techniques ont été regroupés en appendice, mais quelques-uns émaillent encore le corps du texte. Gageons pourtant qu'ils ne rebuteront pas le lecteur. Nous espérons qu'ils l'aideront au contraire à débrouiller la matière. C'est du moins dans cet esprit que nous les avons conçus et c'est pour cette raison que nous les avons maintenus. Les alléger davantage eût supposé que le lecteur puisse suppléer les explications manquantes par une intuition personnelle, ce que nous n'avons pas voulu exiger dans un ouvrage que nous souhaitons rendre accessible au plus grand nombre.

Introduction

La science moderne est dans une situation bien étrange. Elle est omniprésente à travers la foule de ses applications technologiques, mais semble en même temps avoir déserté notre monde. La physique ne nous parle plus vraiment des objets qui nous entourent, ni *a fortiori* de nous-mêmes, mais s'est engagée depuis plusieurs décennies dans une course vers l'infiniment petit et vers l'infiniment grand que plus rien ne semble pouvoir arrêter. Sécrétant son propre monde, la science « de pointe » se fait désormais dans le secret des laboratoires ou des centres de recherches qui disposent, pour mener à bien leurs investigations, de machines de plus en plus puissantes et sophistiquées. Ainsi, en physique des hautes énergies, les accélérateurs de particules sont-ils capables de « voir » des objets de taille de plus en plus réduite et d'une durée de vie de plus en plus brève. Ces microscopes gigantesques permettent de réaliser des expériences dont la signification et la justification théoriques échappent bien souvent au commun des mortels. Ces laboratoires de recherches, avec leurs étranges machines, sont un peu comme les temples des Temps modernes. On les imagine volontiers habités par des grands prêtres ou des sorciers officiant au milieu de disciples ayant réussi à pénétrer dans le cercle étroit des initiés. Ces grands prêtres et leurs disciples forment une sorte de « communauté » possédant son langage et obéissant à ses rites. Elle communie dans des congrès ou par l'intermédiaire de publications internationales. Les plus prestigieux de ses membres, les prix Nobel, sont aujourd'hui vénérés comme autrefois les devins ou les mages. On les consulte sur tout et n'importe quoi, comme s'ils détenaient la vérité sur tous les sujets. La science semble bien être actuellement l'« héritière de la religion : les savants, dit-on, restent, à l'heure qu'il est, les plus légitimes dépositaires des espoirs de l'humanité [1] ». D'où le paradoxe d'une science à qui l'humanité demande chaque jour davantage, pour ne pas dire tout, et qui est en même temps de plus en plus éloignée de l'intelligence et de l'existence humaines.

Cette image devenue banale d'une science envahissante et lointaine à la fois, pour ne pas dire hautaine, ayant pour domaine de prédilection l'infiniment grand et l'infiniment petit, est dépassée, ou, en tout cas, n'est plus tout à fait de mise aujourd'hui. L'étude de la morphogénèse, c'est-à-dire l'analyse des *formes* que peuvent prendre les objets qui peuplent notre monde, aussi bien animé qu'inanimé, longtemps délaissée par les sciences de la nature dans sa quête de l'élémentarité, connaît en effet, depuis plusieurs années, un puissant regain d'intérêt. Des recherches menées de façon indépendante dans différents domaines par des mathématiciens ou par des physiciens théoriciens ont permis d'élaborer de nouvelles méthodes capables d'expliquer et, dans une certaine mesure, de prévoir l'apparition des formes (ou des morphologies) que nous rencontrons. Nous pensons ici à la théorie des catastrophes de René Thom, à la théorie des fractales de Benoît Mandelbrot, à la théorie des structures dissipatives d'Ilya Prigogine, à la théorie du chaos et des attracteurs étranges de David Ruelle, ou encore à la synergétique de Hermann Haken. À travers ces recherches, tout se passe comme si la science découvrait, ou plutôt redécouvrait que notre monde ne se réduit pas à un simple assemblage de particules matérielles microscopiques interagissant les unes sur les autres, mais se compose d'une multitude d'objets possédant chacun une forme singulière obéissant elle-même à des lois propres.

Ces théories sont originales, et même révolutionnaires à plus d'un titre. Loin de se réduire à une nouvelle branche de la physique et des sciences de la nature en général, se proposant d'appréhender, par des procédures jusque-là inédites, un aspect jusqu'alors laissé dans l'ombre de notre monde (les morphologies), elles laissent présager ce que les philosophes des sciences appellent un « changement de paradigme ». Elles ne partagent pas les principes qui

1. R. Thom, « La Science en crise ? », *Le Débat*, 18, 34-43, 1982, p. 40.

guident et inspirent la pratique scientifique ordinaire, mais dessinent les contours de ce qui constitue bel et bien une *nouvelle figure du savoir*. De la manière la plus extérieure, leurs promoteurs respectifs ne sont pas des scientifiques tout à fait comme les autres. Ce sont des esprits non conformistes, volontiers iconoclastes, qui ont mené leurs travaux de manière souvent autonome dans la solitude de leur bureau ou de leur laboratoire. Ils n'évoluent pas dans ces grands centres de recherches où l'on s'efforce de percer à jour les structures et les composants ultimes de la matière. Non pas, bien sûr, qu'ils n'y auraient pas eu accès, mais parce que leur horizon théorique est ailleurs. De quoi nous parlent-ils en effet ? Non pas des quarks, des fermions, des bosons, des cordes ou des super-cordes, et des autres objets plus ou moins ésotériques qui peuplent l'univers de la physique atomique, ni des étoiles à neutrons, des pulsars ou autres quasars chers aux astrophysiciens mais, tout simplement et très modestement, du monde où nous habitons, du monde *à notre échelle*. Ils ne répugnent pas à s'intéresser à des phénomènes aussi familiers que la forme des nuages ou des montagnes, l'allure des côtes de la Bretagne, l'écoulement d'un torrent, les volutes de la fumée d'une cigarette, les zigzags des éclairs, bref, à une multitude de phénomènes qu'on a perdu l'habitude de voir aborder dans les traités scientifiques « sérieux ». Pour la science dite « normale », ces phénomènes ne méritent pas qu'on s'y arrête. Ils présentent en effet le grave défaut d'être évidents : ils se fondent sur des lois physiques élémentaires connues, pour la plupart, depuis longtemps. Quoi de plus banal, par exemple, que la trajectoire sinueuse d'une feuille morte : celle-ci n'est-elle pas tout simplement le jouet des mouvements capricieux de l'atmosphère ? Quoi de plus normal que les aspérités d'une falaise : ne sont-elles pas le résultat de l'action combinée d'une multitude de facteurs géologiques, météorologiques, chimiques, etc., parfaitement identifiables, sinon en fait, du moins en droit ? Ces phénomènes, et tous ceux du même genre, n'ont donc rien de bien mystérieux. Ils ne soulèvent aucun problème théorique difficile, aucun de ceux, en tout cas, dont la résolution peut faire espérer l'obtention du prix Nobel. Tout bon physicien est normalement capable d'en venir à bout : il lui suffit de disposer d'un peu de temps et de faire preuve, éventuellement, d'un peu d'astuce pour résoudre les équations. Mais cette présomption d'évidence est une affirmation bien gratuite. Elle repose même sur une véritable pétition de principe. Car, en dépit de leur simplicité apparente, ces phénomènes sont d'une complexité théorique redoutable, plus redoutable même que bon nombre des notions que manipule la physique fondamentale. « Qui sait, se demande Thom, si une réflexion mathématique un peu poussée sur ce genre de petits phénomènes ne se révélerait pas, finalement, plus profitable à la science [2] » que certaines recherches sur la structure ultime de la matière ?

Certains sont même allés jusqu'à prétendre que les théories morphologiques, et notamment la théorie du chaos, constituaient la troisième grande révolution que la physique avait connue au cours de ce siècle, après la théorie de la relativité et la théorie quantique. « La relativité a éliminé l'illusion newtonienne d'un espace et temps absolus ; la théorie quantique a supprimé le rêve newtonien d'un processus de mesure contrôlable ; le chaos, lui, élimine l'utopie laplacienne d'une prédicibilité déterministe [...]. L'expérience quotidienne et les images réelles du monde sont devenues des objets d'étude légitimes [3]. » « Depuis une trentaine d'années, a-t-on dit aussi, l'irruption du *non-linéaire* [4] conduit à une transformation en profondeur de l'ensemble de la physique, d'importance comparable aux deux révolutions, quantique et relativiste, qui ont marqué celle-ci à l'aube du XXe siècle. Parmi les innombrables conséquences de cette évolution, l'une des plus marquantes est l'élaboration progressive d'une description de la Nature qui ne sépare plus le milieu vivant de la matière inerte ; cela grâce, précisément, à la prise en compte des non-linéarités, sources d'une infinie diversité de comportements [5]. » En mettant les recherches actuelles sur le non-linéaire, sur le chaos et sur les phénomènes morphogénétiques en général sur le même plan que la théorie de la relativité et la mécanique quantique, on

---

2. R. Thom, *Stabilité structurelle et morphogénèse*, Paris, InterÉditions, 2e éd., 1984, p. 10.

3. J. Gleick, *La Théorie du chaos*, Paris, Albin Michel, 1989, p. 21. James Gleick rapporte ici les propos d'un physicien américain, Joseph Ford, dans *What is Chaos ?*, préprint, Georgia Institute of Technology, p. 12.

4. On appelle *linéaire*, en mathématiques, une équation ou une fonction qui ne comporte que des inconnues ou des variables au premier degré, les produits de ces inconnues ou de ces variables étant exclus. Par exemple, la fonction $f(x) = ax+b$ est une fonction linéaire, car la variable x y figure au premier degré. Son graphe est une ligne droite. En revanche, les fonctions $f(x) = ax^2+bx+c$; $f(x,y) = axy$ sont *non linéaires*. Elles comportent des carrés, ou des produits des variables.

5. P. Bergé, Y. Pomeau et C. Vidal, *L'Ordre dans le chaos*, Paris, Hermann, 1984, 4e de couverture.

accorde en fait trop et trop peu à ces travaux d'un nouveau genre. Trop, car les théories morphologiques ne constituent pas un ensemble rigide et structuré, au même titre que la théorie de la relativité ou que la mécanique quantique par exemple. Elles ne formulent aucune hypothèse nouvelle sur le comportement de la matière ni sur sa structure ou sa composition. Elles apportent seulement un nouveau langage destiné à déchiffrer et rationaliser le monde mouvant des formes. Mais en même temps, on leur accorde trop peu, car on sous-estime de la sorte la portée de la révolution « morphologique » elle-même. Ces théories sont bien plus subversives encore que ne l'est la mécanique quantique, qui, à bien des points de vue, s'inscrit dans le cadre ouvert par la science newtonienne elle-même. Elles rompent radicalement avec l'orientation de la science contemporaine tout entière, c'est-à-dire avec l'idéologie techno-scientifique et positiviste qui la gouverne. Cette rupture, que d'aucuns pourraient être tentés de considérer comme une marque de non-scientificité, est en même temps un retour vers une époque où science et philosophie n'étaient pas encore deux termes antithétiques, comme ils le sont devenus depuis. Ces théories font revivre une vieille idée de la science, et peut-être la seule qui soit au fond tenable, celle d'une science qui permet de comprendre le réel, et pas seulement d'agir sur lui. Paraphrasant une formule célèbre, on pourrait caractériser la démarche des « morphologistes » contemporains en disant : « Jusqu'ici les savants n'ont fait que transformer diversement le monde ; il s'agit maintenant de l'interpréter. » « Les notions de structure et d'ordre, explique Ilya Prigogine, sont aujourd'hui au centre d'un renouveau du savoir qui a pour problème le monde à notre échelle. Et les nouvelles conceptions qui se font jour dans ce monde macroscopique diffuseront sans doute vers le domaine des particules élémentaires et de la cosmologie. L'idée même d'une physique de pointe définie comme l'extrapolation des limites de ce que nous pouvons atteindre, physique des hautes énergies, physique des confins de l'univers, est en passe de disparaître. L'exploration du monde que nous habitons se révèle aussi riche en surprises et en perspectives nouvelles que la vertigineuse découverte de l'infiniment grand ou de l'infiniment petit. Les sciences n'en sont qu'à leurs premiers pas [6]. »

---

6. I. Prigogine et I. Stengers, *La Nouvelle alliance*, Paris, Gallimard, 2e éd., 1986, p. 8.

Les théories morphologiques modifient non seulement à vrai dire le sens de l'entreprise scientifique, mais plaident aussi et corrélativement pour un nouveau rapport de l'homme aux choses et au monde. Elles tissent des liens entre l'univers rigoureux des sciences de la nature et celui, toujours approximatif, de l'existence concrète, et nous renvoient, ce faisant, l'image d'une science plus humble, et du même coup plus humaine. On peut dire sans exagération que leurs promoteurs « humilient » la science, non pas tant parce qu'à travers eux, celle-ci aurait subitement pris conscience de ses limites et serait devenue moins arrogante, mais parce que, suivant en cela le sens propre et premier du terme, ils redescendent et font redescendre la science de la région « éthérée » dans laquelle elle se trouve depuis longtemps, pour regagner le sol, c'est-à-dire l'*humus* du monde de la vie, source ultime du sens. Scientifiques et penseurs d'un nouveau genre, ils se situent dans une zone intermédiaire, dans une sorte d'entre-deux que l'on croyait, à tort, devenu inhabitable ou simplement inaccessible. Loin d'être une curiosité scientifique sans lendemain, leurs théories sont en passe de bousculer nos habitudes de pensée, nos catégories et nos hiérarchies intellectuelles les mieux établies et au bout du compte toute notre existence. Elles récusent l'approche exclusivement technicienne et utilitaire de la nature pour prôner une attitude plus respectueuse, qui « laisse être » le monde dont nous faisons nous-mêmes partie. Elles refusent de sacrifier au dogme de l'action efficace. Elles ne cherchent pas à manipuler le réel à leur profit, mais placent plus haut le savoir pur et désintéressé, le simple plaisir de connaître pour connaître, la compréhension gratuite des processus présidant à la naissance et à l'évolution des formes de notre univers quotidien. Elles nous invitent à nous laisser porter, et pourquoi pas fasciner, par la richesse et par la complexité de ses métamorphoses.

Derrière ces bouleversements, se profilent peut-être en réalité les premiers soubresauts d'une mutation spirituelle dont nous ne mesurons pas encore la portée. L'époque, on le sait, on le dit, est matérialiste. La science contemporaine ne fait pas exception, et c'est la raison pour laquelle elle a tant de mal, nous le verrons, à comprendre et à interpréter le monde des formes. Son outil mathématique s'avère impuissant dans cette tâche, car il n'est taillé que pour la matière, le quantitatif ; il n'est à l'aise que dans l'élément de l'extériorité, du *partes extra partes*, du nombrable et du calculable. C'est pourquoi la compréhension rigoureuse des formes suppose d'abord le développement de méthodes mathématiques spécifiques, mais elle ne requiert pas en vérité que cela. Elle exige aussi et peut-être même surtout une autre disposition intellectuelle qui privilégie la contemplation et s'apparente fort, en réalité, à un nouvel élan de l'esprit lui-même. La forme d'une chose est une réalité insaisissable, quelque chose que nous pouvons certes percevoir, mais non pas tenir, prendre, peser ni soupeser, bref quelque chose qui parle autant – sinon plus – à l'intelligence qu'aux sens, à la raison qu'à la sensation. De ce point de vue, les théories morphologiques correspondent non seulement à une science plus proche, mais aussi plus spéculative, plus rationnelle, et pour tout dire plus « spirituelle » et néanmoins « terrestre ». Et qui sait même si l'émergence de ces théories, en contraste avec le matérialisme de l'époque, ne serait pas le signe avant-coureur d'une renaissance de l'esprit, d'un retour du souffle de la raison sur le devant de la scène du monde ?

***

Cet ouvrage comporte deux parties : dans la première partie, nous cherchons à cerner, aussi exactement que possible, les contours de la *révolution morphologique*. Après une brève présentation des objectifs et des méthodes des théories les plus représentatives de ce nouveau courant scientifique (la théorie des catastrophes, la théorie des fractales, la théorie des structures dissipatives, la théorie du chaos), nous montrons que et comment celles-ci œuvrent, chacune à leur manière – plus ou moins subrepticement –, aux retrouvailles de la science et de la philosophie : les théories morphologiques peuvent être considérées comme la philosophie de la Nature des Temps modernes. Dans la seconde partie, nous dégageons les traits fondamentaux et les enjeux de cette philosophie de la Nature. Nous affirmons, et c'est là notre thèse essentielle, que les théories morphologiques se rattachent à bien des égards et en dépit des apparences, à une tradition ancienne qu'elles renouvellent en profondeur, la tradition aristotélicienne. Nous proposons, pour cette raison, de les caractériser comme un *néo-aristotélisme mathématique*.

Première partie

La révolution morphologique

Chapitre 1

Une exploration du monde des formes

Les théories morphologiques cherchent à décrire, et si possible à expliquer, l'apparition, le maintien et la disparition des formes, à comprendre leur genèse et à rendre compte de leur stabilité, et ce dans une multitude de domaines. Ce projet est absolument nouveau, du moins à notre époque, où il tranche avec l'indifférence quasi générale des sciences de la nature à l'égard des processus morphogénétiques, et notamment de celle dont on aurait pu penser qu'elle en aurait fait l'objet principal et même unique de ses investigations : la physique elle-même. « La physique, dit René Thom, a en principe pour objet l'étude de la matière et de ses interactions ; on devrait donc la voir s'attacher à rendre compte de l'une des manifestations les plus spectaculaires du monde à notre échelle, à savoir l'existence d'objets présentant des formes bien typiques. Or si la Biologie, la Géologie [...] sont des disciplines morphologiques, la Physique, apparemment, ignore la notion de forme (sauf dans quelques branches marginales, comme la théorie des milieux ordonnés) [1]. » Les corps dont traite la physique moderne sont, à proprement parler, in-formes : ils sont idéalement réductibles à des masses ponctuelles sur lesquelles agissent un certain nombre de forces. Les particules de la physique atomique peuvent être éventuellement munies « d'un " facteur de forme " qui précise les conditions de diffusion *(scattering)* des particules incidentes, mais qu'on ne saurait interpréter comme une paroi [2] ». Pour la quasi-

1. R. Thom, « La Physique et les formes », *La Pensée physique contemporaine*, Moulidars, Éditions Augustin Fresnel, 1982, p. 335.
2. Cf. Thom, *ibid.*, p. 337-338.

totalité de la physique, la forme est de l'ordre de l'accident, comme la figure des corps pour Descartes. Elle n'est pas considérée comme quelque chose d'autonome, ayant ses lois propres, mais comme l'effet de forces internes ou externes agissant dans ou sur le corps où elle apparaît. La forme d'un corps n'est somme toute qu'un arrangement fortuit d'entités matérielles, sans autonomie ni consistance véritable, et n'a donc d'existence que dérivée et passagère. « La Forme se présente [...] comme la résultante de modifications physiques élémentaires, et elle n'est, parmi beaucoup, que *l'une des réactions de la matière* [3]. » La configuration externe d'un corps ou même sa structure interne, n'est qu'un épiphénomène inconsistant, semblable à la couleur, à la saveur ou à toute autre détermination qualitative.

On peut éclairer la nature de l'opposition entre la physique et les disciplines morphologiques « en la plongeant dans la problématique continu/discontinu [4] ». Les disciplines morphologiques, comme la biologie et certaines sciences humaines (linguistique notamment) ont affaire à une donnée spatio-temporelle de prime abord continue. Ce continuum est par exemple, dans le cas de la biologie, l'organisme vivant ou bien, pour la linguistique, la langue elle-même. Dans ce « magma empirique », les disciplines morphologiques commencent par repérer un certain nombre d'éléments stables et récurrents (cellules ou morphèmes). Une fois ces éléments reconnus et identifiés, le « but de toute théorie morphologique, écrit Thom, est de préciser les agrégations spatio-temporelles que peuvent former ces éléments de manière stable et répétitive [5] ». En biologie, par exemple, les cellules s'agrègent en tissus, les tissus en organes, les organes se structurent pour former le corps vivant ; en linguistique, les morphèmes s'agrègent en syllabes, les syllabes en mots, les mots en phrases. D'une façon générale, ces disciplines reconstituent le continuum empirique au moyen d'une « combinatoire discrète [6] ». La physique procède de manière exactement inverse. La donnée première n'est pas un continuum empirique, mais « un ensemble discret de particules » qui agissent les unes sur les autres. Ces

3. E. Monod-Herzen, *Principes de morphologie générale*, t. I, p. 100 (cité par G. Bachelard, *Le Pluralisme cohérent de la chimie moderne*, Paris, Vrin, 2e éd., 1973, p. 14).
4. R. Thom, « La Physique et les formes », *op. cit.*, p. 337.
5. *Ibid.*, p. 337.
6. *Ibid.*, p. 337.

interactions sont modélisées à l'aide de « groupes de symétries globaux de l'espace-temps » qui sont des objets mathématiques fondamentalement continus. Les particules sont des centres de force dont l'action s'étend et se propage continûment dans l'espace-temps. L'opposition continu/discontinu joue donc en sens contraire dans l'un et l'autre cas : alors que les disciplines morphologiques partent du continu et le discrétisent (le découpent), la physique part du discret (les particules) et le prolonge, l'étend ou le rend continu.

Le désintérêt de la physique moderne pour la forme des phénomènes naturels peut s'expliquer de bien des manières. On peut d'abord y voir la marque de l'incapacité de l'outil mathématique à appréhender les discontinuités. Une forme se découpe toujours sur un fond, et exprime la présence d'une discontinuité des propriétés d'un milieu. Or « rien ne met plus mal à l'aise le mathématicien, selon Thom, qu'une discontinuité [7] ». Il suffit pour s'en convaincre de considérer l'embarras du physicien face à une discontinuité, comme celle créée par une onde de choc en hydrodynamique. « Si, jetant une pierre dans une mare, vous désirez savoir ce qui se passe, il vaut infiniment mieux faire l'expérience et la filmer que d'essayer d'en faire la théorie. Les meilleurs spécialistes de l'équation de Navier-Stokes seraient certainement incapables de vous en dire plus [8]. » En théorie des gaz, on ne sait également que très peu de choses sur la façon dont une substance se répartit géométriquement entre deux phases. D'une façon générale, les modèles physiques se révèlent impuissants à formaliser les discontinuités empiriques, et cela pour une raison bien simple : ils font intervenir des fonctions régulières qui sont, par nature, continues. Ce primat du continu se trouve du reste renforcé et légitimé par la nécessité où se trouve le savant, pour pouvoir agir sur le monde, de prédire avec précision l'évolution des phénomènes, c'est-à-dire de déduire, connaissant leur état initial, leur état à un instant ultérieur quelconque. La méthode utilisée dans ce domaine est toujours la même : on commence par déterminer expérimentalement la façon dont le phénomène étudié évolue localement pendant un temps infinitésimal (entre t et $t+\mathrm{d}t$), puis on intègre l'ensemble de ces évo-

---

7. *Modèles mathématiques de la morphogénèse*, 2e éd., Paris, Bourgois, 1980, p. 12.
8. *Ibid.*, p. 12.

lutions locales dans une évolution globale. La science dispose pour cela d'un outil remarquablement efficace, le calcul différentiel et intégral, inventé au XVIIe siècle. Son utilisation a pour conséquence l'élimination du discontinu, qui est soit purement et simplement ignoré, soit considéré comme une sorte de « cas limite » du continu lui-même. Il est à noter que la généralisation de ces méthodes de calcul, dont l'efficacité est incontestable, du moins dans certaines limites, a eu pour effet d'écarter de l'étude des phénomènes naturels certaines branches des mathématiques, comme la géométrie ou la topologie [9], jugées peu performantes. C'est précisément sur ces disciplines mises à l'écart par la science traditionnelle que reposent en grande partie les théories morphologiques.

Mais le désarroi de la Physique devant les « faits de forme » ne tient pas seulement à l'inadéquation de l'outil mathématique. Elle tient aussi, et même surtout, au caractère presque insaisissable des phénomènes à considérer. Les formes sont infiniment changeantes, variées, diverses et semblent déjouer toute tentative de modélisation quelque peu précise. S'il existe des ressemblances entre certains êtres, qu'y a-t-il de commun par exemple entre la forme d'une pierre et celle d'un arbre, celle d'une plante et celle d'un animal, celle d'un être naturel et celle d'un produit de l'art ou de la technique ? « En ce qui concerne la diversité des formes, dit Gaston Bachelard, il apparaît presque immédiatement qu'elle n'est pas susceptible d'une analyse limitée par le fait même que la forme, c'est précisément la libre diversité [10]. » La forme est par essence déformable. Elle paraît échapper à toute définition. On peut sans doute trouver des principes de symétrie

---

9. La topologie est une discipline de création récente. Pressentie dès le XVIIe siècle par Leibniz qui la désigna sous le nom d'*Analysis situs*, ou géométrie de la situation, elle n'a pris son véritable essor qu'au début de ce siècle avec les recherches de Poincaré et de Brouwer. Elle a, depuis lors, pris une ampleur sans cesse croissante. On peut même déjà prédire, selon J. Dieudonné, « sans grand risque d'erreur, que le XXe siècle restera dans l'histoire des Mathématiques comme le siècle de la *Topologie* » (*Panorama des mathématiques pures*, Paris, Gauthier-Villars, 1979, p. 1). L'origine du terme est dû à J. B. Listing (1808-1872) dont les *Vorlesungen über Topologie* datent de 1847. « Topologie » ne désigne pas seulement une branche des mathématiques, mais aussi la structure d'un ensemble. Rappelons qu'en ce sens une *topologie* sur un ensemble E est un système de sous-ensembles de E, dits *ouverts*, possédant les propriétés suivantes : 1) la réunion d'un nombre quelconque d'ouverts est un ouvert (l'ensemble vide et l'ensemble E sont des ouverts) ; 2) l'intersection d'un nombre fini d'ouverts est un ouvert. Un sous-ensemble de E est dit *fermé* si son complémentaire est un *ouvert*.

10. G. Bachelard, *Le Pluralisme cohérent de la chimie moderne*, p. 14.

ou de correspondance permettant de réduire et de rationaliser cette libre diversité. « Mais cet effort de réduction, ajoute le philosophe, ou bien reste extérieur et factice, tout géométrique, ou bien il réclame aussitôt une recherche plus profonde [11]. » Cette recherche plus profonde nous enjoint de quitter le terrain des formes, jugé peu sûr, pour nous en tenir à celui de la matière, plus adapté à notre intelligence.

La forme est, en fait, et c'est bien là tout le problème, une notion fondamentalement *qualitative*. Ce n'est pas une grandeur, au même titre que la longueur, la vitesse, la masse, la température, etc. La figure d'un corps, à la différence de sa matière ou de son volume, n'est pas susceptible d'accroissement ou de diminution. On n'en connaît pas de loi de conservation, comme il en existe pour l'énergie ou le mouvement. N'étant pas quantifiable, la forme ne saurait faire l'objet d'une investigation scientifique précise. C'est du moins ce que soutiennent ceux qui pensent qu'il n'y a de science que *quantitative*. « Je dis souvent, affirme Kelvin, que si vous pouvez mesurer ce dont vous parlez et l'exprimer par un nombre, vous savez quelque chose de votre sujet, mais si vous ne pouvez pas le mesurer, si vous ne pouvez pas l'exprimer en nombre, vos connaissances sont d'une pauvre espèce et bien peu satisfaisantes [12]. » « L'accord qualitatif d'une théorie avec l'expérience, déclare E. Rutherford dans le même sens, n'exprime qu'un accord quantitatif grossier. Le qualitatif n'est que du quantitatif pauvre [13]. » Mais cette idée que la science doive être quantitative n'est qu'un présupposé, dont s'affranchissent précisément les théories morphologiques. Celles-ci soutiennent qu'il est possible d'appréhender mathématiquement le monde des formes, et cela sans quitter le plan de la science elle-même, c'est-à-dire sans déroger à la rigueur. Ces théories sont à l'évidence, nous allons le voir, très différentes entre elles. Cette diversité théorique n'est en réalité que le contrecoup ou le reflet de la diversité morphologique elle-même.

---

11. *Ibid.*
12. Cf. E. Meyerson, *La Déduction relativiste*, Paris, Payot, 1925, p. 2.
13. Cité par R. Thom dans *Stabilité structurelle et morphogénèse*, p. 4.

La théorie des catastrophes

Une première manière d'appréhender le monde des formes est celle développée par le mathématicien français René Thom dans sa théorie des catastrophes. « Un des problèmes centraux posés à l'esprit humain, dit Thom, est le problème de la succession des formes. Quelle que soit la nature ultime de la réalité (à supposer que cette expression ait un sens), il est indéniable que notre univers n'est pas un chaos : nous y discernons des êtres, des objets, des choses que nous désignons par des mots. Ces êtres ou choses sont des formes, des structures douées d'une certaine stabilité ; elles occupent une certaine portion de l'espace et durent un certain laps de temps ; la reconnaissance d'un même être sous l'infinie multiplicité de ses aspects pose à elle seule un problème [...] que seuls, me semble-t-il, les psychologues de l'école de la *Gestalttheorie* ont posé dans une perspective géométrique accessible à l'interprétation scientifique. Supposons ce problème résolu conformément à l'intuition naïve, qui accorde aux choses extérieures une existence indépendante de notre perception. Il n'en faut pas moins admettre que le spectacle de l'univers est un mouvement incessant de naissance, de développement, de destruction de formes. L'objet de toute science est de prévoir cette évolution des formes, et si possible de l'expliquer [14]. » Dans ces quelques lignes, Thom expose le programme de sa théorie : fournir des modèles mathématiques capables de rendre compte de l'existence et de la stabilité des formes, de leur création et de leur disparition, c'est-à-dire de la morphogenèse en général.

René Thom, né en 1923 à Montbéliard, petite ville du Doubs, ne s'est jamais laissé enfermer dans le cadre d'une spécialité quelconque. « J'étais un élève très doué, raconte-t-il, et pas seulement en mathématiques, mais dans la plupart des disciplines, y compris littéraires [15]. » Philosophe dans l'âme, il avoue avoir eu très tôt une attirance particulière pour la géométrie. « J'avais mis mon point d'honneur à trouver les solutions à tous les

14. *Stabilité structurelle et morphogénèse*, p. 1.
15. *Prédire n'est pas expliquer*, Paris, Eshel, 1991, p. 11-12.

problèmes concevables en matière de géométrie élémentaire, en matière de géométrie du triangle, ce qui fait que, depuis, j'ai conservé pour la géométrie euclidienne une faiblesse que mes collègues et confrères mathématiciens ne me pardonnent pas [16]. » L'algèbre et l'arithmétique, au contraire, ne l'ont jamais vraiment enthousiasmé. En algèbre, explique-t-il, on passe presque sans transition « de l'application somme toute stupide d'un formalisme appris à des problèmes effectifs [17] » qui sont soit triviaux, soit indécidables, comme la résolution de l'équation du cinquième degré. Après l'École normale supérieure à Paris, et l'agrégation de mathématiques en 1946, il embrasse une carrière somme toute assez classique de chercheur qui le conduit au CNRS. Il commence par s'intéresser aux fonctions de plusieurs variables complexes, puis se consacre entièrement à la topologie algébrique, discipline qui était alors en plein essor. Son premier travail a porté sur la théorie de Morse qui met en relation la topologie d'un espace et les singularités des fonctions définies sur celui-ci. Puis il s'attaque au fameux problème du cobordisme qui consiste à savoir quand deux variétés, deux espaces topologiques [18], constituent le bord d'une autre variété. « C'est un problème qui, à première vue, peut sembler assez gratuit. Mais si on y réfléchit un peu, on s'aperçoit que c'est le cas particulier d'un problème qui présente également un aspect philosophique. Nous avons deux espaces, deux variétés différentes, et l'on cherche, en quelque sorte, à les réunir avec une espèce de déformation continue [19]. »

C'est la résolution de ce problème qui lui valut la médaille Fields, l'équivalent du prix Nobel pour les mathématiciens, en 1958. Après avoir enseigné à l'université de Strasbourg, il devient membre permanent de l'Institut des hautes études scientifiques, dans la banlieue parisienne, qui lui offre le loisir de mûrir, au cours des années 1960, ce qui va devenir la théorie des catas-

16. *Logos et théorie des catastrophes* (Colloque de Cerisy), Genève, Patiño, 1988, p. 24.
17. *Prédire n'est pas expliquer*, p. 11.
18. La notion de variété généralise les notions traditionnelles de ligne, de surface, de volume, etc. Plus précisément, une variété topologique de dimension n est un espace métrisable dont chaque point admet un voisinage homéomorphe à un ouvert de R^n (cf. par exemple J. Dieudonné, *Panorama des mathématiques pures*, p. 11).
19. R. Thom, *Paraboles et catastrophes*, Paris, Flammarion, 1983, p. 22.

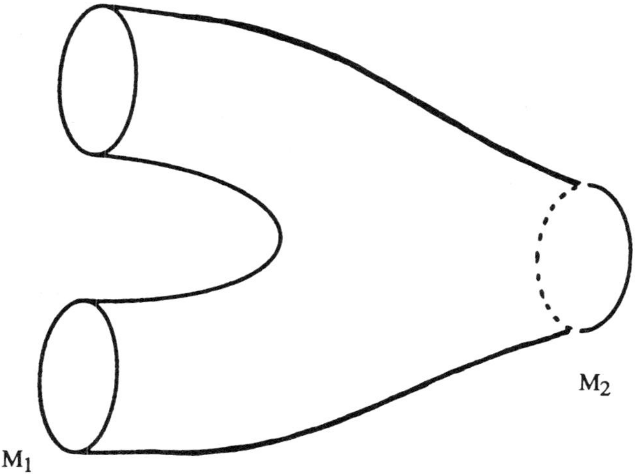

Cobordisme de deux variétés M_1 et M_2. M_1 (variété formée de la réunion de deux sous-variétés, de deux cercles) et M_2 (un cercle) sont le bord (la frontière) d'une même variété (ayant la forme d'un « pantalon »). On dit qu'elles sont « cobordantes ».

trophes [20]. Thom aime à raconter que l'idée directrice lui en est venue en 1961 au Muséum d'histoire naturelle à Bonn en Allemagne. « On y donnait une réception offerte par les mathématiciens de l'université ; c'est en visitant ce musée, que j'ai vu un modèle en plâtre représentant la gastrulation [21] de l'œuf de la grenouille. En voyant le sillon circulaire qui se formait pour se refermer par la suite, j'ai vu, par un phénomène d'association, l'image d'une fronce associée à une singularité. Cette sorte de " vision " mathématique a été à l'origine des modèles que j'ai ensuite proposés en embryologie [22]. » La lecture des traités d'embryologie, précisément, et notamment ceux du biologiste anglais C. H. Waddington (1905-1975), lui a permis d'approfondir cette intuition première et de se lancer dans un vaste programme de modélisation topologique et morphodynamique de la morphogenèse. Il rédige, au cours des années 1967-1968 son livre capital

20. L'appellation « théorie des catastrophes » *(catastrophe theory)* est due au mathématicien anglais Christopher Zeeman. Thom n'avait parlé, quant à lui, dans son article inaugural de 1966 : « Une Théorie dynamique de la morphogenèse » (reproduit dans R. Thom, *Modèles mathématiques de la morphogenèse*, 2ᵉ éd., Paris, Bourgois, 1980 p. 9-23), que de « points catastrophiques ».
21. La gastrulation est le processus qui fait passer l'embryon du stade blastula (un seuil feuillet) au stade gastrula (plusieurs feuillets).
22. R. Thom, *Paraboles et catastrophes*, p. 45.

Stabilité structurelle et morphogénèse, qui paraîtra en 1972. C'est là qu'il expose, pour la première fois de manière systématique, le formalisme catastrophiste. Il y donne en même temps des applications qui vont de la physique (optique géométrique) à la linguistique (structures syntaxiques) en passant par la biologie. Cette théorie se rattache mathématiquement aux travaux de Hassler Whitney sur les singularités des applications différentiables (1955) et à ceux d'Henri Poincaré et d'Andronov sur la théorie de la bifurcation des systèmes dynamiques.

La théorie de René Thom a connu un destin assez exceptionnel pour une théorie mathématique. Elle a eu très vite un grand retentissement dans la communauté scientifique internationale. Elle a été saluée, dès son apparition, comme une véritable révolution en mathématiques, comparable à l'invention du calcul différentiel et intégral au XVIIe siècle : elle fournissait une méthode générale pour étudier les changements discontinus, les sauts qualitatifs. Elle a suscité de grands espoirs chez les spécialistes de disciplines réputées non formalisables par les méthodes mathématiques traditionnelles (psychologie, éthologie, sociologie, etc.). Elle allait faire entrer leur discipline dans le domaine envié de la rigueur. Des mathématiciens, dont Christopher Zeeman, de l'université de Warwick en Angleterre, a été le chef de file, ont bâti des modèles catastrophistes pour rendre compte de phénomènes aussi divers que les révoltes dans les prisons, les krachs boursiers, la propagation de l'influx nerveux, le traitement de l'anorexie mentale, etc. [23] Emporté par son enthousiasme, Christopher Zeeman a même mis au point une machine catastrophiste, à base d'élastiques et de morceaux de carton, censée illustrer le fonctionnement de la théorie [24].

Le succès de la théorie des catastrophes a peut-être été favorisé, à vrai dire, par la magie du mot « catastrophe » lui-même, qui avait quelque chose de surprenant dans ce contexte mathématique. L'utilisation de ce terme a pu prêter à malentendu. Une catastrophe évoque, dans le langage ordinaire, un événement imprévu et tragique, un bouleversement dramatique de l'ordre des choses et du monde. Or il n'y a rien de tel dans la théorie de René Thom. Les catastrophes dont il y est question

---

23. Cf. le recueil d'articles édité par C. Zeeman : *Catastrophe Theory – Selected Papers, 1972-1977*, Reading, Addison-Wesley, 1980.
24. *Ibid.*, p. 8-23.

ont une signification mathématique bien précise. Il y a catastrophe lorsqu'une variation *continue* des causes entraîne une variation *discontinue* des effets. En d'autres termes, la catastrophe est ce qui met en défaut l'adage *causa aequat effectum*, « la cause égale l'effet », ou encore cet autre *effectus non est potior sua causa*, « l'effet n'est pas supérieur à sa cause [25] ». Elle est liée à l'idée centrale de discontinuité. « Pour moi, dit Thom, il y a catastrophe dès qu'il y a discontinuité phénoménologique [26]. » Lorsqu'une fonction, par exemple, présente une discontinuité en un point, c'est-à-dire change brusquement de valeur en ce point, ce point sera dit « catastrophique ».

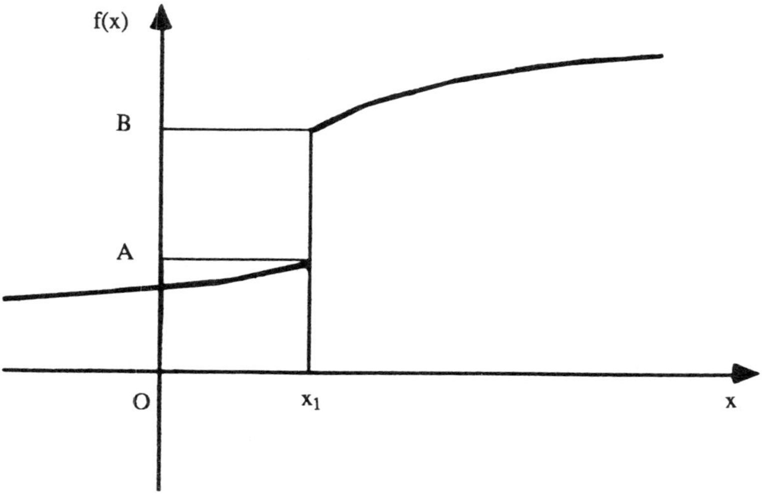

x_1 est un point catastrophique : la fonction $f(x)$ saute brusquement de A à B

Si l'on avait gommé le côté sensationnel de la théorie des catastrophes en l'appelant autrement, il est possible qu'elle ait été

25. Saint Thomas d'Aquin, *Questions disputées sur la vérité*, *Question XI : Le Maître*, Paris, Vrin, 1983, p. 22. « La cause et l'effet, dit aussi Leibniz, s'entre-priment exactement jusqu'au détail de la moindre circonstance, quoique tout effet dépende d'une infinité de causes, et que toute cause ait une infinité d'effets », lettre à Arnauld du 30 avril 1687, *Die philosophischen Schriften*, éd. Gerhardt, Hildesheim-New York, Olms, 1978, t. II, p. 98. L'égalité de la cause et de l'effet est une des conséquences du principe de raison suffisante : « Il n'y a pas d'effet sans cause. » Sur l'égalité de la cause et de l'effet, cf. E. Meyerson, *Identité et réalité*, Paris, Vrin, 5e éd., 1951, p. 18 sq.

26. R. Thom, *Prédire n'est pas expliquer*, p. 28-29.

moins remarquée. « La théorie de Thom, se demande par exemple le physicien Jean-Marc Lévy-Leblond, aurait-elle eu la même fortune eût-elle été baptisée : " théorie des transitions " ou " théorie des changements de forme " [27] ? » Il est à parier que non, et Thom lui-même est prêt à l'admettre. « Il est peut-être abusif d'employer un mot aussi dramatique pour une chose aussi générale. Mais je n'ai pas recherché cet effet. Le mot m'est venu naturellement : les physiciens ont introduit la terminologie de *catastrophe infrarouge* et de *catastrophe ultraviolette* pour des phénomènes de divergence de séries dans leurs calculs. L'usage était déjà installé. Mais j'ai voulu indiquer par ce mot qu'il s'agissait de quelque chose de dynamique, qu'une dynamique sous-jacente existait [28]. »

La théorie des catastrophes est sans aucun doute la discipline la plus générale de toutes celles que nous envisagerons ici. À la différence de la théorie des structures dissipatives, ou même de la théorie du chaos, elle est purement mathématique et ne fait appel à aucun principe physique. Cela tient à l'analyse strictement topologique de la notion de forme proposée par Thom. Une forme, pour lui, se déploie et se découpe sur un fond, sur un espace support – un espace substrat, dit-il aussi parfois – dont l'apparence phénoménologique varie en fonction du point considéré. Si le fond est parfaitement homogène, uniforme, ou encore si ses propriétés se modifient de manière continue, il n'y a pas de morphologie. Une forme exige pour apparaître qu'il y ait une discontinuité des propriétés qualitatives du support. « Le propre de toute forme, dit Thom, est de s'exprimer par une discontinuité du milieu [29]. » Considérons par exemple la morphologie élémentaire suivante : une figure dessinée au crayon (noir) sur une feuille (blanche). Le support de la morphologie – la feuille – est le lieu d'un certain nombre de discontinuités qualitatives. La feuille est blanche, puis devient noire (sur l'épaisseur du trait) puis redevient blanche. Ses propriétés (sa couleur) se modifient brusquement à certains endroits : il y a morphogenèse. De la même manière, dans le domaine auditif, un tintement de sonnette est une forme (un son) qui remplit un intervalle entre deux zones de silence (le fond). Cette analyse se généralise aisé-

---

27. J.-M. Lévy-Leblond, « Des Mathématiques catastrophiques », *Critique*, *33*, 430-441 (1977), p. 439.
28. R. Thom, *Prédire n'est pas expliquer*, p. 28-29 (souligné par nous).
29. *Ibid.*, p. 9.

ment. Le substrat de la morphologie est le plus souvent un domaine de l'espace-temps usuel, c'est-à-dire un « ouvert [30] » de l'espace euclidien à quatre dimensions que les mathématiciens ont l'habitude de noter R^4. C'est dans cet espace que se découpent les formes de la perception ordinaire. Mais dans certains cas, le support de la morphologie peut être plus complexe. « Par exemple, en acoustique, l'espace substrat est l'espace fonctionnel (de dimension infinie) qui décrit les vibrations de l'air. De même, en physique atomique ou subatomique, on devra substituer à l'espace usuel des espaces dérivés, comme des espaces de moments ou des espaces de Hilbert [31]. » En sociologie, on devra considérer, comme support de la morphologie, des espaces de paramètres significatifs, en nombre variable et quelquefois difficiles à préciser.

Dans l'espace substrat de la morphologie, Thom distingue deux types de points : les points dits *réguliers*, qui correspondent aux zones de continuité du processus morphogénétique, et les points dits *catastrophiques*, où l'apparence phénoménologique du substrat change brusquement. En ces points, les propriétés qualitatives du support présentent une discontinuité. Le bord d'un nuage, par exemple, est une région catastrophique de l'atmosphère, à condition, bien évidemment, que le nuage ne se fonde pas continûment dans une sorte de brouillard : dans ce cas, il n'y a plus « catastrophe » mais simplement transition graduelle d'une zone à une autre. Comme le remarque Thom, la distinction entre points *réguliers* (continuité dans l'apparence) et points *catastrophiques* (discontinuité), si elle a une signification mathématique bien précise, perd, au niveau empirique, son caractère tranché, puisqu'elle est relative à la finesse des moyens d'observation mis en jeu. Un point paraissant régulier à l'observation macroscopique peut se révéler catastrophique à une échelle plus fine, et réciproquement. « Il s'agit ici d'une idéalisation dont les

---

30. Un « ouvert » désigne, en topologie, un ensemble qui est un voisinage pour chacun de ses points. Ainsi, l'ensemble des nombres réels *strictement* compris entre 0 et 1, l'intérieur d'un disque sont des ouverts. Le complémentaire d'un ouvert est un fermé. Un point isolé, la circonférence d'un cercle, l'ensemble des nombres réels compris entre 0 à 1 *inclus* sont des fermés. Intuitivement, un ouvert est un ensemble qui ne contient pas sa propre frontière ; un fermé est un ensemble qui la contient.

31. R. Thom, *Modèles mathématiques de la morphogenèse*, 1re éd., Paris, UGE, coll. 10/18, n° 887, 1974, p. 9.

limites sont évidentes [32]. » L'intérêt majeur de cette distinction réside en fait dans sa très grande généralité. L'opposition continu/discontinu est en effet à la base de notre perception naïve des choses et du monde. Elle recoupe la distinction *gestaltiste* du fond (continuité) et de la forme (discontinuité). Cette distinction est également présupposée par les linguistes qui opposent la forme et le contenu d'une expression. Elle se retrouve en physique dans la théorie des ondes de choc, la théorie des changements de phase, etc. Avec le couple point régulier/point catastrophique, Thom dispose en fin de compte d'un cadre conceptuel universel permettant d'analyser toutes les morphologies de l'expérience, non seulement les morphologies concrètes, celles de l'univers quotidien, mais aussi les morphologies les plus abstraites, comme les formes syntaxiques, les catégories du langage et de la pensée en général.

La théorie des fractales

La théorie des fractales, due au mathématicien Benoît Mandelbrot, est moins ambitieuse, puisqu'elle ne se propose pas d'étudier les formes en général, mais seulement une certaine famille de formes, celles dites « fractales », précisément. Ce qualificatif – aujourd'hui passé dans la langue courante – dit bien ce dont il s'agit. C'est un néologisme forgé par Mandelbrot en 1975 à partir du latin *fractus*, qui dérive lui-même du verbe *frangere* : casser, mettre en pièces, briser en fragments irréguliers. Fractal signifie fragmenté, fractionné, irrégulier, interrompu. D'une façon générale, la théorie fractale est une théorie du brisé, du fracturé, de l'épars ou encore du grainé, du poreux, de l'enchevêtré, etc. Les formes dont elle traite se caractérisent par une complexité intrinsèque, par une irrégularité fondamentale qui se manifeste à toutes les échelles d'observation.

Benoît Mandelbrot a développé sa théorie dans les années 1960, au terme d'un parcours intellectuel sinueux et en tout cas hors du commun. Esprit intuitif et géométrique comme Thom,

32. *Ibid.*, p. 10.

Mandelbrot [33] s'est toujours méfié des mathématiques abstraites et formelles. Éprouvant une sorte d'aversion pour l'algèbre, il s'est bien vite aperçu, au cours de ses études scientifiques, qu'il avait le talent de savoir transformer à peu près tous les problèmes mathématiques en problèmes de géométrie : « Là où la plupart des gens, explique-t-il, y compris mes professeurs, voyaient des problèmes d'analyse ou d'algèbre, moi je voyais des choses géométriques [34]. » C'est grâce à ce don plutôt extraordinaire qu'il réussit le concours d'entrée à l'École polytechnique en 1945 dans des conditions qu'il qualifiera « d'assez acrobatiques ». Alors que les autres candidats parvenaient aux résultats par les calculs, il raconte que lui trouvait les résultats géométriquement et faisait les calculs après coup, « pour vérifier ou confirmer les résultats [...] trouvés par la géométrie [35] ». À la sortie de l'École polytechnique, il commence une carrière universitaire, mais son goût pour les mathématiques appliquées va l'éloigner progressivement d'une institution qu'il juge dominée par l'esprit bourbachique. Guidé par son intuition géométrique, il fait des incursions dans des domaines assez inhabituels pour un mathématicien, comme la linguistique où il développe des idées originales [36]. Il émigre aux États-Unis en 1958, et entre chez IBM, au Centre de recherches de Yorktown, près de New York. Il se met alors à travailler en économie, puis part enseigner cette discipline à l'université de Harvard, qu'il quitte d'ailleurs assez vite pour retourner au Centre de recherches de Yorktown dont il devient *Fellow* en 1974. Il y trouve la liberté nécessaire pour poursuivre sa carrière de mathématicien appliqué et mener des recherches dans de multiples domaines (bruit, hydrologie, astronomie, etc.). Il exposera ses découvertes dans plusieurs universités américaines où il enseignera des sciences aussi diverses que les mathématiques, la physique appliquée, la physiologie, etc. Cette carrière éclectique lui fera dire un jour : « Souvent, lorsque j'entends la liste de mes

33. Benoît Mandelbrot est né en 1924 à Varsovie.

34. B. Mandelbrot, « Comment j'ai découvert les fractales », *La Recherche*, *17*, 420-424 (1986), p. 420.

35. *Ibid.*, p. 420.

36. Il a montré, à partir des travaux du philologue américain G. K. Zipf (1902-1950), que la fréquence des mots des langages naturels suivaient une loi hyperbolique. Cela signifie que si l'on considère un texte ou un ensemble de textes et si l'on dresse une liste de mots classés par ordre de fréquences décroissantes, on constate que le produit de la fréquence par le rang est une constante (cf. B. Mandelbrot, *Les Objets fractals*, Paris, Flammarion, 3e éd., 1989, p. 147-151).

anciennes professions, je me demande si j'existe réellement. L'intersection de ces ensembles est certainement vide [37]. » Ce savant hors norme s'est toujours voulu un généraliste, et c'est probablement pourquoi « il n'a jamais obtenu la reconnaissance des nombreuses disciplines auxquelles il s'est intéressé [38] ». Il se définit lui-même comme « un nomade volontaire », comme un « pionnier par nécessité » ayant laissé derrière lui des idées nouvelles, et ouvert des horizons prometteurs à la recherche. Ce nomadisme lui fut incontestablement profitable car on peut y voir la source et l'aiguillon de sa fécondité mathématique. C'est en effet son approche géométrique et non conformiste des problèmes traditionnels qui lui a permis d'élaborer une théorie qui, si le processus « normal » de la recherche scientifique avait été suivi, aurait sans doute fini par être formulée, mais seulement plus tard, par des spécialistes dont la formation intellectuelle aurait exclus des mathématiques comme celles de Peano, Cantor, etc [39].

La première présentation synthétique de la théorie figure dans un essai intitulé *Les Objets fractals*, paru en 1975. Bien que destiné au grand public, ce livre n'est pas et ne veut pas être un simple ouvrage de vulgarisation. C'est bien plutôt, explique son auteur, « à la fois une synthèse mathématique et philosophique et une collection de micro-monographies concernant mes découvertes dans divers chapitres de la science [40] ». C'est un programme qui invite les spécialistes de toutes les disciplines « à rêver et à créer ». Après la publication de ce manifeste, Mandelbrot a donné un exposé plus complet de sa théorie en 1982 dans *The Fractal Geometry of Nature* [41]. Ces deux livres ont assuré une très large audience au langage fractal, dont l'originalité et l'utilité n'avaient pas été tout de suite perçues, il faut bien l'avouer, par la communauté scientifique.

La théorie fractale ne s'inscrit pas dans le prolongement d'une théorie déjà existante, mais se présente d'abord et avant tout comme « une nouvelle discipline scientifique [42] » à part entière. Elle « vient ajouter, explique Mandelbrot, de nombreux " carac-

---

37. J. Gleick, *La Théorie du chaos*, p. 117.
38. J. Gleick, *ibid.*, p. 117.
39. Cf. *Les Objets fractals*, p. 205.
40. *Ibid.*, préface à la deuxième édition, p. 2.
41. B. Mandelbrot, *The Fractal Geometry of Nature*, New York, W.H. Freeman, 3e éd., 1983.
42. B. Mandelbrot, *Les Objets fractals*, p. 17.

tères " nouveaux à l'" alphabet " que Galilée avait hérité d'Euclide [43] ». Pour Galilée et pour la science moderne en général, la Nature parle le langage des mathématiques. « La philosophie, disait le célèbre astronome, est écrite dans ce grand livre – je parle de l'Univers – qui est constamment offert à notre contemplation, mais qui ne peut être lu jusqu'à ce que nous en ayons appris le langage et soyons devenus familiers avec les caractères dans lesquels il est écrit. Il est écrit dans le langage des mathématiques, et ses caractères sont des triangles, des cercles, et d'autres formes géométriques, sans lesquelles il est humainement impossible d'en comprendre un seul mot ; sans lesquelles on erre en vain comme à travers un sombre labyrinthe [44]. » Il s'agit là, en réalité, selon Mandelbrot d'une vision simpliste ou plutôt simplificatrice des choses. Un grand nombre et même la plupart des formations naturelles ne peuvent pas être représentées adéquatement au moyen des seules notions de la géométrie euclidienne. « J'affirme que de nombreuses formes de la nature sont si irrégulières et fragmentées que, en comparaison avec la géométrie d'Euclide, la nature manifeste non seulement un degré plus haut mais aussi un niveau différent de complexité [45]. » Galilée avait sans doute raison d'affirmer que la Nature était écrite en langage mathématique, mais il avait tort de croire que ce langage pouvait être celui de la géométrie euclidienne. Il est clair en effet que « les nuages ne sont pas des sphères, les montagnes ne sont pas des cônes, les côtes ne sont pas des cercles, l'écorce n'est pas lisse et l'éclair ne se propage pas en ligne droite [46] ». En assignant à la géométrie fractale la tâche de modéliser ces formes naturelles oubliées de la géométrie classique, Mandelbrot ne fait somme toute que reconduire la géométrie à sa vocation originelle qui est d'être, si l'on se fie à l'étymologie, une mesure *(metron)* et une description de la Terre *(gê)*. On peut même dire

43. B. Mandelbrot, « Survol du langage fractal », *ibid.*, p. 199.

44. *Il Saggiatore*, *Opere*, éd. A. Favaro, VI, p. 232 (cf. tr. fr. dans Ch. Chauviré, *L'Essayeur de Galilée*, Paris, Les Belles lettres, 1980, p. 141). « Pour moi, à vrai dire, affirme ailleurs Galilée, j'estime que le livre de la philosophie est celui qui est perpétuellement ouvert sous nos yeux ; mais comme il est écrit en caractères différents de ceux de notre alphabet, il ne peut être lu de tout le monde ; les caractères de ce livre ne sont autres que triangles, cercles, sphères, cônes et autres figures mathématiques, parfaitement appropriées à telle lecture » (*Lettre à Fortunio Liceti* de janvier 1641, *Opere*, XVIII, p. 295 ; tr. fr. par A. Santillana dans *Dialogues et lettres choisies*, Paris, 1966, p. 430).

45. *Ibid.*, p. 1.

46. *Ibid.*, p. 1.

que la géométrie fractale est la première et la seule géométrie qui soit véritablement digne de ce nom, c'est-à-dire conforme au projet géométrique lui-même. La géométrie euclidienne n'est en effet qu'une géométrie partielle, c'est-à-dire une géométrie parcellaire ou plutôt de la parcelle. Elle n'a pas été conçue pour embrasser *la Terre* en sa complexité et en sa diversité, mais uniquement pour mesurer *les terres*, ce qui n'est pas du tout la même chose. Cette géo-métrie est en effet issue d'un problème concret et singulièrement limité : la détermination de « la forme des champs dans les plaines plus ou moins plates de la vallée du Nil [47] », d'où l'importance qu'y ont prise les notions de ligne, de plan, de cercle, etc., bref les formes aux contours réguliers.

Compte tenu de cette orientation, la géométrie fractale représente, aux yeux de Mandelbrot, la « deuxième révolution anti-euclidienne [48] », une révolution beaucoup plus dévastatrice en réalité que la première, celle consécutive à l'élaboration des géométries dites non euclidiennes par les mathématiciens B. Riemann et N. Lobatchevski. Celles-ci se sont contentées de remettre en cause le cinquième postulat des *Éléments* d'Euclide, celui des parallèles [49], mais ont conservé fondamentalement ses catégories implicites, celles de ligne, de surface, etc. La géométrie fractale est beaucoup plus audacieuse puisqu'elle récuse ces catégories elles-mêmes [50], c'est-à-dire les premières lignes des *Éléments*. Elle conteste le caractère originaire des notions qui entrent dans ses axiomes ou dans ses théorèmes. Cette nouvelle géométrie n'est certes pas née *ex nihilo*, pas plus du reste qu'aucune autre. Elle utilise des concepts élaborés dès la fin du XIXe siècle ou au début de ce siècle par des mathématiciens comme Cantor, Peano, Lebesgue et Hausdorff. « La première étincelle de la théorie des fractales, précise Mandelbrot, jaillit le 20 juin 1877 dans une lettre de Cantor à Dedekind [51]. » Dans cette lettre, Cantor mettait en cause les fondements de la géométrie classique, et ouvrait, après la construction d'une courbe continue sans dérivée par

47. *Ibid.*, p. 210.
48. B. Mandelbrot, « Des Monstres de Cantor et de Peano à la géométrie fractale de la nature », *Penser les mathématiques*, Paris, Éd. du Seuil, coll. « Points Sciences » n° 29, 1982, p. 232.
49. Selon Riemann, par un point pris hors d'une droite il ne passe aucune parallèle ; selon Lobatchevski, il en passe une infinité.
50. *Penser les mathématiques*, p. 231.
51. *Ibid.*, p. 227.

Weierstrass, une crise sans précédent dans les mathématiques. Cette crise, qui allait ébranler l'édifice classique, ne devait pas se clore avant les années 1930, avec les travaux de Hilbert et de Gödel sur la non-contradiction de l'arithmétique. La théorie des fractales peut être considérée comme une excroissance tardive, ou comme le dernier avatar de cette crise.

La théorie de Mandelbrot présente une autre originalité. Elle se distingue des géométries traditionnelles non seulement par le contenu de ses notions, mais encore par sa structure ou son architecture : elle ne constitue pas ce que les épistémologues appellent un « système hypothético-déductif ». Elle ne se fonde pas sur un petit nombre d'axiomes ou de postulats à partir desquels on démontrerait une multitude de théorèmes, mais constitue un langage ou une méthode d'interprétation – au demeurant assez souple – de la nature. Comme telle, elle comporte deux aspects, indissolublement liés : dans un premier temps, Mandelbrot entreprend de définir mathématiquement un ensemble fractal ; dans un second temps, il explore aussi systématiquement que possible les ensembles répondant à cette définition. Ces ensembles géométriques constituent en quelque sorte la panoplie de structures dans laquelle le « fabricant » de modèles fractals aura à puiser pour modéliser les formes empiriques.

La définition d'un ensemble fractal

Qu'est-ce qu'un objet fractal ? Comment et à quoi reconnaître qu'une structure mathématique est fractale ? Qu'est-ce qui distingue un ensemble fractal d'un ensemble qui ne l'est pas ? Aussi surprenant que cela puisse paraître, il n'est pas facile de répondre à ces questions, pourtant fondamentales. Mandelbrot a d'abord pensé pouvoir s'appuyer sur la notion mathématique de dimension. « Une des caractéristiques principales de tout objet fractal est sa *dimension* fractale [52]. » La dimension fractale est un « nombre qui quantifie le degré d'irrégularité et de fragmentation d'un ensemble géométrique ou d'un objet naturel, et qui se réduit, dans le cas des objets de la géométrie usuelle d'Euclide, à leurs dimensions usuelles [53] ». Il existe à vrai dire plusieurs

52. Cf. B. Mandelbrot, *Les Objets fractals*, p. 6.
53. B. Mandelbrot, *ibid.*, p. 155.

manières de mesurer l'irrégularité d'un ensemble, et donc différentes définitions de cette notion. On parlera, par exemple, de la dimension de Hausdorff-Besicovitch, de la dimension de Minkowski-Bouligand ou encore de la dimension d'homothétie. Toutes ces dimensions ont la particularité de ne pas être nécessairement entières, à la différence de la dimension topologique ordinaire. Elles peuvent être fractionnaires (1/2 ; 3/4 ; etc.), ou même irrationnelles (π). Bien que leur domaine d'application naturel soit l'univers des structures irrégulières, elles gardent un sens et peuvent être calculées pour tout ensemble, et donc aussi pour les ensembles réguliers (les lignes, les surfaces, etc.). Mais alors que la dimension fractale de ces derniers *coïncide* avec leur dimension topologique, celle des premières prend en général une valeur *différente*, en l'occurrence supérieure. C'est en se fondant sur ce résultat que Mandelbrot a été amené à avancer l'hypothèse suivante : « Une fractale est par définition un ensemble pour lequel la dimension de Hausdorff-Besicovitch est strictement supérieure à la dimension topologique [54]. » Une structure fractale se caractériserait donc par sa discordance dimensionnelle. Cette définition, qui paraissait aller de soi, s'est pourtant « révélée malencontreuse [55] » à l'usage. Il y a en effet des ensembles dont la dimension de Hausdorff coïncide avec la dimension topologique, et qui pourtant doivent être, d'un point de vue purement mathématique, considérés comme fractals (exemple de l'escalier du diable [56]). Il y a inversement des ensembles dont la dimension fractale (dimension de Minkowski) est supérieure à la dimension topologique, et qui ne sont pourtant pas fractals. Les définitions qui se fondent uniquement sur la dimension fractale sont en définitive, selon les cas, trop restrictives ou trop lâches. C'est pourquoi Mandelbrot préfère finalement renoncer à donner une définition mathématique trop précise des objets qu'il étudie. « Une fois défini, dit-il, un quelconque concept fractal de dimension, donnant la valeur *D*, on peut être tenté de définir un ensemble fractal comme étant, soit un ensemble pour lequel *D* est un réel non entier, soit un ensemble pour lequel *D* est un entier, mais le tout " irrégulier ". Par exemple on appellerait fractal un

---

54. B. Mandelbrot, *The Fractal Geometry of Nature*, p. 15.
55. B. Mandelbrot, *Les Objets fractals*, p. 155.
56. Cf. B. Mandelbrot, *ibid.*, p. 63. La dimension de Hausdorff de l'escalier du diable est égale à sa dimension topologique, en l'occurrence 1.

ensemble qui donne $D = 1$, mais qui n'est pas une courbe rectifiable. Ce serait fâcheux, car la théorie de la rectifiabilité est trop confuse pour qu'on veuille en dépendre. De plus, il est souvent possible, en perturbant un ensemble très classique au voisinage d'un seul point, de faire que sa dimension devienne une fraction. Du point de vue concret, de tels exemples seraient insupportables. C'est pour les éviter que je renonce à définir le concept d'ensemble fractal [57]. » Le concept d'ensemble fractal n'a en fin de compte qu'une signification intuitive, c'est-à-dire approximative. Au sens intuitif, fractal « se dit d'une figure géométrique ou d'un objet naturel qui combine les caractéristiques que voici. A) Ses parties ont la même forme ou structure que le tout, à ceci près qu'elles sont à une échelle différente et peuvent être légèrement déformées. B) Sa forme est, soit extrêmement irrégulière, soit extrêmement interrompue ou fragmentée, et le reste, quelle que soit l'échelle d'examen. C) Il contient des " éléments distinctifs " dont les échelles sont très variées et couvrent une très large gamme [58] ». D'après le mathématicien américain Kenneth Falconer, « on devrait considérer la définition d'un " fractal " comme on considère celle de la " vie ". Il est impossible de donner une définition précise d'un être vivant : on peut tout au plus énumérer une liste de propriétés caractéristiques, comme la capacité à se reproduire, à se mouvoir, à subsister indépendamment de son environnement dans certaines limites [59] ». De la même façon, on ne cherchera pas à donner une définition trop stricte d'un ensemble fractal, « qui exclurait presque certainement des cas intéressants [60] », mais on se contentera d'appeler fractal un ensemble possédant un certain nombre de caractères minimaux. Dans cette perspective, on dira qu'un ensemble est fractal s'il possède les propriétés suivantes :

– il a une structure fine, c'est-à-dire présente des détails à toutes les échelles ;

---

57. *Les Objets fractals*, p. 160. Une courbe est rectifiable si on peut l'approcher par une suite de polygones dont la longueur tend vers une limite finie lorsque les côtés tendent vers zéro. Considérons plus précisément une coube C et définissons la longueur L(C) de cette courbe de la façon suivante : $L(C) = \sup\Sigma |x_i - x_{i-1}|$, où la borne supérieure est prise sur l'ensemble des partitions de C par des points x_0, x_1,...x_n situés dans cet ordre le long de la courbe. Si la longueur L(C) est finie, on dit que la courbe C est *rectifiable*.

58. B. Mandelbrot, *ibid.*, p. 154.

59. K. Falconer, *Fractal Geometry*, New York, Wiley, 1990, p. XX.

60. K. Falconer, *ibid.*, p. XX.

– il est trop irrégulier pour être décrit dans le langage de la géométrie euclidienne, à la fois localement et globalement ;

– il est en général autosimilaire, éventuellement statistiquement ;

– il a souvent une dimension fractale (à définir) supérieure à sa dimension topologique ;

– dans la plupart des cas, il est défini très simplement, éventuellement récursivement.

Les structures géométriques qui possèdent toutes (ou la plupart de) ces propriétés sont, on s'en doute, de formes très diverses. Il ne saurait être question, par conséquent, de vouloir les analyser toutes, et ce n'est du reste pas notre objectif. Nous allons néanmoins en présenter quelques-unes afin de donner une illustration concrète de ce que recouvre la notion d'ensemble fractal.

Exemples d'ensembles fractals

L'ENSEMBLE TRIADIQUE DE CANTOR

L'ensemble triadique de Cantor fait partie de cette « galerie de monstres » dont parle, avec d'autres, H. Poincaré [61] pour désigner les êtres mathématiques paradoxaux apparus au XIXe siècle. Il doit son nom au mathématicien allemand Georg Cantor (1845-1918) qui en a imaginé la construction dès 1883. Celle-ci se fonde sur une procédure récursive très simple. On part d'un segment de droite quelconque, par exemple l'intervalle [0, 1] composé de tous les nombres réels compris entre 0 et 1 (0 et 1 *inclus*). On enlève le tiers central de ce segment en conservant ses extrémités (*i.e.* tous les nombres compris *strictement* entre 1/3 et 2/3). On obtient alors deux intervalles disjoints composés, l'un, de tous les nombres compris entre 0 et 1/3, et l'autre de tous ceux compris entre 2/3 et 1. Ces deux intervalles forment, réunis, une sorte de tréma que nous appellerons, par commodité, T_1. Ce tréma constitue la première étape de la construction. Pour passer à l'étape suivante, on réitère l'opération sur chacun des deux segments composant T_1 ; on obtient quatre intervalles : [0, 1/9], [2/9, 1/3], [2/3, 7/9], [8/9, 1], dont la réunion forme un deuxième ensemble T_2 (un double tréma). D'une façon générale, on construit l'ensemble T_k en retranchant le tiers central de

61. Cf. B. Mandelbrot, *The Fractal Geometry of Nature*, p. 9.

chacun des 2^{k-1} intervalles composant T_{k-1}. L'ensemble triadique de Cantor est la limite, lorsque k tend vers l'infini, des ensembles T_k (cf. schéma).

Il est commode de codifier la procédure d'engendrement de l'ensemble de Cantor, et de toutes les structures analogues, en introduisant ce que Mandelbrot appelle l'initiateur et le générateur de l'ensemble [62]. L'initiateur est la structure qui sert de point de départ à la construction (dans le cas présent l'intervalle [0, 1]) ; le générateur est celle qui permet de passer, par substitutions successives, d'une étape à la suivante (dans le cas présent le tréma).

L'ensemble de Cantor possède une structure très curieuse. Il se compose d'abord d'une infinité de points situés à distance finie les uns des autres, mais demeure pourtant complètement discontinu. Cela signifie qu'il n'est pas la réunion d'une multitude de segments de droite infinitésimaux, comme on pourrait le croire au premier abord, mais se compose de points isolés et séparés les uns des autres par des intervalles de plus en plus petits. Ensuite, ce qui redouble et aggrave le paradoxe, tout voisinage de chacun de ses points contient une infinité de points appartenant à l'ensemble. Nous avons là un premier exemple de structure fractale. Il possède du reste, comme on peut le vérifier facilement, toutes les propriétés caractéristiques énumérées plus haut :

1. L'*homothétie interne* ou l'autosimilarité : chaque partie de l'ensemble de Cantor est l'image réduite du tout dans le rapport 1/3.

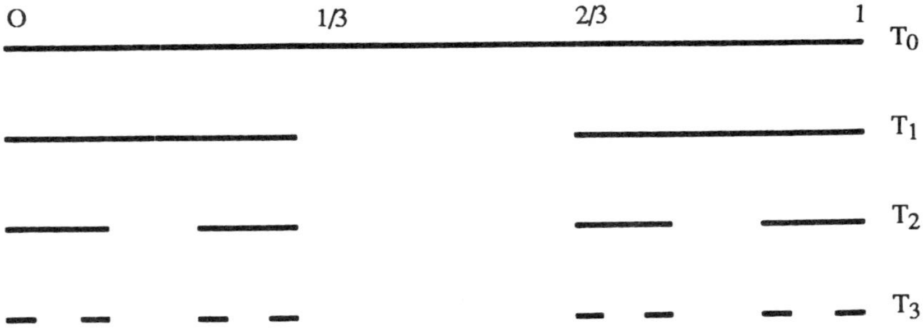

Construction de l'ensemble de Cantor

62. Cf. *The Fractal Geometry of Nature*, p. 38.

2. L'ensemble de Cantor a une structure très fine. Il comporte des détails à toutes les échelles. Plus nous agrandissons l'échelle, plus nous y découvrons d'éléments.

3. En dépit de sa complexité intrinsèque, l'ensemble de Cantor est construit par une procédure récursive très simple.

4. La géométrie de l'ensemble de Cantor n'est pas descriptible en termes classiques. Ce n'est ni le lieu des points satisfaisant une condition géométrique simple ni l'ensemble des solutions d'une équation algébrique (du type équation d'une droite).

5. La dimension fractale de cet ensemble est supérieure à la dimension topologique. La première (dimension de Hausdorff) vaut 0,6309 ; la seconde est nulle [63]. L'ensemble de Cantor est un être bâtard, intermédiaire entre la ligne et le point : il correspond à ce que Mandelbrot appelle une « poussière *(dust)* [64] ».

LES POUSSIÈRES DE CANTOR

L'ensemble triadique de Cantor fait partie d'une famille beaucoup plus vaste de structures appelées « poussières de Cantor ». Ces poussières sont construites de proche en proche, selon une procédure récursive calquée sur celle de l'ensemble triadique. Le point de départ ou l'initiateur de la construction est une variété (une structure géométrique) finie connexe dans un espace de dimension quelconque. Ce peut être un segment de droite, un carré, un cube, un hypercube, etc. On divise cette structure en N parties, éventuellement inégales, chacune étant dans un rapport déterminé avec le tout. On supprime certaines d'entre elles, spécifiées à l'avance, puis on réitère l'opération sur chacune de celles qui restent, et ainsi de suite à l'infini. L'ensemble limite obtenu est une poussière de Cantor. Donnons deux exemples, l'un sur une droite (dimension 1), l'autre sur un plan (dimension 2).

Partons du segment de droite [0, 1] et partageons-le en $n = 2k+1$ sous-segments égaux (cela implique que n est impair). Enlevons un sous-segment sur deux (en conservant les segments extrémités) : il reste $k+1$ sous-segments de longueur $1/2k+1$. On recommence l'opération sur chacun de ces sous-segments, et ainsi

63. Cf. par exemple W. Hurewicz et H. Wallman, *Dimension Theory*, Princeton, Princeton University Press, 2e éd., 1948, p. 11, ou B. Mandelbrot, *The Fractal Geometry of Nature*, p. 78.

64. Une poussière est, par définition, un ensemble dont la dimension topologique est nulle (cf. B. Mandelbrot, *The Fractal Geometry of Nature*, p. 78).

de suite. L'ensemble limite obtenu est *l'ensemble n-adique de Cantor*, généralisation immédiate de l'ensemble triadique. Sa dimension topologique est nulle. Sa dimension de Hausdorff est strictement positive [65]. C'est un ensemble fractal.

Prenons maintenant pour point de départ un carré de côté unité dans le plan (R^2). Divisons-le en seize petits carrés égaux entre eux, puis enlevons douze carrés sur les seize (trois dans chaque colonne et trois dans chaque ligne). Réitérons l'opération sur chacun des quatre carrés restants, et ainsi de suite. L'ensemble limite obtenu est une poussière de Cantor dans le plan. Sa dimension topologique est nulle. Sa dimension fractale vaut 1 [66]. Nous obtenons un nouvel exemple de structure fractale. On peut généraliser facilement la construction en divisant le carré initial en m^2 carrés de côté $1/m$, un seul d'entre eux étant retenu dans chaque colonne.

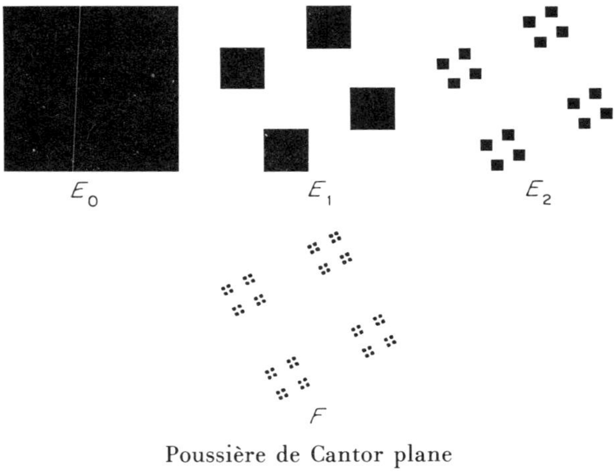

Poussière de Cantor plane

LA COURBE DE VON KOCH

La courbe de von Koch a été imaginée en 1904 par le mathématicien Helge von Koch [67], à qui elle fournissait un bel

---

65. Elle vaut : $\log(k)/\log(2k+1)$.

66. Pour calculer la dimension de Hausdorff de cet ensemble, qu'on notera F, recouvrons-le par 4^k carrés de côtés 4^{-k} (de diamètre $4^{-k}\sqrt{2}$). Sa mesure 1-dimensionnelle $m_1(F)$ est par définition inférieure à $4^k 4^{-k}\sqrt{2}$. Cette mesure est en outre non nulle et supérieure à 1. Il en résulte que la dimension de Hausdorff de F est égale à 1 (cf. K. Falconer, *Fractal Geometry*, p. 31).

67. Cf. H. von Koch, « Sur une Courbe continue sans tangente obtenue par une construction géométrique élémentaire », *Arkiv för Matematik, Astronomi och Fysik*, *1*, 681-704.

exemple de courbe continue sans tangente. La construction d'objets pathologiques de ce type était du reste un exercice très prisé à l'époque [68]. L'initiateur de cette courbe est un segment de droite quelconque, par exemple l'intervalle fermé [0, 1]. On le divise en trois sections égales mais, au lieu de retrancher la partie centrale, comme précédemment, on la remplace par les deux côtés du triangle équilatéral ayant celle-ci pour base (cf. schéma). On obtient de la sorte une ligne brisée constituée par quatre segments de longueur trois fois moindre que le premier. Cette ligne constitue le générateur de la courbe. On répète l'opération sur chacun des quatre segments qui la composent, et ainsi de suite à l'infini. L'ensemble limite obtenu est la courbe de von Koch. En reliant trois de ces courbes à la manière d'un triangle équilatéral, on réalise une figure ayant l'aspect d'un « flocon de neige ». C'est un polygone ayant une infinité de côtés (un *téragone* [69] dans la terminologie de Mandelbrot), qui est lui-même la frontière d'une surface : l'île de von Koch.

La courbe de von Koch possède, comme l'ensemble de Cantor, des propriétés étranges. Il est d'abord facile de voir qu'elle n'admet de tangente nulle part, et c'est du reste ce qui a motivé sa construction : la droite reliant un point quelconque de la courbe à un point de plus en plus proche oscille indéfiniment dans un dièdre de 30° sans tendre vers une direction quelconque. Ensuite, bien qu'elle soit contenue dans une aire finie, la courbe

68. Riemann a été le premier à supposer, vers 1860, mais sans pouvoir le démontrer, qu'une fonction continue pouvait n'avoir de dérivée nulle part. Il proposait l'exemple suivant : $\sum_{n \geq 1} \sin(n^2 x)/n^2$, pour lequel la démonstration manque toujours. Weierstrass donna en 1872 un autre exemple, aujourd'hui devenu classique : $\sum_{n \geq 0} b^n \cos(\pi a^n x)$, où a est un entier impair ≥ 3, et b tel que $0 < b < 1$, avec $ab > 1 + 3\pi/2$. L'effet produit par la découverte de ces fonctions pathologiques sur les mathématiciens du XIXe siècle alla « du dégoût à la consternation » (cf. N. Bourbaki, *Théorie des ensembles*, Paris, Hermann, 1977, E IV 47). Ch. Hermite déclarait par exemple, non sans une pointe d'humour, qu'il se détournait « avec effroi et horreur de cette plaie lamentable des fonctions continues qui n'ont point de dérivée » (Ch. Hermite et T. Stieltjes, *Correspondance*, Paris, Gauthier-Villars, 1905, t. II, p. 318).

69. Un téragone est un polygone ayant un très grand nombre de côtés. « Ce terme, explique Mandelbrot, est formé à partir du grec *teras* = monstre ou merveille, sans oublier que *téra* désigne 10^{12} dans le système métrique, dont il est aujourd'hui le préfixe ultime » (« Des Monstres de Cantor et de Peano à la géométrie fractale de la nature », *Penser les mathématiques*, p. 228).

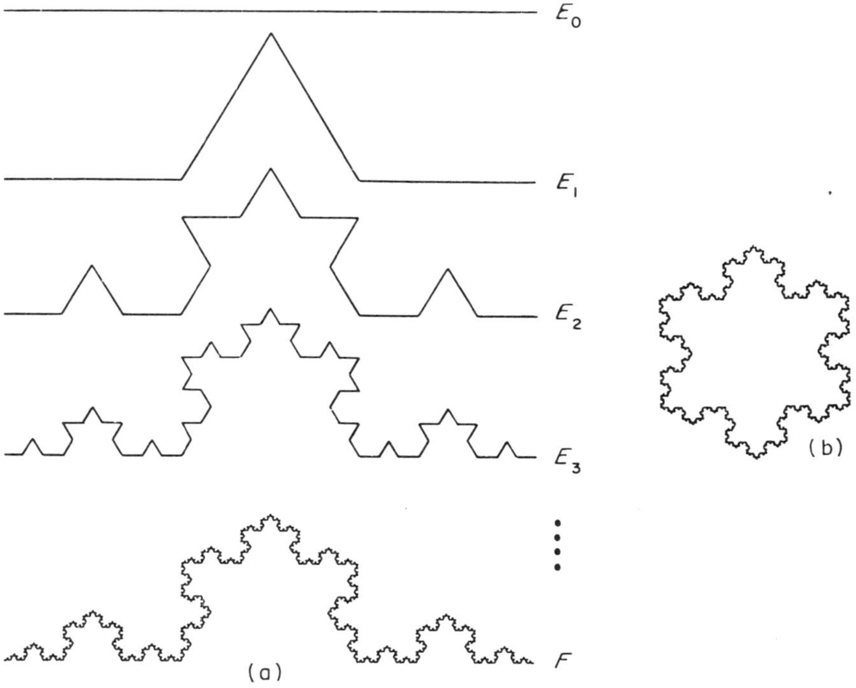

Construction d'une courbe de von Koch (a) et d'une île de von Koch (b)

de von Koch est de longueur infinie [70] : elle n'est pas rectifiable. Elle est enfin autosimilaire, chacune de ses quatre parties étant l'image réduite du tout dans le rapport un tiers. Sa dimension topologique vaut 1 (c'est une ligne continue), sa dimension fractale 1,2618. En variant l'initiateur ou le générateur, on obtient aisément d'autres courbes de von Koch ou d'autres téragones de dimension d'homothétie quelconque entre un et deux.

Mandelbrot donne d'autres exemples d'îles fractales dans *The Fractal Geometry of Nature* [71].

LE TAMIS DE SIERPINSKI

Le tamis de Sierpinski [72] est une fractale d'un genre un peu différent, mais d'une complexité tout aussi redoutable. Le point de départ (l'initiateur) de la construction n'est plus cette fois un

---

70. Un calcul élémentaire montre en effet que sa longueur est égale à la limite de $(4/3)^k$ lorsque k tend vers l'infini.
71. Cf. *op. cit.*, chap. 6, p. 45 sq.
72. Waclaw Sierpinski est un mathématicien polonais du début du siècle.

Lac de von Koch triadique (ligne côtière de dimension 1,2618)
(D'après B. Mandelbrot, *The Fractal Geometry of Nature*, p. 45)

segment de droite, mais un triangle équilatéral dans le plan. On partage celui-ci en quatre petits triangles égaux entre eux, puis on supprime le triangle (inversé) situé au centre (cf. schéma). Les trois triangles restants sont l'image réduite du premier dans le rapport 1/2. On réitère l'opération sur chacun d'eux, et ainsi de suite à l'infini. L'ensemble limite obtenu est le tamis de Sierpinski [73]. À la différence de la courbe de von Koch qui ne possède pas de point double, le tamis de Sierpinski se coupe et se recoupe sans cesse. « Un point sur une courbe est appelé un

73. Cf. W. Sierpinski, « Sur une courbe dont tout point est un point de ramification », *Comptes rendus* (Paris), *160* (1915), 302. Dans cet article, Sierpinski utilise une procédure de construction semblable à celle engendrant la courbe de von Koch (cf. Mandelbrot, *The Fractal Geometry of Nature*, p. 142).

point d'embranchement si la frontière de tout voisinage arbitrairement petit a plus de deux points en commun avec la courbe [...]. L'intuition semble indiquer qu'il est impossible qu'une courbe ne soit constituée que de points d'embranchement. Cette conviction intuitive a été réfutée par la courbe de Sierpinski, *dont tous les points sont des points d'embranchement* [74]. » Le tamis de Sierpinski n'est formé que de sa propre intersection, ce qui paraît un défi au simple bon sens. Sa dimension topologique est égale à 1 (c'est une courbe). Sa dimension d'homothétie vaut $\log N/\log(1/r) = \log 3/\log 2 = 1{,}5849$.

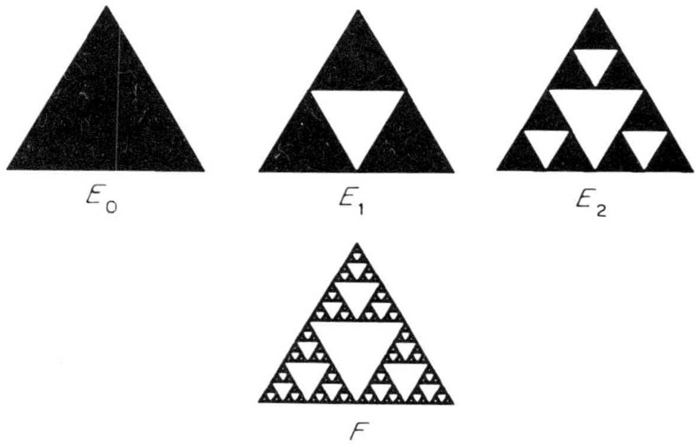

Construction du tamis de Sierpinski

On peut naturellement construire des structures appartenant à la même famille en jouant sur l'initiateur et/ou le générateur. Ainsi, en divisant un carré plan en neuf carrés égaux, et en retirant à chaque fois le carré central, on obtient le tapis de Sierpinski [75]. En dimension 3, on engendre l'éponge de Sierpinski-Menger [76], dont les faces sont des tapis de Sierpinski, ou encore la pyramide de Sierpinski, dont les faces sont des tamis de Sierpinski. Ces ensembles présentent non seulement des détails à toutes les échelles, mais ont la particularité d'être ramifiés à l'infini. Leur dimension topologique vaut 1, la dimension d'homothétie du tapis de Sierpinski est de $\log 8/\log 3 = 1{,}8927$, celle

74. H. Hahn, « The Crisis in Intuition », *The World of Mathematics*, éd. J. R. Newman, New York, Simon & Schuster, t. III, 1956 (cité par Mandelbrot, *The Fractal Geometry of Nature*, p. 131).
75. Cf. B. Mandelbrot, *The Fractal Geometry of Nature*, p. 144.
76. Cf. B. Mandelbrot, *ibid.*, p. 144.

de l'éponge de Sierpinski-Menger vaut log20/log3 = 2,7268, celle de la pyramide de Sierpinski log4/log2 = 2.

Nous arrêterons là notre exploration de l'univers des fractales. Ce qui précède n'en constitue à vrai dire qu'un tout petit aperçu, mais suffisant, nous l'espérons, pour en faire saisir toute l'originalité. Il nous restera à voir comment, partant de là, Mandelbrot réussit, et c'est peut-être ce qui constitue la prouesse la plus extraordinaire, à retrouver le monde réel.

La théorie des structures dissipatives

Le domaine couvert par la théorie des structures dissipatives est encore différent. Celle-ci ne s'intéresse ni aux formes en général, comme la théorie de Thom, ni aux formes extrêmement irrégulières, comme Mandelbrot, mais aux « processus coopératifs ». Ce terme désigne les phénomènes d'auto-organisation dont peuvent être le siège, dans certains cas et sous certaines conditions, des populations composées d'individus *a priori* identiques (molécules en chimie, cellules en biologie, agents économiques en économie, habitants d'une ville en urbanisme, etc.). D'une façon générale, les structures dissipatives correspondent à l'émergence, apparemment spontanée, d'un ordre, c'est-à-dire d'une morphologie spatiale ou temporelle, au sein d'un système constitué d'un grand nombre d'entités atomiques soumis à des contraintes externes particulières.

La théorie des structures dissipatives n'est pas l'œuvre d'un mathématicien, mais d'un physicien chimiste, Ilya Prigogine. Né à Moscou en 1917, Ilya Prigogine a vécu en Belgique où il a fait presque toute sa carrière. Au cours de ses études secondaires, il s'est intéressé non seulement aux sciences « dures », mais à diverses disciplines comme la musique ou l'histoire, qui ont, chacune à leur manière, un rapport avec le temps. Cet intérêt pour la temporalité ne se démentira jamais par la suite et sera même, d'une certaine façon, au cœur de toutes ses préoccupations scientifiques ultérieures. À la sortie du lycée, il entreprend des études de physique et de chimie à l'université libre de Bruxelles. Il s'oriente très rapidement vers la thermodynamique, où, après quelques travaux dans le domaine de la physique moléculaire, il aborde l'étude des phénomènes irréversibles, c'est-à-dire ceux qui manifestent l'existence d'une flèche temporelle. Ses nombreuses contributions dans ce domaine lui vaudront le prix Nobel de chimie en 1977. Ilya Prigogine a été professeur à la faculté des sciences de l'université libre de Bruxelles, et a dirigé plusieurs instituts internationaux de physique et de chimie (en Belgique et aux États-Unis). Il a tiré les conclusions épistémologiques et philosophiques de ses travaux scientifiques dans plusieurs ouvrages, et notamment dans *La Nouvelle alliance* [77], rédigé en collaboration avec Isabelle Stengers, chimiste et philosophe des sciences. Cet essai, paru en 1979, lui a valu une très grande notoriété.

Contrairement aux structures d'équilibre qui, une fois créées, n'ont pas besoin d'un apport d'énergie extérieur pour se maintenir, les structures dissipatives sont formées et stabilisées par les flux de matière et d'énergie qu'elles échangent avec le milieu qui les entoure. Un exemple bien connu de structure de ce genre est celui des cellules de convection, découvertes expérimentalement par le physicien français Henri Bénard en 1900 [78], et interprétées pour la première fois par le physicien anglais Lord Rayleigh en 1916. Ces cellules apparaissent dans une couche de liquide, dilatable et homogène, placée dans le champ de la pesanteur et chauffée par le fond. Dans un tel dispositif, les parties inférieures du liquide sont à une température plus élevée que les parties supérieures. Dès que la différence de température entre les parties basses et les parties hautes dépasse une certaine valeur (caractérisée par le nombre de Rayleigh critique), le liquide, initialement en repos, se met en mouvement et une structure convective s'établit.

L'interprétation hydrodynamique de ce phénomène est relativement simple. Sous l'effet de la chaleur, les parties du liquide situées au fond du récipient se dilatent et deviennent plus légères (la poussée d'Archimède augmentant) que celles placées au-dessus, plus froides. Les premières vont donc avoir tendance à monter et à prendre la place des secondes qui, plus lourdes, vont descendre. Cette tendance au déplacement est contrariée par la viscosité du liquide. Mais dès que la différence de température devient suffisante, les forces de viscosité sont supplantées par

77. *La Nouvelle alliance*, 1986.
78. Henri Bénard, *Annales de chimie et de physique*, *23*, 62-144 (1901).

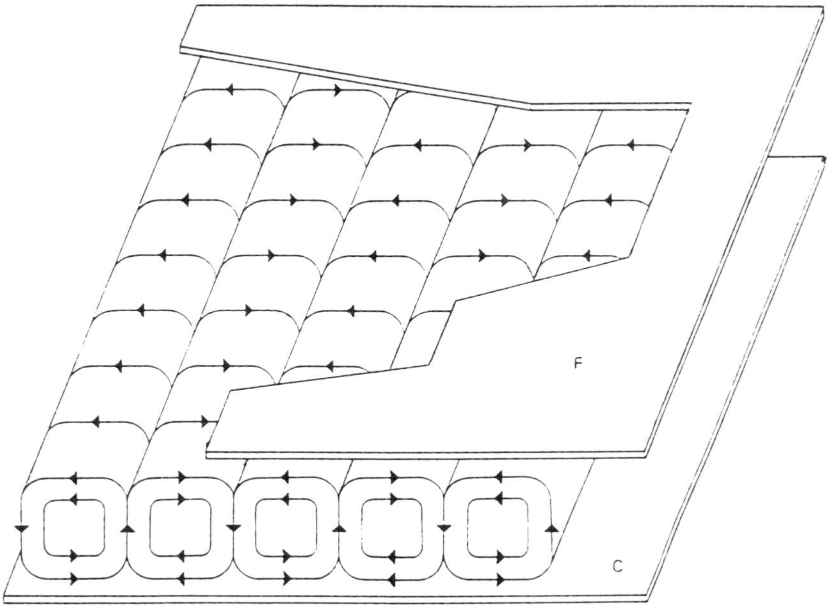

Exemple de structure dissipative : les cellules de convection de Bénard. Ces cellules apparaissent entre une plaque chaude *C* et une plaque froide *F*. Les flèches indiquent le sens de rotation du liquide
(D'après *Encyclopædia Universalis, Symposium*, p. 338)

celles de convection, et un ordre macroscopique apparaît. Les courants convectifs s'organisent en structures (cellules de convection) de configurations variables, plus ou moins complexes, selon les contraintes extérieures imposées au système. Si le liquide est laissé à l'air libre, ces courants forment des cellules hexagonales régulières d'axes verticaux parallèles. Cette structure tout à fait remarquable est due aux forces de tension à la surface du liquide qu'elle permet de minimiser. Si la partie supérieure du liquide est fermée et en contact avec une plaque horizontale, les cellules convectives prennent la forme de rouleaux équidistants horizontaux, dont le diamètre est du même ordre de grandeur que la distance des plaques enserrant le liquide. Si on supprime le gradient de température, les cellules disparaissent et le liquide redevient homogène.

Un autre exemple bien connu de structure dissipative est la réaction chimique découverte par B. Belousov [79] en 1958 et étu-

79. Cf. B. P. Belousov, *Sborn referat. radiat. Meditsin za* 1958, Moscou, Medgiz, 1959, p. 145.

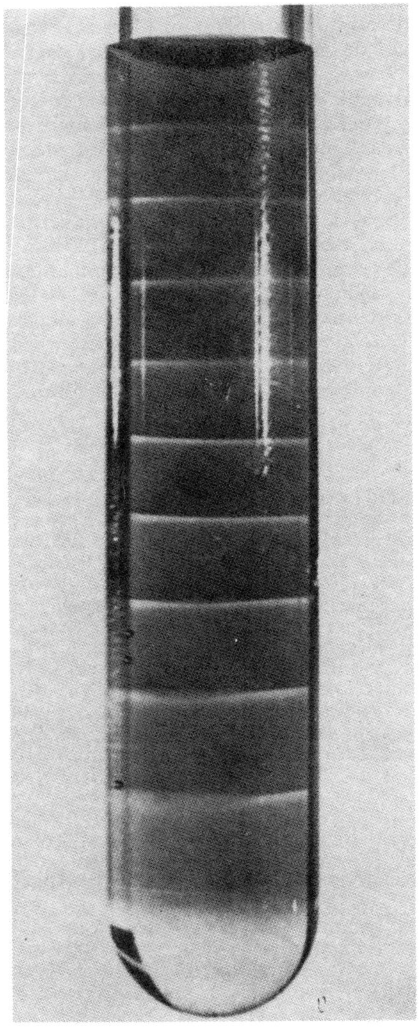

Réaction de Belousov-Zhabotinsky

diée par A. Zhabotinsky dans les années 1960 (réaction de Belousov-Zhabotinsky). Au cours de cette réaction, dont le mécanisme est assez complexe [80], on voit apparaître spontanément, au bout de quelques minutes, dans un milieu jusque-là uniforme, une structure spatio-temporelle dont l'aspect dépend des contraintes

80. Il s'agit de l'oxydation d'un acide organique (acide malonique $CH_2(COOH)_2$ par exemple) par un bromate de potassium $KBrO_3$ en présence d'un catalyseur approprié (le sulfate de cérium $Ce_2(SO_4)_3$) (cf. *La Nouvelle alliance*, p. 228).

imposées au système. Si la réaction a lieu dans un tube à essais assez long et suffisamment fin disposé verticalement, on voit se former, après quelques oscillations chimiques, des anneaux colorés horizontaux, superposés et régulièrement espacés. Cette structure annulaire traduit des inhomogénéités de concentration des réactifs en présence.

En modifiant les conditions expérimentales, on peut créer d'autres types de morphologies (ondes circulaires ou spiralées plus ou moins complexes dans un milieu plat et horizontal notamment).

Au bout d'un temps plus ou moins long, si la réaction n'est pas réalimentée, la morphologie spatiale disparaît et le milieu redevient homogène. Ces deux exemples manifestent bien à eux seuls quelques-uns des traits caractéristiques des structures dissipatives : il s'agit d'abord de processus « globaux » au cours desquels un grand nombre de molécules « coopèrent », de façon tout à fait spectaculaire, pour former un ordre de dimension « supramoléculaire ». Ce mode d'organisation de la matière est inverse de celui qui préside à la formation des structures d'équilibre, comme les cristaux par exemple, où l'ordre, de dimension « moléculaire », résulte de l'agencement local des atomes qui les composent. « Alors que les paramètres qui décrivent (une) structure cristalline sont déductibles à partir des propriétés des molécules qui la constituent, et en particulier de la portée de leurs forces de répulsion et d'attraction, (les structures dissipatives) reflètent intrinsèquement la situation *globale* de non-équilibre qui leur a donné naissance ; ainsi les paramètres qui les décrivent sont d'ordre macroscopique, non pas de l'ordre de 10^{-8} cm comme la distance entre les molécules d'un cristal, mais de l'ordre du cm [81]. » Ensuite ces structures apparaissent dans des systèmes traversés par des flux d'énergie (le gradient de température dans le cas des cellules de convection) ou de matière (réactions chimiques). Enfin, dans tous les cas, elles impliquent ce qu'on appelle une « brisure de symétrie ». Un état homogène et indifférencié (spatialement et temporellement) cède la place à un état hétérogène et différencié moins symétrique que le précédent : le nombre de translations ou de rotations qui laissent le système invariant diminue.

---

81. *La Nouvelle alliance*, p. 216

Ondes planes observées dans la réaction de Belousov-Zhabotinsky

Bien que ces phénomènes d'« auto-organisation » soient connus depuis longtemps, ils n'avaient pas fait, jusqu'à présent, l'objet d'une approche unitaire, faute de pouvoir disposer d'une méthode suffisamment compréhensive permettant d'en donner une vision d'ensemble. Un des mérites de l'approche de Prigogine est précisément de conduire à « une théorie unifiée applicable à une grande variété de systèmes macroscopiques [82] » (hydrodynamique, réactions chimiques, thermodiffusion, biologie, éthologie, etc.). Disons simplement – nous y reviendrons – que l'idée de base de Prigogine est d'interpréter ces « brisures de symétries » comme une rupture de stabilité de l'équilibre thermodynamique du système où elles apparaissent.

La théorie du chaos

La théorie du chaos représente une autre tentative, la dernière que nous envisagerons ici, pour penser le monde des formes. Son domaine de prédilection est, comme son nom l'indique, celui des formes irrégulières ou « chaotiques ». Elle est apparue et s'est développée aux États-Unis et en Europe vers la fin des années 1960 [83]. Elle doit son nom au mathématicien américain James Yorke, qui a été le premier à donner au mot « chaos » une signification et un statut mathématiques précis [84]. Il est à noter que ce n'est pas la première fois que les scientifiques utilisent ce terme dans une de leurs disciplines : les physiciens parlent couramment, depuis Boltzmann, de chaos moléculaire.

La théorie du chaos fait largement appel, comme la théorie des catastrophes, à la théorie mathématique des systèmes dynamiques [85]. Celle-ci, aujourd'hui très en vogue, a connu des débuts

---

82. Cf. P. Glansdorff et I. Prigogine, *Structure, stabilité et fluctuations*, Paris, Masson, 1971, p. 68.

83. Comme le fait remarquer Thom, le terme de chaos est peut-être impropre. « Le terme chaotique, écrit-il, devrait être réservé aux systèmes dont le comportement défie toute description. » Or les systèmes qu'étudie la théorie du chaos, « comme les systèmes dits d'Anosov (exemple l'automorphisme du tore $T^2 = R^2/Z^2$ défini par la matrice unimodulaire [2,1/1,1]) sont explicitement décrits, et sont de plus structurellement stables ». (Préface à l'ouvrage de P. S. Laplace, *Essai philosophique sur les probabilités*, Paris, Bourgois, 1986, p. 19.)

84. James Yorke, mathématicien (appliqué) de l'université du Maryland, aurait été le premier à avoir qualifié un régime de « chaotique », dans un article intitulé « Period three implies chaos », *Amer. Math. Monthly*, *82*, 985-992 (1975), écrit en collaboration avec Tien-Yien Li. Il aurait ainsi donné son nom à la science du chaos (cf. le témoignage de Robert May dans « Biological populations with nonoverlapping generations : stable points, stable cycles and chaos », *Science*, *186*, 645-647, (1974), et celui de J. Gleick, *La Théorie du chaos*, p. 92).

85. Cf. *infra*, p. 54 sq.

relativement lents et est restée pendant plusieurs années assez confidentielle. Ainsi lorsque le mathématicien américain Stephen Smale eut construit, en 1961, des exemples de systèmes dynamiques présentant une divergence exponentielle des trajectoires, la plupart des physiciens appliqués manifestèrent un certain scepticisme. Non pas bien sûr que les constructions de Smale leur parussent incorrectes, mais ils pensaient simplement qu'elles ne pouvaient pas avoir de portée pratique. Loin de saluer cette découverte, ils « se sont empressés d'affirmer, rapporte le mathématicien russe V. Arnold, que ces résultats n'avaient aucune valeur réelle, puisque, même s'ils sont structurellement stables, ces systèmes “ ne peuvent décrire aucun processus physique réel ” du fait de l'instabilité des trajectoires individuelles [86] ». Une fois passée cette première phase de défiance, la théorie du chaos a commencé à connaître ses premiers succès expérimentaux, avec, notamment, le modèle de l'installation de la turbulence en hydrodynamique proposé par David Ruelle en 1971. Cette théorie a dès ce moment pris une ampleur sans cesse croissante et a peu à peu étendu son emprise sur une multitude de domaines, de la physique à l'économie, de la biologie à la dynamique des populations. Elle ouvrait la voie à la compréhension d'une multitude de phénomènes d'apparence désordonnée ou chaotique que la physique traditionnelle laissait de côté ou abandonnait simplement à l'aléa. Le succès fut tel qu'il ne se passait plus une semaine sans qu'on annonçât une rencontre sur le chaos quelque part dans le monde, ou que ne parût un ouvrage sur le sujet. Il y eut peut-être dans ce phénomène d'engouement une part d'irrationnel, due à la magie du mot « chaos » lui-même, comme ce fut le cas à propos de la théorie des catastrophes.

Les formes irrégulières, les processus chaotiques abondent dans la nature. Il n'est pas besoin de longues observations pour en découvrir tant l'expérience la plus quotidienne nous en présente. Ainsi, la fumée d'une cigarette s'élève en un mince filet avant de se dissiper dans l'air en formant une multitude de volutes et de tourbillons. L'atmosphère terrestre est animée par des mouvements convectifs plus ou moins violents. Un cours d'eau ne s'écoule jamais suivant une vitesse uniforme, mais voit son débit contrarié par des obstacles qui provoquent l'apparition de remous.

---

86. V. Arnold, *Chapitres supplémentaires de la théorie des équations différentielles ordinaires*, Moscou, Mir, 1980, p. 130.

Une feuille qui se détache d'un arbre ne tombe pas en ligne droite, mais suit une trajectoire sinueuse très complexe. Un mobile qui traverse un milieu (exemples : un bateau sur l'eau, un avion en vol) laisse derrière lui une traînée turbulente. Tous ces phénomènes irréguliers sont des exemples familiers de processus ou de formes chaotiques. Il en existe bien sûr de plus sophistiqués et de moins connus. Ainsi, les structures dissipatives peuvent donner naissance, si l'on n'y prend pas garde, à des phénomènes complexes. Lorsque l'écart de température, par exemple, entre les plaques supérieure et inférieure dans l'expérience de Rayleigh-Bénard dépasse un certain seuil, les cellules de convection (structures dissipatives) finissent par être détruites, et un mouvement désordonné ou turbulent s'installe dans le liquide. L'ordre cède la place au chaos. L'intérêt d'un dispositif de ce type ne réside pas dans sa phénoménologie propre, mais dans le fait qu'il permet une analyse expérimentale des conditions d'apparition du chaos. D'autres systèmes donnent lieu à d'autres types de turbulence, comme la turbulence chimique dans la réaction de Belousov-Zhabotinsky pour certaines valeurs des paramètres de contrôle.

La turbulence, qui est une des manifestations les plus communes du chaos, constitue certainement un des problèmes les plus ardus de la physique. Bien que son observation soit courante et aisée (il suffit de se placer sur un pont et de regarder les remous du fleuve au franchissement des piles), sa compréhension est des plus difficiles. Si l'on en croit l'anecdote, le physicien Werner Heisenberg aurait déclaré sur son lit de mort « qu'il poserait à Dieu ces deux questions : pourquoi y a-t-il la relativité, et pourquoi y a-t-il la turbulence ? » et aurait ajouté : « Je suis persuadé qu'il pourra répondre à la première question [87]. » Pendant longtemps abordée de façon empirique, dans une perspective exclusivement pratique, le but étant bien évidemment de prévenir son installation, la turbulence n'a commencé à faire l'objet d'une étude scientifique proprement dite qu'au XXe siècle. La première grande théorie de la turbulence ne date en effet que de 1944 : c'est celle du physicien soviétique Lev Landau [88]. Elle a d'abord été accueillie très favorablement par

87. L'anecdote est rapportée par J. Gleick, *La Théorie du chaos*, p. 159.

88. L. D. Landau, « Sur le problème de la turbulence » (en russe), *Dokl. Akad. Nauk SSSR*, *44*, 339-342 (1944) (trad. anglaise dans *Chaos*, éd. B.-L. Hao, World Scientific : Singapore, 1989, p. 107-111). Cf. aussi L. Landau et E. Lifchitz, *Mécanique des fluides*, Moscou : Mir, rééd. 1971, chap. III.

les spécialistes de mécanique des fluides. Elle était même considérée comme *la* théorie de la turbulence avant que deux physiciens théoriciens, David Ruelle et Floris Takens, n'y décèlent en 1971, dans un article fameux sur la nature de la turbulence [89], une difficulté majeure, et proposent une analyse alternative fondée sur la notion d'attracteur étrange.

L'idée fondamentale de Ruelle et de Takens [90] est d'étudier les déformations des flots quasi périodiques (sur le tore) sous l'effet de petites perturbations, et de montrer que ces flots instables peuvent être approchés d'aussi près que l'on veut par d'autres structurellement stables. Ces derniers ont en outre le mérite de constituer des ensembles suffisamment complexes pour être de bons candidats à la formalisation des régimes turbulents. En dimension 3, par exemple, un de ces ensembles complexes est localement isomorphe au produit de l'ensemble triadique de Cantor et d'une variété de dimension 2 [91] : c'est le « solénoïde de Smale ». Ruelle et Takens formulent alors l'hypothèse mathé-

---

89. D. Ruelle et F. Takens, « On the nature of turbulence », *Communications in mathematical physics*, *20*, 167-192 (1971). D. Ruelle évoque, dans *Hasard et chaos*, Paris, Éd. Odile Jacob, 1991, les péripéties qui ont entouré la première publication de cet article : « Nous avons soumis notre manuscrit à une revue scientifique appropriée, et il nous est rapidement revenu : refusé. L'éditeur n'aimait pas nos idées, et nous renvoyait à ses propres articles pour que nous puissions apprendre ce qu'était réellement la turbulence » (*op. cit.*, p. 73-74).

90. Ruelle et Takens se sont appuyés essentiellement sur les travaux des mathématiciens M. M. Peixoto et Stephen Smale (S. Smale, « Differentiable dynamical systems », *Bull. Am. Math. Soc.*, *73*, 747-817 (1967)) sur la stabilité structurelle des systèmes dynamiques. Ils se sont d'abord aperçus qu'un régime chaotique, c'est-à-dire non périodique, ne pouvait pas apparaître sur un tore de dimension non supérieure à deux. Lorsque la dimension du tore est égale à 2, un théorème démontré par Peixoto dit en effet que les champs de vecteurs (*i.e.* les flots des systèmes dynamiques) structurellement stables sur ce tore forment un ouvert dense (pour une topologie appropriée). Ces champs de vecteurs possèdent une structure géométrique relativement simple puisqu'ils ne présentent qu'un nombre fini de points singuliers, ou d'orbites périodiques. Cela signifie qu'une petite perturbation d'un flot quasi périodique sur le tore T^2 aura pour effet de « régulariser » le flot, c'est-à-dire de le transformer en un flot périodique. Il s'agit là d'un phénomène bien connu des physiciens : l'accrochage en fréquence des systèmes quasi périodiques. Pour que la turbulence puisse s'installer, il fallait donc que le tore attractant ait une dimension supérieure à deux. En effet, dans ce cas, le théorème de Peixoto n'est plus valable : les champs de vecteurs stables et réguliers, c'est-à-dire possédant un nombre fini de points singuliers ou d'orbites périodiques, ne forment plus un ouvert dense sur le tore. Ce résultat négatif en apparence est d'une importance capitale pour la formalisation de la turbulence. Il signifie en effet que tout flot quasi périodique, naturellement instable sur T^r, pour r supérieur à 2, est voisin d'un, ou même de plusieurs flots « chaotiques », c'est-à-dire de flots dont les trajectoires décrivent des ensembles très complexes.

91. Cf. « On the Nature of turbulence », *loc. cit.*, p. 170.

matique suivante de portée tout à fait générale : les ensembles complexes, situés au voisinage des flots quasi périodiques sur le tore, sont les attracteurs des régimes turbulents. Pour justifier leur hypothèse, Ruelle et Takens mettent d'abord en avant la généricité et la stabilité de ces ensembles. Ceux-ci ne sont pas rares sur le tore et peuvent être facilement obtenus à partir des flots quasi périodiques. Ensuite et surtout, les courbes intégrales qui les composent ont une allure « erratique [92] », propre à formaliser le comportement des régimes chaotiques. Ils les ont baptisés du nom d'« attracteurs étranges », qui est désormais le terme technique consacré pour les désigner. Au moment de leur découverte, les attracteurs étranges étaient encore très mal connus. Ruelle et Takens ne se risquaient pas, en particulier, à en esquisser ne serait-ce que l'allure géométrique. Ce ne sont pas, dans le cas général, des objets euclidiens (des lignes, des surfaces, des volumes, etc.), mais des êtres « fractals » caractérisés par une dimension non entière, ou fractionnaire [93].

La théorie de Ruelle ne résout certes pas à elle seule tous les problèmes liés au chaos. Même en admettant que les attracteurs étranges formalisent correctement la turbulence – et il y a tout lieu de le penser –, il reste à élucider la provenance de ces attracteurs eux-mêmes, c'est-à-dire à préciser les routes conduisant au chaos [94], bref à savoir comment un régime régulier ou laminaire devient irrégulier ou turbulent. Nous donnons en appendice des éléments de réponse à cette question. Mais surtout, la turbulence n'est qu'une des multiples manifestations des comportements chaotiques. Il existe d'autres types de régimes irréguliers, comme ceux régis par des dynamiques hamiltoniennes à trajectoires complexes (systèmes d'Anosov). Ces processus, étant conservatifs, ne sont naturellement pas analysables en termes d'attracteurs. Cependant, les conséquences épistémologiques, et même philosophiques, que nous pourrions retirer de leur étude seraient fondamentalement les mêmes que celles auxquelles nous convient déjà la théorie de D. Ruelle et les théories morphologiques en général.

---

92. Cf. *ibid.*, p. 173-174

93. D. Ruelle donne une définition mathématique de ces ensembles dans « Strange attractors », *The Mathematical Intelligencer*, *2*, 126-137 (1980), p. 131. Cet article est reproduit dans P. Cvitanović, *Universality in Chaos*, Bristol, Adam Hilger, 2e éd., 1989, p. 37-48.

94. Cf. *infra*, appendice 3.

Chapitre 2

Une approche phénoménologique de la nature

Les théories morphologiques, dont nous venons d'exposer les principes, sont à l'évidence d'allures bien différentes, mais ne sont pas pour autant incompatibles entre elles, comme si la vérité de l'une entraînait *ipso facto* la fausseté des autres. Bien loin d'être concurrentes et de réclamer, chacune pour elle-même, une sorte d'exclusive, elles constituent des approches complémentaires du monde des formes. La théorie des structures dissipatives, par exemple, formalise les processus d'organisation qui prennent naissance dans des milieux *discrets*, et plus précisément dans ceux composés d'un grand nombre d'entités élémentaires identiques. La théorie des catastrophes, quant à elle, s'intéresse aux formes sur des supports dont l'aspect, en dehors des zones où la morphologie apparaît, est fondamentalement *continu*. La théorie des attracteurs étranges traite pour sa part des structures d'apparence irrégulière ou chaotique. La théorie de Mandelbrot, enfin, envisage, comme la précédente, les formes irrégulières, mais s'en distingue par l'absence à peu près complète de considérations d'ordre dynamique. Elle ne vise pas tellement à rendre compte de la genèse des formes qu'à élaborer une nouvelle grille de lecture des formes existantes. Cependant, quelles que soient leurs différences, voire même leurs divergences, ces théories ont plus d'un point en commun. Elles prônent toutes, chacune à leur manière, une attitude, inédite en science, que l'on peut qualifier de phénoménologique. Cette démarche, qui tranche avec le réductionnisme aujourd'hui de mise dans la plupart des disciplines scientifiques, constitue un mode d'approche de la nature très particulier. Pour cerner les principes de cette exploration originale du réel, nous allons partir de l'analyse de René Thom qui est certainement celui qui a développé le plus longuement ces aspects méthodologiques.

Une herméneutique phénoménologique

Pour définir la démarche du « catastrophiste », Thom utilise souvent une métaphore, empruntée à la théorie des systèmes, celle de la « boîte noire ». Le scientifique qui étudie le monde extérieur et l'aborde sans idées préconçues, « objectivement », a devant lui des objets dont, de prime abord, il ne sait rien ou presque. Il n'en connaît ni les lois ni les rouages, mais constate simplement qu'ils réagissent de telle ou telle manière lorsqu'ils sont soumis à telle ou telle sollicitation. Les objets auxquels il a affaire et dont il étudie le comportement sont donc semblables à des « boîtes noires ». « Une boîte noire est tout simplement, explique Thom, un système qui ne communique avec le monde extérieur que par l'intermédiaire des entrées *(inputs)* et des sorties *(outputs)*. À tout instant, si l'on fixe l'entrée, le système émet des sorties [1]. » Dans les cas les plus simples, celui-ci répond sans ambiguïté aux questions qu'on lui pose : à une entrée bien définie, correspond une sortie et une seule [2]. Cette réponse peut certes ne pas être fournie immédiatement. Un délai peut s'écouler entre la sollicitation et la réaction. Le système peut, par exemple, osciller plus ou moins longtemps autour d'une valeur moyenne avant de s'y stabiliser. Dans la pratique, le scientifique ne prend pas en considération le temps de réaction, c'est-à-dire l'inertie des boîtes noires. Il ne s'intéresse qu'aux états limites, généralement stables, que le système finit par adopter au bout d'un temps plus ou moins long.

Thom formalise le concept de boîte noire de la façon suivante. Il suppose que les entrées prennent leurs valeurs dans un espace de dimension quelconque r, isomorphe à R^r (une entrée est donc définie par un ensemble de r paramètres), et les sorties

---

1. *Paraboles et catastrophes*, p. 60.
2. Dans des cas plus complexes, une même entrée peut donner lieu à un nombre fini ou même à une infinité de sorties (cf. R. Thom, *Modèles mathématiques de la morphogénèse*, 2e éd., p. 83).

dans un espace de dimension n, isomorphe à R^n (une sortie est définie par n paramètres). Étudier le comportement du système revient à associer à tout point u de l'espace des entrées, un point x de l'espace des sorties. Les couples (u, x) ainsi obtenus forment, dans l'espace produit $R^r \times R^n$, un nuage de points. Si le système ne réagit pas de manière absolument aléatoire, ce nuage n'est pas quelconque, mais tend vers une forme déterminée, en général « indépendante de la stratégie suivie dans le choix des entrées [3] ».

Cette forme limite est ce qu'on appelle la *caractéristique* Γ du système. Il est à noter que les nombres u et x ne jouent pas, dans ce modèle, le même rôle : alors que nous sommes libres de donner une valeur quelconque à u (à l'intérieur naturellement de certaines limites), il n'en va pas de même pour x. Une fois u fixé, la valeur de x est bien déterminée : nous n'avons plus le loisir de la modifier en quoi que ce soit. Le nombre x est, comme on dit, « fonction » de u. Pour donner une illustration concrète de cette notion mathématique fondamentale, Thom invoque l'opposition célèbre des stoïciens entre « ce qui dépend de nous » d'une part, et « ce qui ne dépend pas de nous » d'autre part. « Importante sur le plan moral, cette distinction n'est pas moins importante en science [...]. Ce qui dépend de nous, c'est l'argument de la fonction. Ce qui ne dépend pas de nous, au contraire, c'est le déterminisme rigide qui, une fois la variable choisie, détermine la valeur de la fonction [4]. » La notion de fonction aurait

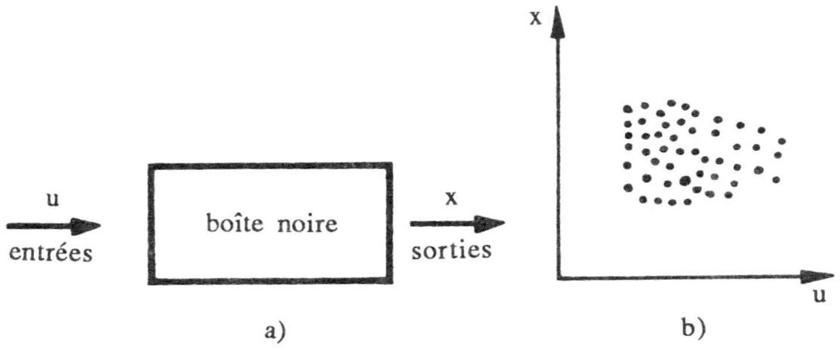

a) Le schéma de la boîte noire.
b) Le nuage de points.

3. *Paraboles et catastrophes*, p. 61.
4. R. Thom, « Le Statut épistémologique de la théorie des catastrophes », *Apologie du logos*, Paris, Hachette, 1990, p. 398.

ainsi, sinon une origine, du moins un équivalent proprement éthique ou philosophique.

Lorsqu'on fait varier de manière continue l'entrée *u*, qui joue le rôle de *paramètre de contrôle*, on observe en général une variation continue de la sortie *x*. Si *u* ne change pratiquement pas, il y a de fortes chances pour que *x* ne soit presque pas modifié : *u* est un point régulier de l'espace R^r. Mais il peut arriver, et c'est le cas le plus intéressant dans la pratique, qu'à une petite variation de l'entrée corresponde une variation brutale de la sortie. Cette variation brusque traduit la création d'une forme (catastrophe).

Imaginons, pour être plus précis, que les entrées et les sorties du système prennent leurs valeurs dans un espace de dimension 1 et que le système ait pour caractéristique une courbe fermée convexe dans le plan, comme dans le schéma ci-dessous. Si *u* reste compris entre *a* et *b*, le système réagit en se plaçant dans l'état $x(u)$ ou bien $x'(u)$, selon la nappe où il se trouve. Mais lorsque *u* prend la valeur *b*, le système atteint un point limite où il ne peut plus évoluer. Si l'expérimentateur persiste et veut donner au paramètre des valeurs supérieures, il détruit l'objet étudié. « Il s'agit là de la catastrophe, commente Thom, au sens usuel du terme, comme par exemple l'explosion d'une chaudière si l'on pousse la pression de vapeur au-delà du seuil maximal de résistance [5]. »

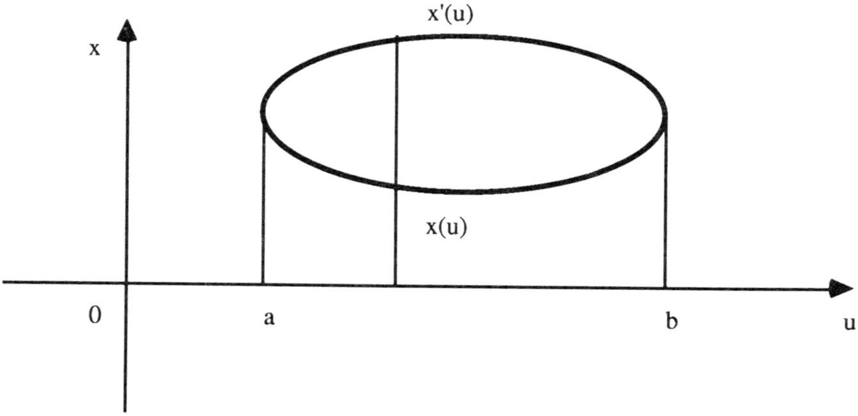

Exemple d'une boîte noire. Les couples entrée-sortie forment une courbe fermée

5. *Paraboles et catastrophes*, p. 63.

Le problème général auquel se trouve confrontée la théorie des systèmes [6] est de restituer, à partir de l'observation des couples entrées-sorties ou, ce qui revient au même, à partir de l'analyse de la courbe caractéristique, le mécanisme interne et par définition caché de la boîte noire. C'est à ce même problème que les théories morphologiques tentent d'apporter, chacune à leur manière, une réponse. La théorie des catastrophes, par exemple, peut être considérée comme une méthode destinée à « interpréter les nuages de points, recueillis expérimentalement, au moyen de constructions mathématiques qui seraient à la fois les plus simples et les plus robustes [7] ». C'est, dit Thom, « une théorie herméneutique qui s'efforce, face à n'importe quelle donnée expérimentale, de construire l'objet mathématique le plus simple capable de l'engendrer [8] ». Le mot « herméneutique » vient, selon une étymologie peut-être contestée mais éclairante, de Hermès, le messager des dieux dans la mythologie grecque. L'herméneutique est, d'une manière générale, l'art d'interpréter les textes ou les signes. Le « texte » soumis à la sagacité de l'herméneute n'est pas, dans le cas présent, un texte littéraire, juridique, religieux ou autre, ni un signe divin, mais tout simplement le nuage de points obtenu au cours de l'observation répétée des réactions d'un système. En tant que disciplines herméneutiques, les théories morphologiques se déploient, et c'est là l'essentiel, sur un mode phénoménologique. Elles interprètent le donné, les nuages de points, *phénoménologiquement*, c'est-à-dire en les prenant tels qu'ils apparaissent. En d'autres termes, elles rendent compte du fonctionnement des boîtes noires sans les ouvrir, en restant à l'extérieur. « Une telle philosophie, dit Thom, va à l'encontre de la méthode expérimentale qui, en face de toute boîte noire, commence par casser la boîte pour voir ce qu'il y a dedans. Procédé à coup sûr efficace, mais qui ne donne pas toujours des résultats constants, ni aisément interprétables. De plus, ajoute-t-il, le procédé a l'inconvénient – parfois majeur – de détruire irréversiblement le système à étudier [9]. » Il y a, dans l'attitude

6. Sur les réserves de Thom à l'égard de la théorie des systèmes, cf. par exemple : « La Boîte de Pandore des concepts flous », *Apologie du logos*, p. 587.
7. *Paraboles et catastrophes*, p. 66.
8. *Ibid.*, p. 66.
9. *Modèles mathématiques de la morphogénèse*, 2e éd., p. 84. Cette méthode est celle des physiciens qui, dans les accélérateurs, font se rencontrer (collisionner) des particules pour les briser et en engendrer de nouvelles.

phénoménologique du catastrophiste, et des morphologistes en général, un gage d'humilité devant le donné, de respect du réel qui contraste avec la « philosophie dominant actuellement qui fait de l'analyse d'un système en ses composants ultimes la démarche première à accomplir pour en révéler la nature. Il faut rejeter comme illusoire cette conception primitive et quasi cannibalistique de la connaissance qui veut que connaître une chose exige préalablement qu'on la réduise en pièces [10] ». En tant que disciplines phénoménologiques, les théories morphologiques récusent le mode d'explication privilégié par la physique et par les sciences de la nature en général, le réductionnisme, qui va de pair avec un mythe que Thom juge « hélas encore très vivace [11] », celui du caractère fondamental de l'infiniment petit.

La critique du réductionnisme

L'approche réductionniste consiste, comme son nom l'indique, à *réduire* les phénomènes, c'est-à-dire à les *déduire* d'autre chose qu'eux-mêmes. Cette entreprise peut se déployer dans deux directions contraires, selon que le phénomène étudié semble évoluer sous l'effet de facteurs *externes*, ou bien qu'il semble évoluer *de lui-même*. Il convient donc de distinguer deux formes de réductionnisme : le réductionnisme *externe* d'une part et le réductionnisme *interne* d'autre part [12].

Sous sa première forme, le réductionnisme rend compte de l'évolution du phénomène par l'action d'agents étrangers censés

---

10. *Stabilité structurelle et morphogénèse*, p. 158.
11. « La Science en crise? », *op. cit.*, p. 39.
12. Les positivistes opposent le réductionnisme ontologique au réductionnisme méthodologique. Ils dénoncent le premier parce qu'il repose sur une métaphysique et voient dans le second une démarche féconde et légitime. En fait, comme l'a souligné H. Barreau, cette distinction est bien fragile. « Je ne crois pas possible, dit-il, de séparer rigoureusement [...] ces deux formes de réductionnisme [...]. L'impossibilité d'une séparation radicale réside, à mon sens, dans l'impossibilité de tenir des discours entièrement différents en ontologie et dans les sciences, si on accorde à celles-ci une portée réaliste » (« La Conception systémique remède au réductionnisme », *Le Réductionnisme en question*, Paris, Vrin, 1987, p. 36). Thom critique en réalité le réductionnisme sous sa version la plus forte, c'est-à-dire ontologique, et donc aussi, mais indirectement, sous sa version la plus faible, c'est-à-dire méthodologique.

déterminer son comportement. Le réductionniste considère que ces éléments, étant responsables de l'état actuel du système, fournissent la clef de son intelligibilité, contiennent en quelque sorte sa vérité. En linguistique, par exemple, « l'approche réductionniste externe dira : le langage est une morphologie émise par des humains en état d'interaction sociale. La linguistique, étude de la morphologie (X) du langage sera une conséquence de l'étude de l'homme (Y) lui-même : soit du point de vue anatomique ou neurophysiologique, soit du point de vue psychologique, soit enfin du point de vue de la sociologie [13] ». Dans cette perspective, les phénomènes linguistiques se trouvent dissous dans une multitude de phénomènes extrinsèques, et la linguistique cesse du même coup d'être une discipline autonome. Elle devient un chapitre de la neurophysiologie, de la psychologie ou de la sociologie. En biologie, le darwinisme constitue, par un de ses aspects essentiels, un autre exemple de réductionnisme externe : l'évolution des formes des êtres vivants se trouve expliquée par les contraintes du milieu, par la nécessité de l'adaptation de l'être vivant à son environnement. La biologie devient du même coup un chapitre de l'écologie.

Lorsque le phénomène étudié semble évoluer de lui-même, le réductionniste procède différemment. Il ne cherche pas à expliquer son évolution par l'intervention de facteurs externes, mais par celle de facteurs *internes*, de prime abord inapparents car appartenant à un niveau d'organisation inférieur. Il s'efforce de déduire la morphologie « d'entités plus petites, invariables, et indestructibles, dont la combinatoire va reconstituer la morphologie [14] ». Le paradigme de l'explication réductionniste *interne* est l'explication atomistique d'après laquelle les « positions et vitesses d'un système de N atomes sont décrites par un point mobile d'un espace euclidien R^{6N} à $6N$ dimensions (x_i) ; les lois d'interaction entre ces particules permettent d'écrire un système d'équations différentielles : $\frac{\mathrm{d}x_i}{\mathrm{d}t} = X_i(x_j)$ dont l'intégration donne l'évolution du système étudié [15] ». En biologie, le réductionnisme interne reconstruit l'être vivant à partir de structures d'organisation

13. R. Thom, *Modèles mathématiques de la morphogénèse*, 1re éd., p. 21.
14. R. Thom, « La Science malgré tout... », *Encyclopædia Universalis*, *Symposium*, Paris, 1985, p. 76.
15. *Ibid.*, p. 76.

microscopiques (cellules, puis molécules). La biologie finit par devenir du même coup un chapitre de la physico-chimie, ce à quoi, malheureusement, elle n'a pas grand-chose à gagner s'il est vrai, comme le dit Thom, qu'expliquer la vie par la chimie revient à expliquer *obscurum per obscurius* [16]. Ces deux versants du réductionnisme (externe et interne) ne sont pas mutuellement incompatibles, mais plutôt complémentaires. Ils peuvent être combinés pour fournir toutes sortes d'explications. Ainsi le réductionniste pourra-t-il commencer par expliquer un phénomène par des facteurs externes, puis expliquer ces facteurs externes eux-mêmes par des microfacteurs internes.

En dépit de sa simplicité formelle, les difficultés que soulève l'application rigoureuse du programme réductionniste sont nombreuses et pour certaines rédhibitoires. Sans entrer dans le détail, bornons-nous à évoquer les principales. Le réductionnisme externe doit faire face, par exemple, à au moins deux séries d'objections. La première résulte du « caractère intuitif, dit Thom, mais souvent difficile à préciser, de la notion de *cause* ; par exemple en embryologie, tel biologiste dira que le plissement d'un feuillet embryonnaire est dû à une force de compression agissant sur ses bords. Pour intuitif que soit ce mécanisme, sa formalisation mathématique est loin d'être simple. On retrouve d'ailleurs, ajoute-t-il, cette difficulté dans l'approche réductionniste interne, qui a fait appel, souvent, à des notions très intuitives, comme le " choc " des atomes dont la formalisation mathématique s'est révélée bien difficile [17] ». L'évidence immédiate dont jouit la notion de cause, en l'occurrence celle de cause efficace ou efficiente, est trompeuse. Cette notion est en réalité beaucoup plus obscure et infiniment plus complexe qu'on ne le croit généralement. Une allumette enflammée fait exploser un baril de poudre. Où se trouve la cause de ce phénomène ? Est-ce la flamme de l'allumette, est-ce l'air qui permet à la flamme de brûler, est-ce le bois dont est faite l'allumette, est-ce la composition chimique de la poudre qu'on fait exploser, est-ce la quantité de poudre contenue dans le baril qui a dépassé une certaine masse critique, est-ce tout simplement celui qui a enflammé l'allumette ou encore celui qui a placé le baril de poudre à cet endroit ? Où se situe l'événement causal proprement dit, où commence l'effet, où finit

---

16. *Prédire n'est pas expliquer*, p. 102.
17. *Modèles mathématiques de la morphogénèse*, 1re éd., p. 22.

la cause ? Il n'est pas facile de répondre à ces questions. Mais il est encore plus difficile de comprendre le mécanisme à l'œuvre dans la relation causale elle-même. Causer quelque chose, cela veut dire produire un effet, donc créer un état ou une situation qui n'existaient pas auparavant. Mais comment une situation quelconque peut-elle ainsi passer du non-être à l'être ? La causalité s'apparente fort, de ce point de vue, à une création *ex nihilo* et semble aussi incompréhensible qu'elle. C'est la raison pour laquelle, du reste, Malebranche, vers la fin du XVIIe siècle, déniait tout pouvoir causal aux corps et aux âmes (aux créatures en général), pour le réserver à Dieu seul (doctrine qu'on appelle l'occasionnalisme). « On admet, disait le philosophe, [...] quelque chose de divin dans tous les corps qui nous environnent, lorsqu'on admet des formes, des facultés, des qualités, des vertus, ou des êtres réels capables de produire certains effets par la force de leur nature [...]. Il n'y a qu'une vraie cause, parce qu'il n'y a qu'un vrai Dieu ; la nature ou la force de chaque chose n'est que la volonté de Dieu ; toutes les causes naturelles ne sont point de *véritables* causes mais seulement des causes *occasionnelles* [18]. » Les cartésiens dans leur ensemble répugnaient à admettre les causes efficaces, où ils voyaient des qualités occultes ou des leurres d'explication, analogues à la vertu dormitive [19] des scolastiques : les forces, la gravité et autres causes agissantes de la physique newtonienne, étaient pour eux inintelligibles [20]. Indépendamment

18. N. Malebranche, *De la Recherche de la Vérité*, VI, 2, 3, *Œuvres complètes*, t. II, Paris, Vrin, 1974, p. 309-312.

19. Dont Molière se gaussait dans le fameux intermède de l'acte III du *Malade imaginaire* où il parodiait la cérémonie d'intronisation des médecins de l'époque. *« Mihi a docto Doctore demandatur causam et rationem quare opium facit dormire : a quoi respondeo, quia est in eo virtus dormitiva, cujus est natura sensus assoupire »* ce qui signifie : « Il m'est demandé par le docte docteur la cause et la raison pour laquelle l'opium fait dormir. À quoi je réponds que c'est parce qu'il a une vertu dormitive dont la nature est d'assoupir les sens. » D'après C. Bernard, qui cite ce texte, « cette réponse [...] est la seule qu'on pouvait faire. De même que si l'on voulait répondre à cette question : Pourquoi l'hydrogène, en se combinant à l'oxygène, forme-t-il de l'eau ? on serait obligé de dire : Parce qu'il y a dans l'hydrogène une propriété capable d'engendrer de l'eau. C'est donc seulement la question du pourquoi qui est absurde, puisqu'elle entraîne nécessairement une réponse naïve ou ridicule » (*Introduction à l'étude de la médecine expérimentale*, 2e partie, chap. I, § IX). En réalité, la raison pour laquelle la vertu dormitive constitue une explication ridicule, est qu'elle ne sert que dans un cas, celui pour lequel elle a été inventée.

20. Cf. J. Largeault, *Principes classiques d'interprétation de la nature*, Paris, Vrin, 1988, p. 56. Sur les difficultés liées à la notion de cause, cf. aussi E. Meyerson, *Identité et réalité*, p. 39-40.

de l'obstacle constitué par la complexité inhérente à la notion de cause qui rend sa formalisation délicate, le réductionnisme externe se heurte à une autre difficulté qui en limite considérablement la portée pratique : « Les agents externes (*Y*), dit Thom, qui causent la morphologie sont en général beaucoup plus complexes que la morphologie (*X*) qu'ils provoquent. Ceci est particulièrement frappant en linguistique : la neurophysiologie, la psychologie, la sociologie sont des sciences bien moins avancées, bien moins formalisées que la linguistique qu'elles voudraient expliquer [21]. » Dans ces situations, le réductionnisme devient rapidement impuissant. Qui pourrait croire, en effet, que l'on puisse déduire effectivement les faits de langue des mécanismes neurophysiologiques sous-jacents ?

Le réductionnisme interne soulève des difficultés comparables. La première est celle du choix des éléments « atomiques » qui vont servir à reconstruire la morphologie étudiée. Dans la plupart des cas, il ne saurait être question, en effet, de remonter jusqu'aux particules « élémentaires » de la physique fondamentale. Le problème qui se pose alors est de savoir à quel degré de complexité s'arrêter. Quel est le niveau d'organisation que le réductionniste va considérer comme pertinent ? Quels sont les éléments qu'il va regarder comme fondamentaux ? Par exemple, en biologie, retiendra-t-il la cellule, ou la molécule ? Ce choix comporte en lui-même une bonne dose d'arbitraire. Mais une fois les entités élémentaires identifiées et reconnues comme telles, il reste à écrire quantitativement leurs relations. Or cela n'est malheureusement pas toujours possible. En biologie moléculaire, par exemple, « les interactions entre deux molécules un peu complexes, fait remarquer Thom, échappent à toute formalisation mathématique [22] ». Ne pouvant écrire les équations, le réductionniste est contraint de renoncer à son programme. Mais le peut-il qu'il n'est pas tiré d'affaire pour autant. Ainsi, en théorie des gaz les équations ne comportent aucun mystère en elles-mêmes, mais leur nombre est tel que l'intégration du système différentiel est totalement hors de portée. Pour formaliser ne serait-ce que le comportement d'une mole de gaz, il faudrait écrire $N = 10^{23}$ équations (N étant le nombre d'Avogadro, ou le

21. *Modèles mathématiques de la morphogénèse*, 1re éd., p. 22.
22. « La Notion d'archétype en biologie et ses avatars modernes », *Modèles mathématiques de la morphogénèse*, 2e éd. p. 153.

nombre de molécules contenues dans une mole de gaz), ce qui dépasse, et de loin, les possibilités humaines. Dans ce cas encore, le programme réductionniste s'avère ineffectuable. Seul l'emploi de méthodes statistiques peut permettre dans certains cas de le mener à bien, mais, fait remarquer malicieusement Thom, « il n'y a plus de morphologie [23] ». On pourrait bien sûr être plus modeste et se contenter d'attaquer le problème à un niveau d'organisation moins élémentaire. « C'est ce que tente, parfois avec succès, la physiologie. Il existe, par exemple, des modélisations mathématiques acceptables de certains phénomènes locaux, comme la propagation de l'influx nerveux, ou la circulation du sang dans l'aorte. Mais alors se pose le problème d'intégrer les connaissances ainsi acquises en un tableau cohérent de la dynamique globale de l'organisme, expliquant ses propriétés fondamentales de régulation et de reproduction [24]. » Le réductionnisme n'a donc pas toutes les vertus qu'on lui prête communément. Dans toutes ces situations, et dans d'autres du même genre, il devra céder la place à une approche moins ambitieuse, de type phénoménologique ou structural. Cette approche ne se résume pas dans une attitude vague et générale, consistant simplement à recueillir passivement et indistinctement les données de l'expérience, les *data* sensibles, mais met en jeu des principes essentiels qu'il nous faut maintenant détailler.

Le principe de l'indépendance de la forme par rapport au substrat

Prenant le contre-pied de la démarche réductionniste, les théories morphologiques appréhendent tout d'abord les formes au niveau d'organisation où elles se manifestent. Elles ne cherchent pas à les réduire ni à les déduire de processus élémentaires internes ou externes, mais les envisagent comme des réalités autonomes, indépendantes de la nature des forces qui leur ont donné naissance. Le principe qui les inspire est qu'« une certaine compréhension des processus morphogénétiques est pos-

---

23. « La Science malgré tout... », *op. cit.*, p. 76.
24. *Modèles mathématiques de la morphogénèse*, 2e éd., p. 153-154.

sible sans avoir recours aux propriétés spéciales du substrat des formes, ou à la nature des forces agissantes [25] ». Elles soutiennent que l'évolution des formes obéit à des règles précises, distinctes de celles qui gouvernent le comportement de la matière. La matière a ses lois, les formes en ont d'autres. Cette idée d'une autonomie du monde des formes, d'une régulation spécifique de l'univers des structures pourra sembler, reconnaît Thom, « difficile à admettre, surtout de la part d'expérimentateurs habitués à tailler dans le vif, et continuellement en lutte avec une réalité qui leur résiste [26] ». Même si elle peut surprendre à première vue, cette thèse n'est nullement arbitraire, et s'avère même, lorsqu'on y réfléchit, assez naturelle. Un exemple pourra le faire comprendre. Considérons en effet, avec le mathématicien, « un œuf de grenouille, fécondé, que nous laissons se développer dans des conditions optimales ; en consultant les traités d'Embryologie, nous serons en mesure de prédire (sauf accident, bien entendu), avec une très bonne précision, toutes les modifications subies par cet organisme, et toute la morphologie de son développement [27] ». Considérons d'autre part « une falaise mise à nu à une date déterminée t_0 par un glissement de terrain ; supposons connus la nature géologique de cette falaise, et tout le micro-climat local ultérieur (vents, pluies, températures, etc.) [28] ». Il est bien difficile de prévoir, même avec une précision toute relative, la forme ultérieure qu'elle prendra. Dans le premier cas, notre connaissance du substrat, c'est-à-dire des mécanismes biochimiques responsables de la morphogenèse, est « des plus lacunaires [29] ». Mais néanmoins, notre capacité de prédiction est excellente. Dans le second, la situation est exactement inverse. Notre connaissance du substrat est très bonne, mais notre capacité à prévoir l'évolution de la morphologie est très réduite. « En morphogenèse, conclut Thom, il n'y a donc qu'un rapport très distant entre nos possibilités de prévision d'une part, et notre connaissance du substrat [30]. »

Cette thèse – extrêmement forte – de l'autonomie du monde des formes par rapport à la matière – ce qui ne signifie pas,

25. R. Thom, *Modèles mathématiques de la morphogénèse*, 2e éd., p. 10.
26. *Ibid.*, p. 10.
27. *Ibid.*, p. 11.
28. *Ibid.*, p. 11.
29. *Ibid.*, p. 11.
30. *Ibid.*, p. 11.

naturellement, qu'une forme puisse exister sans substrat –, n'est pas, en tant que telle, une idée nouvelle, même à notre époque. Elle avait déjà été exprimée en effet par le biologiste (et helléniste) écossais D'Arcy Wentworth Thompson (1860-1948) que Thom considère, à bien des égards, comme un précurseur.

Le principe d'extrémalité de D'Arcy Thompson

D'Arcy Thompson avait écrit, au début de ce siècle, un traité devenu classique chez les théoriciens de la morphogenèse, *On Growth and Form (La Croissance et la forme)* [31]. Il y analysait une multitude de formes de la nature animée et inanimée qu'il expliquait par un principe d'extrémalité ou d'optimalité. Ce principe lui permettait de rendre compte de la structure et de la croissance d'une grande variété d'animaux et de végétaux, et de nombreux phénomènes physiques présentant des faits d'organisation. Considérons par exemple un cas élémentaire étudié par D'Arcy Thompson, celui des bulles de savon qui présentent, comme chacun sait, une forme (à peu près) sphérique. Le biologiste dérivait cette forme, non pas d'une analyse des interactions des molécules présentes dans le liquide, qui n'aurait du reste aucune chance d'aboutir, mais d'une contrainte globale d'extrémalité. La sphère est une réponse à un problème simple de géométrie : étant donné un volume, déterminer la surface d'aire minimale contenant ce volume. Minimisant l'aire, la sphère minimise du même coup les forces de tension superficielle du liquide, et par conséquent l'énergie potentielle. En adoptant cette forme, la pellicule de savon atteint un état d'équilibre. Cet équilibre a l'avantage d'être stable : si on déforme la sphère en exerçant une légère pression, elle réapparaît. Autre exemple : un anneau de métal plan sous-tend une pellicule d'eau savonneuse, elle aussi plane. On place, sur cette pellicule, une boucle de fil souple. On crève la pellicule à l'intérieur de la boucle. Le fil se tend et prend aussitôt une forme régulière, celle d'un cercle parfait concentrique avec l'anneau. D'où vient cette forme régulière ? Là encore d'une contrainte d'extrémalité. Le cercle est la figure qui enclôt la plus grande surface possible pour un périmètre donné. La surface externe (celle comprise entre le cercle et l'anneau) étant

31. *On Growth and Form*, Cambridge, Cambridge University Press, 1917, 793 p.

la plus petite possible, les forces de tension superficielles du liquide sont minimales, assurant du même coup la stabilité ou l'équilibre du système. D'une façon générale, « un film liquide en *équilibre*, dit D'Arcy Thompson, prend la forme qui lui donne une aire minimale compte tenu des conditions auxquelles il est soumis [32] », à savoir la forme de la frontière qui enferme le film et la pression qui s'exerce sur lui. Troisième exemple : les rayons hexagonaux de la cire des abeilles. Pour expliquer cette structure remarquable, point n'est besoin de supposer que les abeilles connaissent et manipulent des mathématiques transcendantes. Cette forme résulte là encore d'un problème de maximum, ce qu'avait du reste déjà aperçu G. Buffon au XVIIIe siècle, mais sans en tirer toutes les conséquences : « Ces cellules des abeilles, disait le naturaliste, tant vantées, tant admirées, me fournissent une preuve de plus contre l'enthousiasme et l'admiration ; cette figure, toute géométrique et toute régulière qu'elle nous paraît, et qu'elle est en effet dans la spéculation, n'est ici qu'un résultat mécanique et assez imparfait qui se trouve souvent dans la nature, et que l'on remarque même dans les productions les plus brutes ; les cristaux et plusieurs autres pierres, quelques sels, etc., prennent constamment cette figure dans leur formation [...]. Qu'on remplisse un vaisseau plein de pois, ou plutôt de quelque autre graine cylindrique, et qu'on le ferme exactement après y avoir versé autant d'eau que les intervalles qui restent entre ces graines peuvent en recevoir ; qu'on fasse bouillir cette eau, tous ces cylindres deviendront des colonnes à six pans. On y voit clairement la raison, qui est purement mécanique ; chaque graine, dont la figure est cylindrique, tend par son renflement à occuper le plus d'espace possible dans un espace donné, elles deviennent donc toutes nécessairement hexagones par compression réciproque. Chaque abeille cherche à occuper de même le plus d'espace possible dans un espace donné, il est donc nécessaire aussi, puisque le corps des abeilles est cylindrique, que leurs cellules soient hexagonales, – par la même raison des obstacles réciproques. On donne plus d'esprit aux mouches dont les ouvrages sont les plus réguliers ; les abeilles sont, dit-on, plus ingénieuses que les guêpes, que les frelons, etc., qui savent aussi l'architecture, mais dont les constructions sont plus grossières et plus irrégulières

32. *Ibid.*, p. 215.

que celles des abeilles ; on ne veut pas voir, ou l'on ne se doute pas que cette régularité, plus ou moins grande, dépend uniquement du nombre et de la figure, et nullement de l'intelligence de ces petites bêtes ; plus elles sont nombreuses, plus il y a de forces qui agissent également et s'opposent de même, plus il y a par conséquent de contrainte mécanique, de régularité forcée, et de perfection apparente dans leurs productions [33]. » La structure hexagonale des cellules d'abeilles est une solution à un problème simple d'optimisation : comment occuper le plus d'espace possible à l'intérieur d'un périmètre donné.

Cette explication des formes par des contraintes d'extrémalité représente, aux yeux de Thom, un progrès théorique considérable, notamment par rapport aux penseurs de la *Naturphilosophie* qui, à l'instar de Schelling et de Gœthe, déduisaient les morphologies empiriques d'archétypes idéaux dont le contenu était bien trop concret pour avoir une vertu explicative réelle [34]. « Mais les idées de ce grand visionnaire [D'Arcy], reconnaît-il, étaient bien trop en avance sur leur temps pour s'imposer ; exprimées d'une manière trop souvent naïvement géométrique, il leur manquait d'ailleurs une justification mathématique et dynamique que seules les recherches récentes pourront leur donner [35]. » Les théories morphologiques contemporaines n'ont fait somme toute que donner aux intuitions de D'Arcy Thompson le fondement scientifique (physique et mathématique) qui leur faisait défaut. Le principe explicatif est en gros le suivant : la structure empirique étudiée reflète une structure idéale ou mathématique abstraite, bien sûr variable selon les théories. Illustrons ce principe sur la théorie des catastrophes où il donne lieu à ce qu'on pourrait appeler un structuralisme géométrique.

Le structuralisme géométrique thomien

En théorie des catastrophes, les morphologies empiriques s'expliquent, non pas par des forces, mais par un certain nombre

---

33. Expérience décrite par Buffon, dans son *Histoire naturelle* (cf. D'Arcy Thompson, *On Growth and Form*, p. 333-334).

34. Sur les archétypes des *Naturphilosophen*, cf. par exemple R. Thom, « La Notion d'archétype en biologie et ses avatars modernes », *Modèles mathématiques de la morphogénèse*, 2e éd., p. 157.

35. *Modèles mathématiques de la morphogénèse*, 2e éd., p. 11.

de structures géométriques caractéristiques. Loin de s'évertuer à les déduire de forces internes ou externes, comme le voudrait l'orthodoxie réductionniste, Thom projette *au-dessus* de l'espace substrat des morphologies un espace idéal paramétrisant l'état, c'est-à-dire les propriétés qualitatives du substrat en chacun de ses points. Pour saisir le sens de la démarche, plaçons-nous dans une situation aussi simple que possible. Imaginons que le substrat soit une surface plane, par exemple la toile d'un peintre. Si celui-ci ne disposait que de deux couleurs (pour dessiner par exemple une forme rouge sur un fond bleu), on pourrait dire qu'il « affecte » la valeur « rouge » à certains points de la toile, et la valeur « bleu » aux autres. Le bleu et le rouge sont deux paramètres, deux variables d'état. Dans ce cas rudimentaire, l'espace qui représente les propriétés qualitatives du support (la toile) est un ensemble comportant seulement deux éléments : le bleu et le rouge. Un point de la toile est ou bien dans l'état « bleu » ou bien dans l'état « rouge ».

Plus généralement, la théorie des catastrophes associe à tout point u du substrat d'une morphologie ce qu'on appelle en mathématiques un « système dynamique », dépendant de u. Un système dynamique requiert la donnée de deux éléments : un espace M (une variété), support de la dynamique, et un champ de vecteurs X, défini sur cet espace. Dans la théorie des catastrophes, la dynamique à l'origine de la morphologie ne joue donc pas dans l'espace substrat lui-même, mais dans un *espace abstrait* qui paramétrise les propriétés du substrat en chacun de ses points. Pour des raisons de simplicité, Thom suppose que l'espace interne M, support de la dynamique, est identique sur tout le substrat (le nombre de couleurs dont dispose le peintre est le même d'un point à l'autre de la toile). Le champ de vecteurs associé à un point u du substrat déplace, dans l'espace interne, le point représentant l'état du substrat en u. L'espace interne M est appelé parfois *espace de comportement*, ou *espace des états*, et l'espace support de la morphologie *espace de contrôle*. Dans notre exemple, le système dynamique serait le peintre lui-même. En chaque point de la toile, celui-ci opte pour une couleur plutôt que pour l'autre. Ce processus décisionnel est comparable à l'action d'un système dynamique sur un espace à deux éléments (espace des couleurs).

Un système dynamique (M, X) présente généralement, mais

pas nécessairement cependant [36], ce qu'on appelle des attracteurs. Un attracteur est un sous-ensemble de la variété *M*, support de la dynamique, souvent réduit à un *point*, mais qui peut être plus complexe (une courbe, une surface, etc.), vers où convergent les trajectoires issues de tous les points appartenant à un de ses voisinages. Une métaphore géologique peut nous aider à nous représenter cette notion [37].

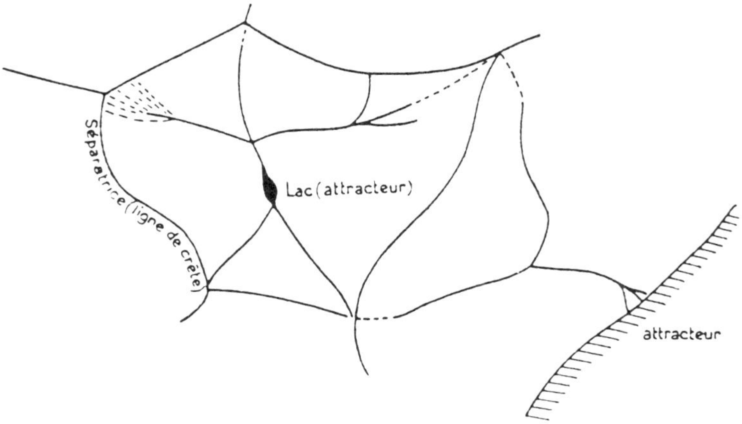

Un système dynamique avec ses attracteurs
(D'après C. P. Bruter, *Topologie et perception*, t. I, 2e éd., Maloine, 1985, p. 188)

La variété, support de la dynamique, est le relief, les trajectoires de la dynamique sont les lignes de pente (les lignes de ruissellement des eaux). Les attracteurs peuvent être assimilés, quant à eux, aux lacs, qui sont les régions où aboutissent tous les ruisseaux issus d'un bassin déterminé.

Les attracteurs des dynamiques locales sur l'espace interne *M* jouent un rôle déterminant dans la morphogenèse. On peut en effet faire l'hypothèse naturelle qu'en chaque point *u* du substrat, la dynamique associée $X(u)$ a atteint le voisinage de l'attracteur $c(u)$. Le reste de la dynamique ne joue qu'un rôle fictif, si bien que « les observables du système, dit Thom, sont déterminées par la (seule) donnée de l'attracteur [38] » $c(u)$. Dans notre cas, l'attracteur $c(u)$ serait la teinte (bleue ou rouge) retenue au point *u*. On pourrait dire que le peintre est « attiré », en ce point, par cette couleur plutôt que par l'autre.

36. Cf. *Stabilité structurelle et morphogénèse*, p. 41.
37. Cf. I. Ekeland, *Le Calcul, l'imprévu*, Paris, Éd. du Seuil, 1984, p. 101 sq.
38. *Stabilité structurelle et morphogénèse*, p. 43.

L'introduction d'une dynamique « fibre » sur le substrat permet de donner un sens mathématique précis à la notion de catastrophe. Un point u du substrat sera dit *catastrophique* si l'attracteur de la dynamique $c(u)$ cesse d'être structurellement stable [39]. En d'autres termes, le champ de vecteurs local $X(u)$ admet, en u, une discontinuité, qui se traduit par une discontinuité au niveau des observables. Un point u du substrat sera dit au contraire *régulier* si le champ $X(u)$, ou, ce qui revient au même, l'attracteur $c(u)$ se transforme continûment au voisinage de u.

La théorie générale des systèmes dynamiques et de leurs attracteurs est encore loin d'être achevée. C'est pourquoi Thom se borne, dans un premier temps, à l'étude de systèmes dynamiques particulièrement simples : les systèmes dynamiques *gradients*. Ils offrent l'avantage de conduire à une théorie mathématique complète : la *théorie des catastrophes élémentaires* dans laquelle le champ de vecteurs associé au point u du substrat est de la forme $X(u) = - \overrightarrow{grad}\, V$, où V désigne une application différentiable définie sur M à valeurs réelles (c'est-à-dire une fonction potentiel), et $\overrightarrow{grad}$ l'opérateur gradient. Cet opérateur associe à toute fonction réelle un *vecteur* dont les composantes sont les dérivées partielles premières de la fonction. Par exemple, si $V(u) = u^2$, le gradient de $V(u)$, $\overrightarrow{grad}\, V(u)$ est le vecteur à une composante $X(u) = 2u$. Thom fait l'hypothèse que la variété des états internes M est différentiable et « compacte », ce qui implique que les attracteurs du système dynamique sont uniquement des *points singuliers isolés*. Sur une variété compacte, les trajectoires des systèmes dynamiques gradients convergent vers des *points* d'équilibre. Ces points correspondent aux *minima* du potentiel. Lorsque la dynamique a atteint un de ces points d'équilibre, le système y demeure tant qu'il n'en est pas chassé.

Un exemple simple de système dynamique gradient est, en mécanique, le pendule pesant amorti. Le pendule finit toujours par rejoindre, au bout d'un temps plus ou moins long, la position d'équilibre (la verticale), état attractant du système.

Lorsque le potentiel V_u associé au point du substrat u ne présente qu'un seul minimum $c(u)$, l'apparence phénoménologique du substrat, ou, ce qui revient au même, le comportement

---

39. Sur la définition de la stabilité structurelle d'un attracteur, cf. *ibid.*, p. 41.

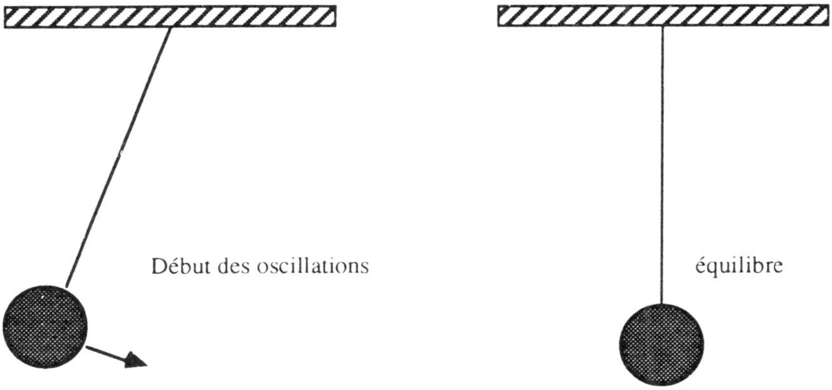

Un système dissipatif simple : le pendule amorti

du système est bien défini. Le système se trouve dans l'état correspondant à ce minimum. Mais il se peut que la fonction potentielle présente plusieurs minima, définissant plusieurs points d'équilibre. Dans ce cas, l'état du substrat est *a priori* indéterminé. Pour lever l'indétermination, Thom utilise deux types de conventions, qui conduisent à deux définitions différentes des points catastrophiques, et donc aussi des points réguliers.

La première est celle de *Maxwell*. D'après cette convention, le système se place dans l'état correspondant au minimum *absolu* du potentiel. En particulier, si le potentiel a deux minima c_1 et c_2 différents, le système se trouve dans l'état défini par la *plus petite* de ces deux valeurs. Un point du substrat est alors catastrophique dans deux cas seulement [40] :

– ou bien lorsque le potentiel associé V_u présente deux minima absolus égaux. Il y a alors lutte entre ces deux attracteurs qui se partagent chacun, au voisinage de u, un domaine du substrat. On dit qu'on a affaire à une *catastrophe de conflit*.

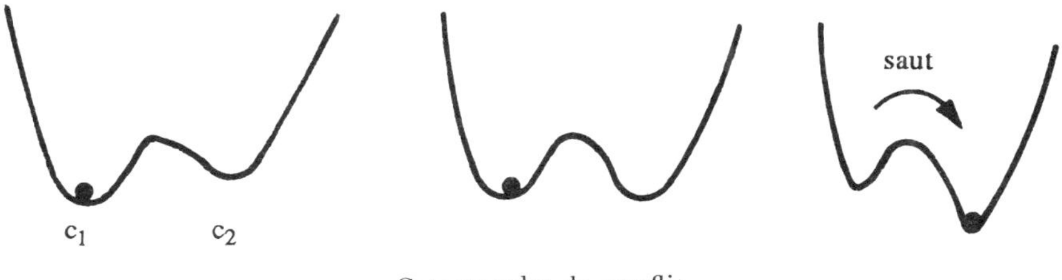

Catastrophe de conflit

40. Cf. *ibid.*, p. 58-59.

– ou bien lorsque le minimum absolu du potentiel, atteint en un point unique c, cesse d'être stable. On dit qu'on a affaire à une *catastrophe de bifurcation*. Les points non catastrophiques sont bien évidemment des points réguliers.

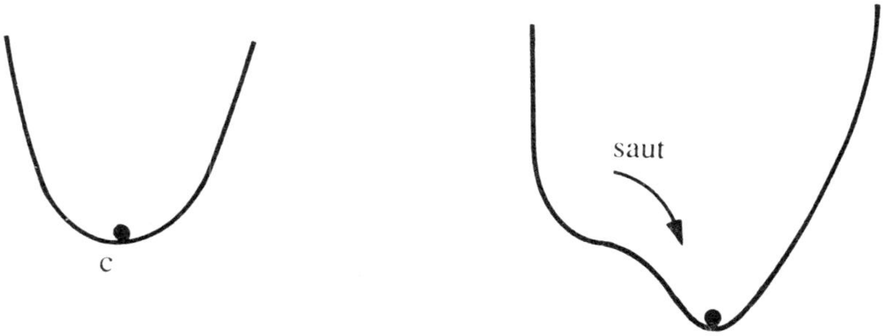

Catastrophe de bifurcation

La seconde convention est celle du *délai parfait* : le système reste dans le même état $c(u)$, minimum du potentiel V_u, aussi longtemps qu'il n'est pas contraint de le quitter. Si le minimum $c(u)$ est stable, le point u est *régulier*. Cela signifie que l'apparence phénoménologique du substrat varie continûment autour de la valeur $c(u)$. Mais si ce minimum est instable, c'est-à-dire si le potentiel V_u change de type topologique [41] au voisinage de $c(u)$, le point u est catastrophique *(catastrophe de bifurcation)*. Dans ce cas, le minimum $c(u)$ est détruit, le plus souvent par collision avec un maximum local, et cesse par conséquent d'être un attracteur de la dynamique interne. En u, le substrat saute brusquement de c à c_1, où c_1 désigne un nouvel attracteur correspondant à un état plus stable ($V_u(c_1) < V_u(c)$). On dit que l'attracteur c_1 a « capturé » c. Dans la plupart des applications, c'est cette dernière convention qui est utilisée.

D'une façon générale, la morphogenèse résulte, en théorie des catastrophes, de l'émergence d'une *instabilité* : l'attracteur d'une dynamique, le minimum d'un potentiel bifurque. « La bifurcation, dit Thom, engendre la catastrophe [42]. » On peut se

41. Deux applications différentiables f et g d'une variété X dans une variété Y ont même type topologique s'il existe deux homéomorphismes $h : X \to X$ et $k : Y \to Y$ tels que $fok = hog$. Une application différentiable $f : X \to Y$ est stable s'il existe un voisinage de f tel que toute fonction appartenant à ce voisinage ait même type topologique que f. Rappelons qu'un homéomorphisme est une application bijective bicontinue.

42. *Stabilité structurelle et morphogénèse*, p. 46.

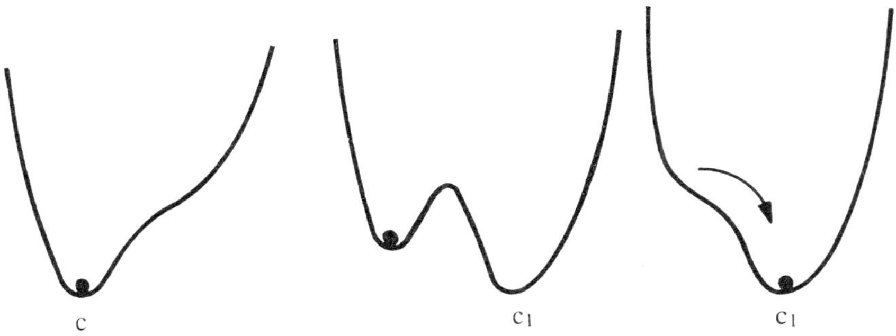

Catastrophe de bifurcation par collision avec un maximum local

représenter schématiquement l'engendrement et l'enchaînement des catastrophes de la façon suivante : un attracteur instable, centre organisateur d'une catastrophe, se partage (bifurque) en deux ou plusieurs attracteurs qui entrent en conflit et donnent naissance à leur voisinage à une onde de choc (catastrophe de conflit). Ces attracteurs peuvent eux-mêmes bifurquer (s'ils deviennent instables), et donner lieu à de nouvelles catastrophes de conflit et de bifurcation. Thom appelle le potentiel organisateur de la catastrophe un *logos*, en souvenir d'Héraclite. Ce *logos* détermine une forme géométrique qui donne naissance, par projection sur l'espace substrat, à la morphologie observée.

Considérons un *logos* particulier, celui qui gouverne la « catastrophe de la fronce ». Ce *logos* est une fonction mathématique bien précise, la fonction biquadratique à valeurs réelles $V(x) = x^4/4$. Celle-ci fait partie d'une famille de fonctions dépendant de deux paramètres ou de deux variables u et v : $V_{u,v}(x) = x^4/4 + vx^2/2 + ux$. L'ensemble des points (u, v) forme l'espace substrat de la morphologie (à deux dimensions dans le cas présent), et l'ensemble des points x l'espace de comportement (à une dimension). La nature de l'espace substrat et celle de l'espace de comportement peuvent être quelconques. Pour illustrer le modèle, imaginons que le substrat soit, comme tout à l'heure, une toile (une surface plane) et que l'espace des états soit l'ensemble des couleurs. Ce dernier devant former un *continuum* ne peut plus se limiter à deux éléments (bleu et rouge), mais doit comprendre tous les intermédiaires (mélanges) possibles. Le peintre est régi ou inspiré comme on voudra par la catastrophe de la fronce. Essayons de déterminer quel tableau, quelle figure, il va peindre.

Prenons donc un point quelconque de la toile (le substrat), et étudions la dynamique régissant son comportement. Cette dynamique, rappelons-le, n'agit pas dans le substrat (elle ne déplace pas le point sur la toile), mais uniquement dans l'espace des couleurs (des mélanges). Étant régie par un potentiel, elle atteint un point d'équilibre (un *minimum*) au bout d'un certain temps. Celui-ci définit la teinte que le peintre emploiera au point considéré. Pour connaître la figure globale, il suffit d'analyser le comportement du peintre en chaque point de la toile. Cela revient à déterminer l'ensemble des points d'équilibre (des *minima*) des potentiels de la famille décrite ci-dessus (variété des équilibres). Cet ensemble a pour équation $DV_{u,v}(x) = 0$, où D désigne l'opérateur de dérivation. Cette équation, qui s'écrit $x^3+vx+u = 0$, est celle d'une surface qui a, dans l'espace à trois dimensions (u, v, x), l'allure d'une fronce [43].

Dans ce formalisme, la morphologie observable, la figure visible, remarquons-le, n'est pas la fronce elle-même, qui est une structure abstraite, mais sa projection sur l'espace support (le plan) [44]. Celle-ci détermine une parabole semi-cubique, avec un point de rebroussement à l'origine. C'est cette figure que le peintre dessine sur sa toile. Elle sépare le plan en deux régions correspondant chacune à un type de régime particulier.

Lorsqu'on se trouve en dehors de la parabole (région *E*), l'état du substrat est déterminé sans ambiguïté. Le potentiel associé à chaque point de cette région ne présente qu'un seul minimum. Cette zone *E* est une zone de comportement *unimodal*.

Lorsqu'on se trouve à l'intérieur de la parabole (région *I*),

---

43. Les deux variables de contrôle u et v ne jouent pas, dans le modèle de la fronce, le même rôle. La variable u correspond, dans la terminologie de C. Zeeman, au *facteur normal* (« normal factor »). À elle seule, elle n'a pas d'effet morphogénétique. La variable v correspond, quant à elle, au *facteur de scission* (« splitting factor »). Son apparition ($v > 0$) provoque la séparation de la surface des équilibres en deux (et même trois) nappes distinctes. Dans certaines applications, Zeeman utilise un autre système de coordonnées (u', v') dans le plan de contrôle, qui se déduit très simplement du précédent par les formules $u' = u+v$; $v' = v-u$. Les nouvelles coordonnées peuvent être interprétées comme des *facteurs conflictuels* (conflicting factors) car elles induisent des comportements antagonistes : lorsque u' augmente, x augmente, alors que lorsque v' augmente, x diminue.

44. Ou plus précisément la projection des bords de la nappe intermédiaire (points où la tangente est verticale).

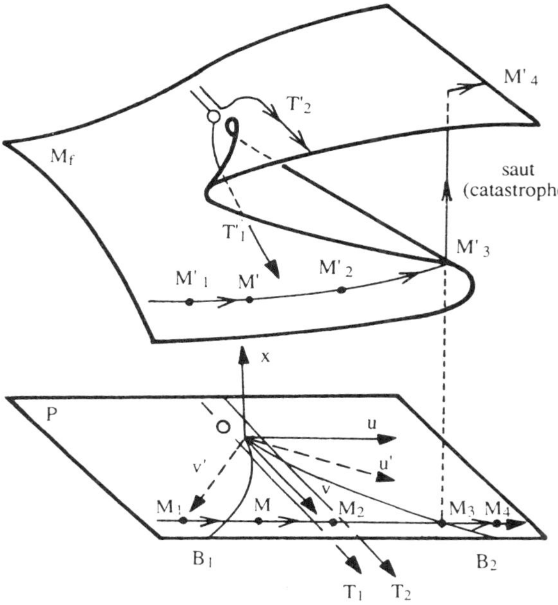

La catastrophe de la fronce
Lorsqu'on se déplace sur l'espace substrat, le point caractérisant l'état du substrat se déplace sur la surface de la fronce.

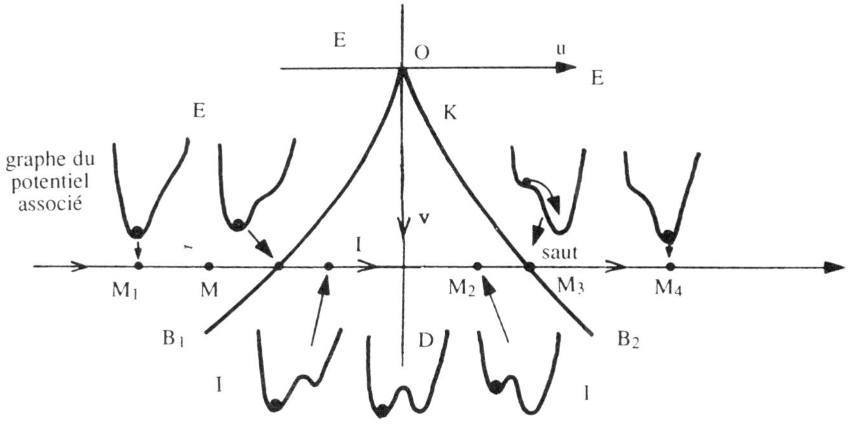

deux valeurs sont *a priori* possibles pour la variable d'état, selon que le système évolue sur la nappe inférieure ou supérieure de la fronce (la nappe intermédiaire, correspondant à des états d'équilibre instables, est inaccessible dans la pratique). Le potentiel présente deux minima locaux (et un maximum, équilibre instable). La région *I* est une zone de comportement *bimodal*. Il y a « conflit de régimes ».

Lorsqu'un point de l'espace de contrôle franchit la parabole *K*, une catastrophe se produit (dans certains cas). Les propriétés qualitatives du substrat changent brusquement. Ainsi, dans la figure ci-dessus, le point M' qui se déplace sur la nappe inférieure saute sur la nappe supérieure lorsqu'il arrive en M'_3.

Ce modèle donne naissance à une morphologie qu'on pourra trouver bien rudimentaire (branche d'une parabole semi-cubique séparant deux régions du plan), surtout si on la rapporte à la complexité de l'arsenal nécessaire pour l'obtenir. C'est sans doute vrai, mais là n'est finalement pas l'important. Dans sa simplicité même, le modèle de la fronce a d'abord et avant tout, en effet, une valeur paradigmatique. Il nous montre que les morphologies empiriques ne sont rien d'autre, dans le formalisme catastrophiste, que la *trace* de superstructures géométriques abstraites. D'une façon générale, « la théorie des catastrophes suppose [...] que les choses que nous voyons sont seulement des reflets et que pour arriver à l'être lui-même, il faut multiplier l'espace substrat par un espace auxiliaire et définir dans cet espace produit, l'être le plus simple qui donne, par projection, son origine à la morphologie observée [45] ». Ce doublement de l'espace morphologique concret, lieu de l'apparaître, par un espace mathématique abstrait, lieu de l'être, rend incontestablement un son platonicien. Thom lui-même compare du reste les morphologies qui se déploient dans l'espace substrat, les morphologies empiriques aux ombres de la caverne de *La République* de Platon [46]. De la même manière que pour expliquer les ombres de la caverne, c'est-à-dire pour comprendre les « lois » qui président à leur apparition, il faut sortir de l'« espace » (le mur) sur lequel elles défilent, et se tourner vers l'extérieur, vers les choses réelles qui sont transportées au-dehors, et vers le feu qui les éclaire, ainsi, pour rendre compte des morphologies, dans la théorie des catastrophes, il faut sortir de l'espace où elles apparaissent, et se tourner vers l'être algébrico-géométrique qui les engendre. On peut parler, de ce point de vue, mais de ce point de vue seulement, d'un « platonisme » thomien : à l'origine des formes, simples reflets, il faut placer un monde idéel, un monde peuplé d'êtres mathématiques,

---

45. R. Thom, *Paraboles et catastrophes*, p. 85.
46. Cf. *ibid.*, p. 85.

celui des *logoï*, des potentiels organisateurs de la théorie des catastrophes élémentaires. Le réductionniste serait, lui, comparable au prisonnier de la caverne de Platon. Comme ce dernier, il n'a affaire qu'à un seul et même espace, auquel il demeure fortement attaché : celui de l'expérience sensible. Il fonde les phénomènes empiriques sur des entités atomiques qui appartiennent au même monde. Entre les premiers et les secondes, il instaure une différence de degré, mais non de nature : le macroscopique se reconstruit par agrégation et complexification du microscopique. Pour Thom, le macroscopique a une tout autre origine : il est la projection d'une forme intelligible sur un substrat sensible.

La neutralité ontologique des théories de la forme

L'herméneutique structuraliste des théories morphologiques va de pair avec ce qu'on pourrait appeler leur « neutralité ontologique » fondamentale. Les morphologistes ne se prononcent pas sur l'essence de l'être, ils la mettent pour ainsi dire entre parenthèses. Ainsi, la théorie des catastrophes « ne préjuge en rien de la nature ultime de la réalité ; même si cette dernière devait se révéler à l'analyse d'une complexité défiant toute description, seuls certains de ses aspects entrent finalement dans la description macroscopique, ceux qui déterminent les paramètres " observables " du système [47] ». Les théories morphologiques n'ont pas à connaître la nature du substrat des formes qu'elles étudient : elles restent valables que ce substrat soit physique, chimique, biologique, qu'il soit, au niveau fondamental, matériel, énergétique ou tout autre. Cela veut dire que les morphologistes n'ont pas à attendre que les physiciens aient mis au jour les composants ultimes de la matière et établi leurs lois avant de pouvoir échafauder leurs théories. Ils peuvent commencer à travailler avant que la physique soit achevée, ce qui est sans doute heureux pour eux. Cela signifie aussi qu'ils n'ont rien à craindre, *a contrario*, du progrès des sciences positives.

---

47. *Stabilité structurelle et morphogénèse*, p. 7.

Le principe holiste : le cas de la théorie des structures dissipatives

Après le principe de l'indépendance de la forme par rapport au substrat, le second trait méthodologique fondamental des théories morphologiques réside dans leur *holisme*, terme qui vient du grec *holon*, qui veut dire « tout ». Les théories morphologiques appréhendent les formes non seulement comme des entités autonomes, mais aussi et surtout *globalement*, comme des totalités irréductibles à la somme de leurs parties. La théorie des structures dissipatives de Prigogine est à cet égard tout à fait exemplaire.

« L'un des aspects les plus intéressants des structures dissipatives, dit Prigogine, est certainement la cohérence du système dans son ensemble. Au-delà de la première bifurcation, le système semble se comporter comme un tout, comme s'il était le siège de forces à longue portée ; la population des molécules, dont les interactions ne dépassent pas une portée de quelque 10^{-8} cm, se structure comme si chaque molécule était " informée " de l'état de l'ensemble du système [48]. » Une structure dissipative est une totalité *sui generis*, qui manifeste un comportement d'ensemble, non déductible du comportement de ses parties. Ses caractéristiques phénoménologiques résultent des contraintes globales imposées par le milieu (gradient de température, par exemple), et non pas de l'état local des molécules composant le système. Cette orientation « holiste [49] » est en fait une conséquence directe du cadre conceptuel de la théorie de Prigogine elle-même. Celle-ci se fonde sur la thermodynamique qui est, comme on le sait, une discipline phénoménologique, et à ce titre foncièrement non réductionniste. « Un certain nombre de relations entre les propriétés des substances, dit le physicien Richard Feynman, peuvent être éta-

48. *La Nouvelle alliance*, p 231.

49. Il en va de même en théorie des fractales. B. Mandelbrot soutient par exemple que la structure fractale des bronches, en anatomie, ne saurait s'expliquer simplement par le « code génétique », donc par des mécanismes biochimiques, mais résulte « de contraintes géométriques *non finalisées (nonwillful)* gouvernant la croissance prénatale du poumon » (cf. *The Fractal Geometry of Nature*, p. 158).

blies sans pour autant considérer la structure détaillée des matériaux. La détermination des relations entre les diverses propriétés des matériaux, sans connaître leur structure interne, fait l'objet de la *thermodynamique*. Historiquement, la thermodynamique fut développée avant de parvenir à la compréhension de la structure interne de la matière [50]. » Avouons cependant qu'il peut paraître paradoxal, et même contradictoire, de vouloir rendre compte, à la manière de Prigogine, des phénomènes d'auto-organisation, c'est-à-dire de l'apparition d'un ordre dans ce contexte. Loin de formaliser une quelconque émergence de l'ordre à partir du désordre, la thermodynamique est classiquement en effet une « théorie de la *destruction* des structures [51] », de la dissolution et de la disparition des formes. Le projet de Prigogine demande donc à être justifié dans sa plausibilité même.

Le problème central de la thermodynamique, son aporie fondatrice comme dirait Thom, est de savoir comment produire du mouvement (une force : en grec *dunamis*) avec de la chaleur (*thermos*). Comme telle, cette discipline complexe, qui a bien souvent excité l'imagination des savants et des philosophes, met en jeu deux principes essentiels qu'il importe de ne pas perdre de vue.

Le premier principe de la thermodynamique

Le premier principe de la thermodynamique quantifie les échanges d'énergie d'un système physique avec son milieu au cours d'une transformation quelconque. Tout système physique, et plus précisément tout système *macroscopique*, possède une certaine forme d'énergie, que les physiciens appellent l'énergie interne. Cette énergie, qu'on a l'habitude de noter U, s'exprime en fonction des variables thermodynamiques classiques : la température, la pression, et le volume. Elle est liée au mouvement des particules qui composent le corps, mouvement que nous ne percevons pas. « Nous savons, dit R. Feynman, que dans un verre d'eau tout s'agite, toutes les particules se déplacent sans arrêt, ce qui fait qu'il y a une certaine énergie cinétique à l'intérieur,

---

50. R. Feynman, *Mécanique*, t. II, Paris, InterÉditions, 1979, p. 264.
51. Cf. *ibid.*, p. 10.

à laquelle nous ne prêtons pas attention [52]. » Sous sa formulation traditionnelle, le premier principe ne concerne que les systèmes « fermés » (à ne pas confondre avec les systèmes « isolés »), c'est-à-dire ceux dont la composition *matérielle* reste invariable au cours du temps. Un exemple très simple de système fermé est un gaz dans un récipient hermétique, récipient qui peut éventuellement comporter des parois mobiles (un piston dans un cylindre), ou avoir des cloisons intérieures amovibles. Un système de ce type, à la différence d'un système isolé, échange de l'énergie avec l'extérieur. Lorsqu'on chauffe un gaz, on lui communique de l'énergie (de l'énergie calorifique), qu'il peut restituer au milieu extérieur sous forme de travail. Le travail est une énergie mécanique égale au produit d'une force par un déplacement. Lorsqu'on élève un poids d'une certaine hauteur, on produit un travail. En revanche, lorsqu'on supporte un poids en restant immobile, ou encore lorsqu'on le transporte horizontalement, on ne travaille pas. Un gaz échauffé se dilate, et peut soulever un piston. Ce déplacement est un travail.

Le premier principe affirme très précisément que la variation d'énergie interne d'un système fermé, au cours d'une transformation quelconque (qui amène le système d'un état initial noté 1 à un état final noté 2), est égale à la différence entre la chaleur qu'il a reçue et le travail qu'il a fourni. Si l'on appelle U l'énergie interne, Q la chaleur reçue et W le travail fourni, ce principe pose que $U_2 - U_1 = Q + W$. Au cours d'une transformation quelconque, la variation de l'énergie interne dépend donc

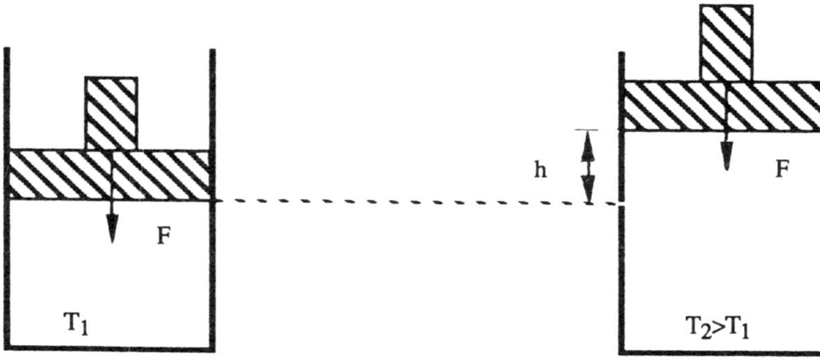

On communique au gaz la quantité de chaleur Q.
Il se dilate et soulève un piston. Le gaz produit le travail $W = F \times h$

52. R. Feynman, *Mécanique*, t. I, Paris, InterÉditions, 1979, p. 196.

uniquement des états extrêmes du système (de l'état final et de l'état initial). On peut la mettre sous la forme d'une différence, et même d'une différentielle (dans le cas d'une transformation élémentaire). L'énergie interne est une *fonction d'état* : elle ne dépend pas de l'histoire du système, c'est-à-dire du chemin suivi pour aller de l'état initial à l'état final. Dans le cas particulier où le système est non seulement fermé, mais aussi isolé, c'est-à-dire s'il ne reçoit ni ne produit ni chaleur ni travail ($Q = W = 0$), l'énergie interne reste constante au cours de la transformation ($U_2 = U_1$). C'est pourquoi on appelle quelquefois aussi ce principe *principe de la conservation de l'énergie*. Il a pour conséquence importante l'impossibilité du « mouvement perpétuel de première espèce » : une machine ne peut pas produire du travail sans dépenser de l'énergie. Le bilan énergétique ci-dessus empêche en effet que W soit positif, si Q et $U_2 - U_1$ sont tous deux nuls. Une machine qui travaille doit donc ou bien recevoir de l'énergie de l'extérieur (chaleur) ou bien brûler la sienne propre (énergie interne). Il est à noter que le premier principe n'a été établi, historiquement, qu'après le second. Il repose sur l'équivalence des différentes formes d'énergie dans la nature, et notamment de la chaleur et du travail. Cette équivalence n'a été découverte qu'en 1842, non pas par un physicien, mais par un médecin, J. R. von Mayer, soit près de vingt ans après la première formulation du *second* principe de la thermodynamique par Sadi Carnot, en 1824, dans ses fameuses *Réflexions sur la puissance motrice du feu*.

Le second principe de la thermodynamique

Dans sa formulation courante, le second principe codifie le *sens* dans lequel s'effectue le transfert de la chaleur, ou, ce qui revient au même, la transformation de l'énergie [53]. Il introduit une dissymétrie fondamentale, absente du premier principe, entre le travail, forme noble de l'énergie, et la chaleur, qui en est une forme dégradée. Alors qu'il est possible de transformer l'inté-

---

53. Ce principe, qui peut être formulé de plusieurs manières, dit qu'il est impossible de décrire un cycle moteur (*i.e.* produisant du travail) avec une seule source de chaleur (énoncé de Kelvin), ou encore, ce qui revient au même, qu'il est impossible que la chaleur passe spontanément d'un corps froid à un corps plus chaud (énoncé de Clausius).

gralité d'une quantité de travail en chaleur *au cours d'un cycle* (frottements, par exemple), l'inverse n'est pas vrai [54]. Ou plus précisément, on ne peut produire du travail avec de la chaleur au cours d'une transformation cyclique (*i.e.* où l'état final coïncide avec l'état initial) qu'à la condition d'admettre qu'une partie de la chaleur aille à un corps plus froid (source froide dans le cycle de Carnot), et soit par conséquent perdue. C'est la raison pour laquelle le rendement d'une machine thermique n'est jamais parfait : le travail qu'elle est capable de fournir n'égale jamais la chaleur qu'elle a reçue. Le second principe exprime donc une tendance générale à la *dégradation* de l'énergie, qui se transforme naturellement en chaleur, et par conséquent à l'uniformisation de toutes les températures [55]. On formalise généralement ce principe en introduisant une fonction d'état, qu'on appelle l'*entropie* du système, et que l'on note d'ordinaire S (entropie vient du grec *entropia*, qui exprime l'idée de « retour » ou de « renversement »). Cette fonction a été introduite en 1854 par le physicien allemand Rudolf Clausius [56] qui a établi que, dans toute transformation élémentaire, la variation $\mathrm{d}S$ était *supérieure ou égale* à $\delta Q/T$, où δQ désigne la quantité élémentaire de chaleur reçue par le système et T la température, supposée uniforme, de la source de chaleur (l'égalité n'étant vérifiée que pour une transformation réversible). Dans le cas où le système est isolé, c'est-à-dire n'échange pas d'énergie avec le milieu extérieur, $\delta Q = 0$, ce qui implique que $\mathrm{d}S \geq 0$. L'entropie est alors une fonction monotone croissante, et atteint un maximum à l'équilibre ($\mathrm{d}S = 0$). À l'équilibre, le système, par définition, n'évolue plus. Il se trouve (généralement) dans un état de dégradation complète caractérisé par une valeur uniforme de l'ensemble de ses paramètres thermodynamiques (température, pression, etc.). C'est la raison pour laquelle l'entropie est traditionnellement interprétée comme une mesure du *désordre*. Boltzmann a donné un fondement théorique à cette interprétation en reliant l'entropie au

54. Si le système ne décrit pas un cycle, rien ne s'oppose à ce qu'une quantité de chaleur soit intégralement transformée en travail.

55. Puisque la chaleur fournie à un système décrivant un cycle n'est transformée en travail qu'au prix d'une diminution de l'écart des températures des deux sources, chaude et froide.

56. Cf. « Über eine veränderte Form des Zweites Haupsatzes der mechanischen Wärmentheorie », *Annalen der Physik und Chemie*, *169*, 127-154 (1854) et l'article ultérieur « Über die Anwendung des Satzes von der Äquivalenz der Verwandlungen auf die innere Arbeit », *ibid.*, *192*, 73-112 (1862).

nombre de réalisations moléculaires possibles d'un état donné, et donc à sa probabilité. Il a montré que l'entropie d'un système quelconque pouvait s'écrire $S = k \log W$, où k est une constante universelle et W le nombre de combinaisons moléculaires possibles pour réaliser l'état du système, ce qu'on appelle parfois le nombre de *complexions*. La croissance de l'entropie exprime une évolution vers l'état le plus probable, qui est aussi le plus désorganisé.

La seconde loi a donné lieu à une multitude de commentaires et s'est trouvée placée au centre de nombreuses polémiques. Bergson la considérait par exemple comme « la plus métaphysique des lois de la physique. Elle nous montre du doigt, disait-il, sans symboles interposés, sans artifices de mesure, la direction où marche le monde [57] ». En l'appliquant à l'univers entier, des physiciens ont cru pouvoir annoncer la mort thermique de l'univers, qui serait inéluctable à plus ou moins longue échéance. L'univers irait vers un état homogène et indifférencié où les écarts de température seraient abolis et où, par conséquent, aucun mouvement macroscopique ne serait plus possible. « Il existe présentement dans le monde matériel, déclarait ainsi Lord Kelvin, une tendance universelle à la dissipation de l'énergie mécanique. Il est impossible, dans les processus de la matière inanimée, de restaurer l'énergie mécanique dissipée, sans employer plus qu'un équivalent de ce qui a été dissipé... Dans les limites d'un intervalle fini de temps, dans le passé et dans l'avenir, la terre a été ou sera impropre à l'habitation par l'homme [58]. » Sans entrer dans le détail des débats relatifs à la signification et à la portée réelles du second principe, disons simplement que celui-ci n'ayant été établi en toute rigueur que pour les systèmes isolés et par conséquent finis, il est pour le moins hasardeux de l'extrapoler à l'univers tout entier. « Les conditions d'application du principe de Carnot, rappelle justement Jean Ullmo, sont un système isolé et fini, l'observation de grandeurs macroscopiques et le Temps

57. Cf. H. Bergson, *L'Évolution créatrice*, dans *Œuvres*, Paris, PUF, 1970, p. 701.

58. Cf. W. Thomson, « On a universal tendency in nature to the dissipation of mechanical energy », *Transactions of the Royal Society of Edinburgh*, *20* (1850/1853), Part 3, p. 141. Cité par C. Truesdell, *The Tragicomical History of Thermodynamics 1822-1854*, New York-Heidelberg-Berlin, Springer, 1980, p. 306. « L'énergie de l'univers, disait Clausius dans le même sens en 1865, est constante. L'entropie tend vers un maximum » (cité par I. Prigogine, *La Nouvelle alliance*, p. 189). Cf. aussi, E. Meyerson, *Identité et réalité*, p. 297-298.

considéré à l'échelle humaine. Le principe n'a été énoncé ni vérifié pour l'échelle cosmologique de l'Espace-Temps, ni pour l'échelle subatomique des phénomènes élémentaires [59]. » L'hypothèse de la mort thermique de l'univers constituerait de ce point de vue « le type même de l'extrapolation illégitime [60] ».

Les conditions d'apparition d'un ordre dans le cadre de la thermodynamique

La tendance à la désorganisation impliquée par la seconde loi semble incompatible avec les grandes théories de l'évolution en biologie ou en sociologie qui voient au contraire dans l'évolution une marche inexorable vers une plus grande organisation, vers une complexification croissante des structures. Il ne semble pas, de ce point de vue, pour reprendre le mot de R. Caillois [61], que Carnot et Darwin puissent « avoir raison en même temps ». Une des vertus de la théorie proposée par Prigogine est justement de parvenir à rapprocher ces deux aspects opposés, et jusqu'à présent inconciliables, de l'évolution. « L'un et l'autre, dit Prigogine, sont des manifestations partielles d'une même réalité physique sous-jacente [62]. » Prigogine montre en effet que si le second principe exclut bien l'apparition d'un ordre lorsque les systèmes évoluent au *voisinage* de l'équilibre thermodynamique, il n'en va plus de même lorsqu'on se place *loin* de l'équilibre. Plus précisément, le passage du désordre à l'ordre est compatible avec ce principe dès lors que les systèmes étudiés satisfont à deux conditions bien précises.

Il faut d'abord que les systèmes soient *ouverts*, c'est-à-dire échangent de la matière et/ou de l'énergie avec le monde extérieur. Cette condition permet de s'affranchir de la loi de croissance de l'entropie, et donc du désordre, imposée par le second

---

59. « Le Principe de Carnot et la philosophie » *Sadi Carnot et l'essor de la thermodynamique*, Paris, Éditions du CNRS, 1976, p. 404-405. Cf aussi, J. Largeault, *Philosophie de la nature 1984*, IRU, Université Paris XII – Val-de-Marne, 1984, p. 263.
60. Jean Ullmo, « Le Principe de Carnot et la philosophie », *op. cit.*, p. 404.
61. Roger Caillois, « La Dissymétrie », *Cohérences aventureuses*, Paris, Gallimard, 1973, p. 198. (Cité par I. Prigogine dans *La Nouvelle alliance*, p. 200 et dans *Physique, temps et devenir*, tr. fr. J. Chanu, Paris, Masson, 1982, p. 94.)
62. Cf. P. Glansdorff et I. Prigogine, *Structure, stabilité et fluctuations*, p. 269-270.

principe aux systèmes isolés. Pour un système ouvert, le changement d'entropie dS au cours d'une transformation élémentaire est la somme de deux termes : il y a d'abord un terme d_eS correspondant à la variation d'entropie consécutive aux échanges du système avec l'extérieur ; il y a ensuite un terme d_iS correspondant à l'augmentation d'entropie due aux processus irréversibles qui ont lieu à l'intérieur même du système (diffusion, réactions chimiques, etc.). Le changement d'entropie d'un système ouvert se présente donc sous la forme d'un bilan : $dS = d_eS + d_iS$, où d_eS désigne le *flux entropique* traversant la surface du système en provenance de l'extérieur, et d_iS la *production d'entropie* à l'intérieur du système lui-même. La seconde loi impose un signe positif ou nul à la production d'entropie au cours de toute évolution du système ($d_iS \geq 0$). En revanche, elle ne fixe aucun signe pour le *flux entropique*, qui peut très bien être négatif. La variation d'entropie du système dS au cours d'une transformation élémentaire peut par conséquent être elle aussi négative. Un tel système ouvert peut donc atteindre, sans contredire la seconde loi, un état final plus structuré que l'état initial au cours d'une transformation macroscopique [63]. Pour que cet état soit stable, il doit satisfaire la condition de stationnarité $dS = 0$, soit : $d_eS = - d_iS$ (< 0). Cela signifie qu'une quantité d'entropie négative capable de compenser exactement la production interne d'entropie doit être apportée en permanence au système.

Prigogine retrouve ici en réalité une idée déjà ancienne, exprimée autrefois par le physicien autrichien Erwin Schrödinger (1887-1961), auteur de la fameuse équation de la mécanique quantique qui porte son nom. Ce prix Nobel de physique s'intéressait à la biologie et cherchait à comprendre comment les êtres vivants, êtres organisés par excellence, maintenaient leur organisation en dépit de ce que semblait exiger le principe de

---

63. Nous renvoyons pour cette argumentation à G. Nicolis et I. Prigogine, *Self-Organization in Nonequilibrium Systems*, New York, Wiley & Sons, 1977, p. 24-25. Il faut bien reconnaître cependant que la diminution de l'entropie n'est pas toujours le signe de l'apparition d'un ordre. On trouve en effet des cas où l'entropie d'un système dans un état ordonné est supérieure à celle du même système dans un état moins ordonné. Ainsi l'entropie d'un système évoluant au voisinage de l'équilibre et tendant vers un état stationnaire (uniforme et donc désordonné) peut diminuer (cf. G. Nicolis et I. Prigogine, *op. cit.*, p. 46). Ceci nous montre que l'équivalence fréquemment admise entre augmentation de l'entropie et apparition du désordre doit être maniée avec prudence hors équilibre.

Carnot. Pour expliquer ce phénomène, il avait formulé l'hypothèse suivante : les êtres vivants sont des systèmes ouverts qui évitent la décomposition vers l'équilibre voulue par la seconde loi en se nourrissant constamment d'entropie négative. Ils extraient en permanence de l'ordre au milieu environnant grâce à leur alimentation. « Un organisme vivant, disait Schrödinger, accroît constamment son entropie – ou pourrait-on dire, crée de l'entropie positive – et ainsi tend à se rapprocher de l'état dangereux d'entropie maxima, qui est la mort. Il ne peut s'en maintenir éloigné, c'est-à-dire rester en vie, qu'en soutirant continuellement au milieu environnant de l'entropie négative [64]. » Prigogine n'a fait somme toute que donner une base thermodynamique précise à l'idée développée par Schrödinger d'un maintien et d'un accroissement de l'organisation des systèmes ouverts grâce au flux néguentropique (entropie négative) qui les traverse.

Toutefois, la condition d'ouverture ne suffit pas pour assurer l'émergence d'un ordre. Il faut en outre que les systèmes soient maintenus *loin* de l'équilibre thermodynamique par les contraintes qu'exerce sur eux le milieu qui les entoure, c'est-à-dire évoluent au-delà de ce qu'on appelle la branche thermodynamique [65]. Lorsque le système se trouve sur la branche thermodynamique, il est stable. Cette stabilité n'est autre que celle du désordre lui-même : le système se trouve dans un état indifférencié ou homogène. Pour qu'un ordre apparaisse, il faut déstabiliser l'état homogène en quittant la branche thermodynamique. Nous retrouvons ici l'idée de Thom : loin d'être quelque chose de négatif, l'instabilité est créatrice d'ordre. Elle est la condition de possibilité de toute morphogenèse. Cette instabilité est obtenue, chez Prigogine, au prix d'une modification des contraintes *globales* pesant sur le système. Cela signifie que l'apparition et le maintien d'un processus coopératif dépendent des conditions dans lesquelles le système, considéré comme un tout, se trouve placé. Le point de départ thermodynamique de la théorie des structures dissipatives, et du même coup le « holisme » prigoginien se trouvent ainsi légitimés.

---

64. E. Schrödinger, *Qu'est-ce que la vie?*, Paris, Bourgois, 1986, p. 172.
65. Il va de soi, par ailleurs, que les systèmes considérés doivent être soumis à des contraintes *fixes* sans quoi aucun ordre stable ne pourrait s'y manifester. La branche thermodynamique désigne la zone où les processus en non-équilibre restent régis par la thermodynamique linéaire.

Des théories classificatoires

Thom qualifie l'approche propre à la théorie des catastrophes de *structurale*, par référence aux méthodes ayant cours dans les sciences humaines. Dans cette approche, « on prend la morphologie (X) en elle-même, à un certain niveau d'organisation, comme une combinatoire de champs morphogénétiques. On s'efforce de réduire l'arbitraire de la description du corpus en mettant en évidence ses régularités, ses symétries cachées, on se donne pour but d'engendrer en quelque sorte axiomatiquement la morphologie (X) à partir d'un petit nombre de formes susceptibles d'engendrer de nouvelles formes par agrégation spatiale [66] ». C'est ainsi que dans la linguistique formelle « on s'efforce de donner pour le corpus d'un langage, un système de règles en nombre fini (axiomes) qui permettent d'engendrer axiomatiquement toutes les expressions figurant dans ce corpus [67] ». La première tâche des théories morphologiques est donc de recenser les formes mathématiques « élémentaires » qui vont entrer dans la composition de toutes les autres. Comme telles, ces théories sont fondamentalement « classificatoires ». Elles s'efforcent de répertorier et de hiérarchiser les différents types de structures permettant d'interpréter mathématiquement les morphologies de l'expérience.

La classification des catastrophes élémentaires

En théorie des catastrophes, la morphogenèse est régie, nous l'avons vu, par un potentiel organisateur, ce que Thom appelle un *logos*. On pourrait penser que ces *logoi* organisateurs, qui ne sont après tout que des fonctions mathématiques (à valeurs réelles), sont arbitraires et par conséquent en nombre infini. Or Thom est parvenu à montrer que, contre toute attente, il n'en était rien. Il a réussi à prouver que, dans l'espace-temps ordinaire, c'est-à-dire dans un espace à *quatre* dimensions, on ne pouvait

66. *Modèles mathématiques de la morphogénèse*, 1re éd., p. 21-22.
67. « La Science malgré tout... », *op. cit.*, p. 76.

rencontrer génériquement que *sept* potentiels organisateurs, correspondant à *sept* types de catastrophes. Il s'agit là d'un résultat extrêmement fort qui requiert pour sa démonstration, en dépit de sa simplicité apparente, des théorèmes mathématiques profonds et difficiles. Il peut être considéré comme une généralisation des travaux du mathématicien H. Whitney sur les singularités des applications du plan sur le plan. Les sept catastrophes élémentaires ont été baptisées, par ordre de complexité croissante : pli, fronce, queue d'aronde, papillon, ombilic hyperbolique, ombilic elliptique, ombilic parabolique. Ces dénominations résultent de la forme que prend, dans chaque cas, la variété des équilibres (c'est-à-dire le lieu des minima des potentiels) dans l'espace produit $R^4 \times R^n$, où R^n désigne l'espace des états ou de comportement.

D'une manière plus précise, on peut montrer que le nombre de catastrophes élémentaires pouvant se produire dans un espace quelconque dépend uniquement de la dimension *r* de cet espace (cf. tableau). Comme on le pressent intuitivement, le nombre de catastrophes admissibles diminue avec *r*. Il est évident, par exemple, que les formes sur le plan sont moins complexes que les formes dans l'espace, et donc génériquement moins nombreuses. De fait, la théorie de Thom affirme que les premières ne peuvent être que de deux sortes au plus (pli et fronce), alors que les secondes peuvent appartenir jusqu'à cinq familles différentes. La dimension du support de la morphogenèse borne donc la complexité des ensembles de catastrophes qui peuvent s'y déployer. La topologie (dimension de l'espace) gouverne la géométrie (les morphologies observables).

r	1	2	3	4	5	6	7
nombre de catastrophes élémentaires	1	2	5	7	11	∞	∞

Ce tableau montre que la théorie des catastrophes élémentaires n'a de sens, en réalité, que lorsque la dimension du substrat (ou espace de contrôle) reste inférieure à six. Cette condition est fort heureusement satisfaite dans le cas de l'espace-temps ordinaire. Dans cet espace, Thom dresse « le catalogue de toutes les constructions possibles d'entités stables [68] », de tous les *logoï* qui commandent la morphogenèse. Ces structures mathématiques

68. *Modèles mathématiques de la morphogénèse*, 2e éd., p. 298.

constituent l'*a priori* présent, au moins localement, dans les formes empiriques les plus diverses. Elles représentent les mots, ou plutôt les catégories syntaxiques du langage que parle la nature. « Le modèle des catastrophes, dit Thom, est à la fois beaucoup moins et beaucoup plus qu'une théorie scientifique ; on doit le considérer comme un langage, une méthode qui permet de *classifier*, de systématiser les données empiriques, et qui offre à ces phénomènes un début d'explication qui les rende intelligibles [69]. » Les détracteurs diront sans doute que cet idéal de classification correspond davantage aux méthodes des taxinomistes du XVIIIᵉ siècle (Linné, etc.) qu'à la démarche scientifique contemporaine. Cela est vrai, à condition d'ajouter que cet idéal, qui va à contre-courant du conventionnalisme et du positivisme, aujourd'hui érigés en dogmes, répond à une exigence d'intelligibilité. Pour Thom, comme pour les taxinomistes, la nature a un sens, elle parle un langage qui lui est propre. Les choses ont une signification intrinsèque, contenue dans leur *logos*, que l'analyse doit découvrir. On pourrait trouver bien sûr d'autres prédécesseurs à Thom, au premier rang desquels Platon dont la philosophie de la Nature, dans *Le Timée*, n'est pas sans évoquer la réduction catastrophiste des morphologies de l'espace-temps à un nombre fini de structures géométriques élémentaires. « Thom, dit du reste le mathématicien Ivar Ekeland, a construit le *Timée* des Temps modernes [...]. Pour Platon, le démiurge construit le monde en se pliant à la nécessité des cinq solides réguliers. Pour Thom, la nature parle un langage dont les sept catastrophes élémentaires sont les mots [70]. » « Si nous croyons, dit Thom lui-même, que le monde a été construit par un démiurge mathématiquement doué et très astucieux, alors le but du savant consiste à deviner comment ce démiurge a travaillé et à dévoiler ses secrets. Après Platon, après Kepler, qui inscrivit les polyèdres réguliers platoniciens à l'intérieur des sphères planétaires, nous croyons toujours que les secrets de l'univers sont associés au jeu mystérieux de figures géométriques régulières [71]. »

Une fois les « figures » élémentaires identifiées, classées et hiérarchisées, la tâche du catastrophiste n'est pas terminée pour

---

69. « La Théorie des catastrophes : état présent et perspectives », dans C. Zeeman, *Catastrophe Theory – Selected Papers, 1972-1977*, p. 615.
70. *Le Calcul, l'imprévu*, Paris, Éd. du Seuil, 1984, p. 124-125.
71. « Sur l'origine et la stabilité des symétries », *Apologie du logos*, p. 277-278.

autant. Pour achever la modélisation des formes macroscopiques, il lui faut agréger ces structures dans des ensembles plus vastes. En reprenant la métaphore linguistique, il doit maintenant rédiger, en respectant une syntaxe appropriée, les propositions ou les phrases pertinentes à partir des constituants qu'il a préalablement dégagés. « L'apparence macroscopique, dit Thom, la forme au sens usuel du terme, provient de l'agrégation d'un grand nombre de (catastrophes élémentaires) ; et la statistique de ces catastrophes locales, les corrélations qui régissent leur apparition au cours d'un processus donné, sont déterminées par la structure topologique de la dynamique interne ; l'intégration de tous ces accidents locaux en une structure globale exigera, si l'on veut poursuivre l'application de notre modèle, la considération de catastrophes sur des espaces de dimension beaucoup plus grande que la dimension de notre espace-temps usuel [72]. » Ce passage du « local » au « global » peut seul permettre de rendre compte de la diversité pratiquement infinie des apparences de la nature. Les nuages n'ont pas le même aspect que les cristaux ou que les êtres vivants. Cette différence tient en fait à la multiplicité des modes d'intégration des structures élémentaires locales, qui, elles, se retrouvent ici et là. Ces modes d'intégration sont évidemment très complexes et ne se laissent pas formaliser aisément. Ils font encore partie du « futur » de la théorie.

Le catalogue fractal

La théorie de Mandelbrot est, elle aussi, classificatoire, quoique en un autre sens. Étant en nombre infini, les structures mathématiques fractales ne peuvent pas être recensées de manière exhaustive, contrairement aux *logoi* thomiens. Leur classification ne s'opère pas selon des critères topologiques, mais simplement phénoménologiques. Elle s'appuie essentiellement sur leur allure générale et sur les règles gouvernant leur construction. Elle est donc plus lâche, et en un sens moins rigoureuse que la précédente.

Il existe deux grandes catégories de fractales, qui correspondent à des ensembles d'aspects très différents : les fractales déterministes, d'une part, et les fractales aléatoires d'autre part. Comme leur nom l'indique, les fractales déterministes sont celles

72. *Stabilité structurelle et morphogénèse*, p. 8-9.

dont la formation ne laisse aucune place, à aucun moment, au hasard. Leur construction suit des règles parfaitement codifiées à l'avance, et leur forme est totalement prévisible. À l'inverse, les fractales aléatoires font intervenir, à un moment ou à un autre de leur genèse, un élément d'imprévisibilité. Leur allure n'est pas définie une fois pour toutes, mais varie au gré des aléas affectant le processus morphogénétique. Chacune de ces deux catégories se divise elle-même en deux sous-catégories : les fractales stratifiées d'une part et les fractales non stratifiées d'autre part. Les premières rassemblent toutes celles obtenues au moyen d'une procédure récursive consistant à appliquer indéfiniment un générateur sur un initiateur. Elles sont formées de la superposition, ou plutôt de l'intersection de niveaux comportant une multitude de détails de plus en plus fins. L'exemple type de fractale déterministe stratifiée est l'ensemble triadique de Cantor. Les fractales non stratifiées regroupent toutes celles n'entrant pas dans la catégorie précédente. Le tableau ci-dessous répertorie ces différentes familles, en donnant un exemple pour chacune d'elles.

	Fractales déterministes	Fractales aléatoires
Fractales stratifiées	Ensemble triadique de Cantor Courbes et îles de von Koch Tamis de Sierpinski	Ensemble triadique de Cantor randonisé Courbes et îles de von Koch randonisées
Fractales non stratifiées	Ensemble de Mandelbrot	Fractales browniennes élémentaires et généralisées (fractales browniennes fractionnaires, surfaces browniennes, fractales parétiennes, poussières, vol et escalier de Lévy)

Le catalogue fractal

Le catalogue fractal est une liste ouverte de structures. Chacune d'elles constitue une figure archétypale pouvant être réalisée d'une infinité de manières et recouvre donc en elle-même des choses très diverses. Ainsi, il y a une multitude d'ensembles de

Cantor, une multitude d'îles de von Koch, une multitude de tamis de Sierpinski, etc. selon la valeur des paramètres significatifs. Étant très générales, ces structures doivent être à chaque fois spécifiées de façon à s'adapter, le mieux possible, aux formes empiriques rencontrées dans la nature. Ceci nous introduit au problème de la modélisation en théorie des fractales, qui enferme, on va le voir, un certain nombre de difficultés.

Les difficultés de la modélisation

La théorie fractale a pour ambition de décrire les formes empiriques à l'aide de structures mathématiques spécifiques. Cette entreprise se heurte à un obstacle majeur qui tient au fait que les formes naturelles ne sont jamais fractales au sens strict du terme. Aussi fragmentées soient-elles, elles ne comportent pas de détails à l'infini ; en outre, elles ne sont jamais parfaitement autosimilaires, et lorsqu'elles le sont à peu près, elles ne le sont pas à toutes les échelles d'observation. Les structures mathématiques fractales fournissent donc au mieux une image approchée, c'est-à-dire idéalisée des structures réelles. Ce décalage entre la théorie et l'expérience n'est pas propre, à vrai dire, à la géométrie fractale en tant que telle. On sait bien en effet que les objets concrets ne sont jamais des points, des lignes, ni des surfaces au sens mathématique. En théorie, explique Mandelbrot, « une petite boule, un voile, ou un fil – aussi fins soient-ils – devraient être représentés par des figures tridimensionnelles, au même titre qu'une grosse boule [73] ». Mais dans la pratique, ajoute-t-il, « tout physicien sait [...] qu'il est bien plus utile de considérer qu'un voile, un fil ou une boule, s'ils sont suffisamment fins, sont plus proches respectivement des dimensions 2, 1 et 0 [74] ». Pour tenir compte de ce décalage entre la structure idéale et la réalité empirique, Mandelbrot introduit le concept de dimension physique effective.

Cette notion, « qui remonte à un état archaïque de la géométrie grecque, [...] se rapporte, explique-t-il, aux relations entre *figures* et *objets*, le premier terme dénotant des idéalisations mathématiques, et le deuxième terme dénotant des données du

73. *Les Objets fractals*, p. 13.
74. *Ibid.*, p. 13.

réel [75] ». La dimension effective d'un objet concret n'est pas sa dimension réelle, mais celle de la figure géométrique qui le représente le mieux à l'échelle d'observation considérée. Cette notion n'est donc pas intrinsèque, elle n'est pas attachée à l'objet lui-même, mais a une base pragmatique et subjective. Comme le reconnaît le mathématicien, « elle est affaire de degré de résolution [76] ». Prenons par exemple une pelote de fil de 1 mm d'épaisseur ayant 10 cm de diamètre. Observée à 10 m, la pelote de fil est assimilable à un point (sa dimension effective est nulle [77]) ; observée de plus près (à 10 cm par exemple), la pelote est représentable par une boule tridimensionnelle (sa dimension effective est 3) ; au fur et à mesure que l'on s'en approche, c'est-à-dire au fur et à mesure que le degré de résolution diminue, la dimension effective de la pelote change : à une distance de 10 mm, celle-ci est perçue comme un ensemble de fils et devient identifiable à une ligne (sa dimension effective est 1) ; à une distance de 0,1 mm, le fil lui-même est perçu comme un objet cylindrique, et le tout redevient tridimensionnel (la dimension effective est de 3). À l'échelle microscopique, la pelote se réduit à un ensemble fini d'atomes ponctuels, et redevient zéro-dimensionnelle (sa dimension effective est nulle). La dimension effective d'un objet quelconque n'a donc pas une valeur définie une fois pour toutes. Sa valeur est fonction des conditions d'observation et « ne cesse de sautiller [78] ». Cette notion permet de donner un contenu concret au concept d'objet fractal. Un objet naturel sera dit fractal s'il existe des régions de l'expérience pour lesquelles sa dimension effective est « soit une fraction, soit un entier " anormal ", [...] descriptif d'un état irrégulier ou brisé [79] ». Cela signifie en particulier qu'il n'y a pas, dans la nature, d'objet fractal en soi, mais seulement à une échelle d'observation déterminée : vu de Sirius, par exemple, le relief terrestre n'est sûrement pas fractal.

On peut distinguer, avec Kenneth Falconer, trois phases dans l'étude d'un objet naturel fractal. Ces trois phases, qui, idéale-

75. *Ibid.*, p. 13.
76. *Ibid.*, p. 13.
77. Comme le fait remarquer Mandelbrot, Pascal et des philosophes du Moyen Âge affirmaient que notre monde, bien que tridimensionnel à notre échelle, n'était qu'un point à l'échelle cosmique (cf. *The Fractal Geometry of Nature*, p. 17).
78. *Les Objets fractals*, p. 13.
79. *Ibid.*, p. 14.

ment, devraient être menées de front, sont « l'expérience, la modélisation et la théorie [80] ». L'expérience permet d'abord d'évaluer quantitativement les déterminations fractales de l'objet en question, et d'abord sa dimension (fractale) effective. Celle-ci peut être estimée par différentes méthodes, et par exemple par la méthode dite de « comptage des boîtes ». La seconde phase correspond à la modélisation du phénomène proprement dite. Elle consiste à imaginer un mécanisme capable d'engendrer une forme abstraite dont l'aspect et la dimension sont comparables, sinon identiques à ceux de la forme étudiée. Cela revient à trouver, dans le catalogue fractal, une structure ayant la plus grande ressemblance possible avec la structure empirique. Celle-ci identifiée, l'ordinateur l'adapte à la réalité concrète, en faisant varier un certain nombre de paramètres caractéristiques. Une fois élaboré un modèle phénoménologiquement acceptable, il reste à lui trouver un fondement théorique, c'est-à-dire à le déduire de phénomènes physico-chimiques, ce qui constitue la troisième et dernière phase, probablement la plus ardue, de l'étude. Un des meilleurs exemples de théorisation fractale complète d'un phénomène physique est sans doute, selon Falconer, la modélisation du mouvement brownien. L'expérience permet d'abord de déterminer, grâce à la méthode de comptage des boîtes, la dimension effective de la trace d'une particule brownienne, qui, en l'occurrence, vaut 2. Le mouvement de la particule est ensuite modélisé mathématiquement à l'aide d'un processus aléatoire particulier (une suite d'accroissements aléatoires indépendants dans le plan). L'ordinateur permet de vérifier la plausibilité du modèle mathématique. Ce modèle a enfin un fondement physique : la particule en suspension est soumise à un bombardement moléculaire aléatoire qui provoque une série de mouvements indépendants [81].

L'analyse de Falconer est doublement instructive. Tout d'abord elle explicite les procédures que l'expérimentateur doit mettre en œuvre pour relier le monde concret au monde idéal de la géométrie fractale. Mais ensuite et surtout elle nous apprend que l'étude d'une morphologie ne s'achève, en toute rigueur, qu'avec la mise au jour de son soubassement physico-chimique. Ceci nous montre que le réductionnisme (explication physico-chimique des formes) et le structuralisme (explication géomé-

80. K. Falconer, *Fractal Geometry*, p. 266.
81. Cf. *infra*, p. 267-268.

trique), bien qu'opposés dans leur esprit, ne sont pas, en tant que tels, des démarches absolument incompatibles. Ils constituent des approches complémentaires plutôt que concurrentes des phénomènes naturels. Mandelbrot, Thom et les morphologistes ne revendiquent aucun exclusivisme méthodologique. Seulement, l'avantage de la méthode structurale est de demeurer opérante dans les nombreuses situations où l'explication réductionniste est pratiquement ineffectuable. C'est précisément le cas lorsque le nombre de paramètres régissant l'évolution d'un système est tel qu'il défie l'analyse quantitative ordinaire. Qui pourrait rendre compte, par exemple, de la morphogenèse animale à partir des seules interactions moléculaires ? Dans un cas de ce genre, l'analyse quantitative fait figure d'idéal inaccessible. Elle est absolument impuissante et doit faire place à une analyse structurale peut-être plus modeste, mais seule capable de procurer un commencement d'intelligibilité au phénomène, c'est-à-dire de réduire l'arbitraire de sa description.

Le retour au vitalisme

L'approche structurale des phénomènes naturels revient à remettre à l'honneur, dans le domaine biologique, un courant de pensée que l'on croyait définitivement relégué aux oubliettes de l'histoire par les sciences positives : le vitalisme. Ce retour au vitalisme est revendiqué de manière expresse par Thom lui-même, mais également, quoique à un moindre degré, par Prigogine. De quoi s'agit-il exactement ?

D'une façon générale, le vitalisme, qu'on oppose traditionnellement au mécanisme, soutient que les organismes vivants en général (animaux ou végétaux) sont fondamentalement irréductibles aux processus physiques et chimiques dont ils sont le siège. La vie, autrement dit, est une réalité *sui generis*, incommensurable avec la matière brute. Le vitalisme, explique G. Canguilhem, désigne « toute biologie soucieuse de son indépendance à l'égard des ambitions annexionnistes des sciences de la matière [82] ». Entre les phénomènes vitaux et les phénomènes matériels, le vitaliste

82. « Aspects du vitalisme », *La Connaissance de la vie*, Paris, Vrin, 1975, p. 84.

instaure, non pas une simple différence de degré – les premiers étant seulement plus complexes que les seconds, comme le soutient le mécaniste –, mais une différence de nature, une hétérogénéité radicale. Ce courant de pensée a ses lettres de noblesse, puisqu'il remonte à Hippocrate et à Aristote, qui voyait en l'âme, forme (immatérielle) du corps, le principe de la vie. Le vitalisme s'est ensuite développé parmi les savants de l'École de Montpellier au XVIIIe siècle, sous l'impulsion des médecins Théophile Bordeu (1722-1776) et Paul Joseph Barthez (1734-1806) qui rattachaient les manifestations de la vie à l'existence d'un « principe vital ». « J'appelle principe vital de l'homme, disait ce dernier, la cause qui produit tous les phénomènes de la vie dans le corps humain. Le nom de cette cause est assez indifférent et peut être pris à volonté. Si je préfère celui de principe vital, c'est qu'il présente une idée moins limitée que le nom d'*impetum faciens (to énormôn)*, que lui donnait Hippocrate, ou d'autres noms par lesquels on a désigné la cause des fonctions de la vie [83]. » Plus près de nous, les tenants du vitalisme sont le médecin Xavier Bichat, avec son concept de force vitale, le biologiste Hans Driesch, et sa doctrine de l'entéléchie, et le philosophe Henri Bergson, avec sa théorie de l'élan vital, etc. Le vitalisme traverse en fait toute l'histoire de la pensée occidentale où il exprime, comme l'indique Canguilhem, la « confiance du vivant dans la vie, de l'identité de la vie avec soi-même dans le vivant humain, conscient de vivre [84] ».

En dépit de son étonnante vitalité, le vitalisme n'a pas bonne presse auprès des scientifiques, surtout à notre époque. Être vitaliste n'est pas un qualificatif neutre, mais une « accusation » dont les scientifiques, en l'occurrence les biologistes, préfèrent généralement se passer. Comme le dit Canguilhem, cette qualification apparaît pourvue « d'une valeur péjorative au jugement même des biologistes les moins enclins à aligner leur objet d'étude sur celui des physiciens et des chimistes. Il est peu de biologistes, classés par leurs critiques parmi les vitalistes, qui acceptent de bon gré cette assimilation [85] ». Le vitalisme se voit souvent taxé de verbalisme. Expliquer la vie par un principe vital ou une force vitale, revient à se payer de mots. Le vitalisme ne fournit pas

83. *Nouveaux éléments de la science de l'homme*, 1778.
84. « Aspects du vitalisme », *La Connaissance de la vie*, Paris, Vrin, 1975, p. 86.
85. *Ibid.*, p. 83.

de réponse à la question de la vie, mais se contente de « loger la question dans la réponse [86] ». C'est un mode de pensée tautologique qui rend compte de son objet par lui-même. Ses explications passent donc pour stériles et même stérilisantes, car elles paraissent traduire « une tendance au laisser-aller », « un manque d'ardeur dans la recherche biologique ». Le principe vital est en outre quelque chose qu'on ne peut pas observer directement, et qui est comparable aux formes substantielles de la scolastique. C'est pourquoi le vitalisme relève en définitive davantage de la métaphysique que de la science véritable, entendons de la science positive. Le mécanisme a au contraire, comme le souligne le biologiste Jean Rostand, « une position extrêmement solide, et l'on ne voit guère ce qu'on peut lui répondre quand, fort de ses succès quotidiens, il demande simplement des délais pour achever son œuvre, à savoir pour expliquer complètement la vie sans la vie [87] ».

Eu égard à la virulence des attaques dont il fait l'objet, le vitalisme affiché par Thom et par Prigogine a donc de quoi surprendre. Mais c'est oublier que Thom, avec un art consommé de la dialectique, retourne contre le mécanisme lui-même les arguments que celui-ci avance contre le vitalisme. « Des deux points de vue traditionnellement opposés en Biologie, dit-il, le point de vue vitaliste et le point de vue réductionniste, c'est, contrairement à l'opinion courante, le point de vue réductionniste qui est métaphysique, car il postule une réduction des faits vitaux à la pure Physico-chimie qui n'a jamais été établie expérimentalement. Au contraire, le vitalisme s'appuie sur l'ensemble impressionnant des faits de régulation et de finalité qui couvrent la presque totalité des activités vitales [88]. » Thom reconnaît que les explications du vitalisme classique étaient sans doute bien vagues et bien creuses, qu'expliquer l'organisation par un principe organisateur sans spécifier davantage la nature de ce principe ne nous fait pas beaucoup avancer dans la compréhension des phénomènes. Mais cela n'est pas une raison suffisante pour juger le vitalisme trop sévèrement. Il témoigne du besoin de « l'esprit de comprendre une situation sans analogie dans les sciences du

86. Cf. G. Canguilhem, *ibid.*, p. 91.
87. *La Vie et ses problèmes*, Paris, Flammarion, 1939, p. 155.
88. *Stabilité structurelle et morphogénèse*, p. 158.

monde inanimé [89] ». La théorie des catastrophes vient au secours du vitalisme en donnant à ses principes explicatifs un sens nouveau et un statut mathématique précis. « Notre méthode, dit le mathématicien, qui vise à attribuer à l'être vivant une structure formelle en assurant la stabilité, peut être caractérisée comme une sorte de *vitalisme géométrique* ; il s'agit bien d'une structure globale qui régit les détails locaux comme l'entéléchie de Driesch [90]. » La théorie des catastrophes rend compte de la forme des êtres vivants, non par la physico-chimie, mais par la présence d'un *logos*, d'un être géométrique réglant et gouvernant le développement des différentes parties d'un organisme.

À travers ce vitalisme géométrique, Thom renoue avec « l'Âge d'or de la biologie, son époque " présocratique " : celle qui, des années 1800 à 1830, compte les noms de Gœthe, de Lamarck, de Cuvier, de Geoffroy Saint-Hilaire. À cette époque, dit le mathématicien, le problème du plan général de l'organisme était d'actualité [91] ». Ce problème consistait à savoir si tous les animaux étaient organisés selon un plan unique, ou non. Cette question a fait l'objet de débats passionnés parmi les savants. Elle fut au centre d'une célèbre controverse qui opposa Georges Cuvier (1769-1832) à Étienne Geoffroy Saint-Hilaire (1772-1844) à l'Académie des Sciences en 1830. Cuvier soutenait l'existence d'un principe de corrélation organique ou fonctionnelle : « Tout être organisé forme un ensemble, un système unique et clos, dont les parties se correspondent mutuellement et concourent à la même action par une réaction réciproque [92]. » C'est en se fondant sur ce principe de corrélation fonctionnelle qu'il établissait des analogies entre les différentes espèces animales. Il répartissait ainsi les animaux en quatre grandes classes, correspondant chacune à un type particulier d'organisation. À la question de savoir s'il y avait un plan unique, Cuvier répondait donc clairement par la négative. Geoffroy Saint-Hilaire était de l'avis contraire et prétendait pouvoir ramener l'organisation des êtres vivants à un type uniforme. « Il semble, écrivait-il, que la nature [...] n'a formé tous les êtres vivants que sur un plan unique, essentiellement le même dans son principe, mais qu'elle a varié de mille manières dans

89. *Ibid.*, p. 158.
90. *Ibid.*, p. 159.
91. *Modèles mathématiques de la morphogénèse*, 2e éd., p. 156.
92. *Discours sur les révolutions de la surface du globe*, Paris, Bourgois, 1985.

toutes ses parties accessoires [93]. » Pour instaurer des analogies, des passerelles entre les organes des différentes espèces animales, Geoffroy Saint-Hilaire rejetait le principe d'identité fonctionnelle : les mêmes organes peuvent remplir des fonctions très différentes, et, inversement, des organes différents peuvent remplir les mêmes fonctions. Il n'était pas non plus possible d'assimiler les organes en se basant simplement sur leur forme ou sur leur taille. Pour établir un lien entre les espèces, il ne restait donc que la position relative des organes, ce que Geoffroy Saint-Hilaire appelait leur connexion spatiale. C'est ce principe topologique avant la lettre qui conduisait Geoffroy Saint-Hilaire à soutenir, contre Cuvier, la thèse de l'unicité du plan de l'organisation animale. « Beaucoup de contemporains, commente Thom, séduits par la hardiesse des idées de Geoffroy Saint-Hilaire, virent dans les objections détaillées de Cuvier la manifestation d'un spécialiste à qui l'arbre cache la forêt. Plus tard, au contraire, on a rejeté les idées de Geoffroy Saint-Hilaire comme un délire préscientifique [94]. » Ce problème a par la suite été délaissé, d'abord sous l'influence de Darwin, puis de Pasteur. L'intérêt des biologistes se porte désormais sur les structures élémentaires (cellules, gènes, molécules), « cédant, dit Thom, à une tendance réductionniste dont la portée est, je crois, illusoire, au moins tant que les grandes contraintes agissant au niveau de l'organisme n'auront pas été explicitées [95] ».

Le formalisme catastrophiste permet de reprendre à nouveaux frais ce problème du plan général de l'organisme, qui constitue, aux yeux du mathématicien, le problème central de la biologie. Thom ne se prononce pas, à vrai dire, sur la question du *nombre* exact de plans fondamentaux, mais affirme simplement qu'il est supérieur à un et *fini* (il y aurait au plus une vingtaine de plans fondamentaux). L'originalité de l'approche thomienne est de parvenir à concilier les thèses apparemment contradictoires de Cuvier et de Geoffroy Saint-Hilaire. Elle donne une représentation à la fois fonctionnelle, comme Cuvier, et spatiale, comme Geoffroy Saint-Hilaire, de la morphogénèse animale. Elle modélise les morphologies apparaissant localement

93. Cf. « Anatomie comparée des vertébrés », *Histoire générale des sciences*, t. III-1, dir. R. Taton, Paris, PUF, 2e éd., 1981, p. 489.
94. *Modèles mathématiques de la morphogénèse*, 2e éd., p. 157.
95. *Ibid.*, p. 156-157.

dans l'être vivant (les organes des anatomistes) par un potentiel lui-même *local*, un *logos*. Ces potentiels locaux sont ensuite agrégés dans un potentiel *global* supposé régir le comportement de l'organisme tout entier (champ morphogénétique). « La notion de champ morphogénétique, explique Thom, purement spatiale, justifie le " principe de connexion " de Geoffroy Saint-Hilaire ; mais les corrélations fonctionnelles de Cuvier vont s'interpréter comme des connexions dans des espaces d'états métaboliques [...] Dans cette optique, il est légitime d'associer à toute suite de potentiels [...] une " signification " fonctionnelle [96]. » Le potentiel organisateur global de Thom, de nature algébrico-géométrique, est aussi bien un principe de connexion spatiale qu'un principe de corrélation fonctionnelle des parties de l'organisme [97]. Nous sommes bien loin, ici, de l'ADN et de la biologie moléculaire.

96. *Ibid.*, p. 159.

97. Cf. *ibid.*, p. 159. Cf. aussi J. Petitot, « Structuralisme et phénoménologie : la théorie des catastrophes et la part maudite de la raison », *Logos et théorie des catastrophes*, p. 354.

Chapitre 3

La rupture avec la techno-science

Les théories mathématiques de la morphogenèse figurent sans aucun doute parmi les avancées les plus originales de la science de ces dernières années. Elles appréhendent non seulement un aspect jusqu'alors méconnu de notre monde, et développent dans ce but de nouvelles méthodes d'investigation de la nature, mais comportent aussi et corrélativement des enjeux épistémologiques majeurs, que nous aurions bien tort, en tout cas, de sous-estimer. Loin de se réduire à ce qui pourrait n'être, après tout, qu'une nouvelle branche ou une excroissance récente de la physique se proposant d'étudier, par des procédures jusque-là inédites, le monde mouvant des formes, elles rompent bel et bien avec toute une tradition scientifique. Elles remettent en question non seulement l'objet et la démarche de la science, mais plus fondamentalement le projet qui l'anime depuis plus de trois siècles, c'est-à-dire la signification de l'entreprise scientifique elle-même. Ce sont ces implications épistémologiques que nous voudrions à présent développer.

La techno-science et le dogme de l'action efficace

La science moderne et la technique

On caractérise quelquefois le projet scientifique moderne par le positivisme. La science moderne, dit-on, s'intéresse aux lois et non aux causes des phénomènes, au comment et non au pourquoi ; c'est une science légale et non causale. Cela est vrai, mais au fond insuffisant, car le positivisme n'est pas, en tant que tel, l'apanage de la pensée moderne. « Le positivisme, explique Alexandre Koyré, est fils de l'échec et du renoncement [1] », et se retrouve à toutes les époques. « Il est né de l'astronomie grecque et sa meilleure expression est le système de Ptolémée. Le positivisme fut conçu et développé [...] par les astronomes grecs qui, ayant élaboré et perfectionné la méthode de la pensée scientifique – observation, théorie hypothétique, déduction et finalement vérification par de nouvelles observations – se trouvèrent dans l'incapacité de pénétrer le mystère des mouvements vrais des corps célestes, et qui, en conséquence, limitèrent leurs ambitions à un " sauvetage des phénomènes ", c'est-à-dire à un traitement purement formel des données de l'observation. Traitement qui leur permettait de faire des prédictions valables, mais dont le prix était l'acceptation d'un divorce définitif entre la théorie mathématique et la réalité sous-jacente [2]. » La science actuelle, la science contemporaine, celle du XXe siècle est mieux caractérisée par le terme de « techno-science ». « Le terme de " techno-science ", dit Gilbert Hottois qui semble être l'auteur de ce néologisme, nous a paru le mieux convenir pour désigner l'entreprise en marche de ce qu'on appelle plus communément la " recherche scientifique " contemporaine, dont la technique (l'espace et le temps technicisés qui nous environnent de toutes parts) constitue le " milieu naturel " de développement et aussi le principe moteur [3]. » Ce vocable, qui aurait probablement fait bondir Aristote, dans la mesure où la technique et la science, ou plus précisément la *technè* et la *theoria*, demeuraient pour lui deux activités incommensurables, mérite quelques explications.

Le terme de « techno-science » veut mettre en évidence « deux caractères : *l'indissolubilité* des deux pôles théorique et technique opératoire ; le *primat ultime* de la technique sur la theoria [4] ». Il exprime la collusion actuelle de la science et de la technique. La

---

1. « Les Origines de la science moderne », *Études d'histoire de la pensée scientifique*, Paris, Gallimard, p. 81.
2. *Ibid.*, p. 81.
3. *Le Signe et la technique*, Paris, Aubier-Montaigne, 1984, p. 59-60. Même s'il en revendique la paternité, G. Hottois reconnaît que le terme de « techno-science » est « latent chez bien des auteurs », comme G. Bachelard, ou encore B. Gille qui parlent de « science-technique » (*op. cit.*, p. 115, note 2).
4. *Ibid.*, p. 60.

science moderne n'est pas pensable sans la technique et réciproquement. On peut décliner ce lien indissoluble de plusieurs façons. Tout d'abord, la recherche fondamentale suppose aujourd'hui la mise en œuvre de techniques de plus en plus perfectionnées, et ce dans tous les domaines : astrophysique (radiotélescopes géants), microphysique (accélérateurs de particules), génétique, neurologie, etc. La technique est de ce point de vue la condition de possibilité, sinon le moteur essentiel du progrès scientifique lui-même. Mais aussi et inversement, la technique tend de plus en plus à finaliser la recherche scientifique elle-même. « Pour inventer quelque chose de nouveau, on détermine le niveau scientifique nécessaire et l'on en arrive à la recherche fondamentale pour trouver une solution à un problème technique [5]. » La technique est donc à la fois le principe et la fin de l'activité scientifique. Elle rend possible son développement et détermine ses tâches. Toutefois le terme de techno-science dit quelque chose de plus. Il ne veut pas simplement souligner cette interdépendance de la science et de la technique, qui n'est pas, après tout, un phénomène spécifiquement moderne. Il veut aussi et surtout mettre en avant la dimension technique ou technicienne de la science moderne en tant que telle. « La technique, dit Jacques Ellul, est en amont et en aval de la science mais en plus, elle est au cœur même de la science, celle-ci se projette et s'absorbe dans la technique, et la technique se formule en théorie [6]. » La technique n'est pas seulement un moyen ou une fin au service ou à l'horizon de la science, mais le secret ou le ressort de la démarche scientifique elle-même. Un de ceux qui ont le mieux mis en évidence cette imbrication étroite de la technique et de la science est sans doute Heidegger. Celui-ci a consigné les traits fondamentaux de la science moderne dans les trois propositions suivantes : « 1° La science moderne se fonde sur l'essence de la technique ; 2° L'essence même de la technique n'est rien de technique ; 3° L'essence de la technique n'est pas simplement l'œuvre de l'homme, qu'une supériorité et souveraineté humaines pourraient dompter par une attitude morale appropriée [7]. » La deuxième proposition : « L'essence même de la technique n'est

5. B. Gille, *Histoire des techniques*, Paris, Gallimard, « Bibl. de la Pléiade », 1978, p. 75.
6. *Le Système technicien*, Paris, Calmann-Lévy, 1977, p. 141.
7. *Qu'appelle-t-on penser ?*, Paris, PUF, 3e éd., 1973, p. 235.

rien de technique » semble à première vue enfermer une contradiction. Elle paraît affirmer que la technique n'est pas la technique, que la technique est autre chose que ce qu'elle est. Bien entendu, ce n'est pas ce que Heidegger veut dire. Loin de se réfuter elle-même, cette proposition ne fait qu'exprimer une vérité philosophique absolument générale : l'essence d'une chose diffère de la chose elle-même. Ainsi, nous rappelle Heidegger, « quand nous recherchons l'essence d'un arbre, nous devons comprendre que ce qui régit tout arbre en tant qu'arbre n'est pas lui-même un arbre qu'on puisse rencontrer parmi les autres arbres [8] ». L'essence de l'arbre ne se rencontre pas au bord du chemin et ne pousse pas dans la forêt. On ne saurait y trouver refuge pour se protéger du soleil ou s'abriter de la pluie, ni la débiter en planches. C'est une notion abstraite qui n'est accessible que par un acte de l'esprit. De la même manière nous ne trouverons pas l'essence de la technique au milieu du monde technique. Nous ne la percevrons pas aussi longtemps que nous nous bornerons « à représenter la technique et à la pratiquer, à nous en accommoder ou à la fuir [9] ».

Dans le passage cité, Heidegger ne souligne pas seulement la dépendance mutuelle de la science et de la technique, mais affirme de manière plus radicale l'ancrage de la science dans la technique elle-même. La technique constitue le fondement et l'élément de la science moderne dans son ensemble. Non pas que la science aurait besoin des instruments de la technique pour progresser, mais la première est investie de fond en comble par la seconde. Pour comprendre la thèse heideggérienne, il convient cependant de ne pas donner au mot « technique » un sens étroitement technologique. La technique possède ici comme ailleurs chez le philosophe une signification et une dimension métaphysiques essentielles. Elle désigne le rapport particulier que l'homme moderne entretient avec le monde en général. L'homme moderne ne laisse pas la nature à elle-même, mais la met en demeure de lui livrer les ressources qu'elle recèle ; autrement dit, il l'exploite ou l'arraisonne. La centrale électrique sur le Rhin, par exemple, met le fleuve en demeure de livrer sa pression hydraulique qui met elle-même les turbines en demeure de tourner. Ce mouve-

---

8. « La Question de la technique », *Essais et Conférences*, Paris, Gallimard, p. 9.
9. *Ibid.*

ment met à son tour le courant électrique en demeure de circuler. L'industrie extractive met le sol d'une région en demeure de livrer les minerais qu'il contient. L'agriculture moderne met la nature en demeure de produire les fruits qu'elle porte en elle. Cette mise en demeure voulue et organisée de tous les secteurs de la nature constitue le ressort et l'essence de l'activité technique. La science participe de cette essence parce qu'elle est animée, depuis l'avènement des Temps modernes, par une volonté de domination et de maîtrise de la nature sans précédent. Son but n'est pas tant de découvrir l'essence ultime des choses, dont elle affirme du reste non seulement l'inaccessibilité mais l'inexistence, que de soumettre au calcul la totalité des phénomènes. La physique moderne, en particulier, somme la nature de se montrer comme un complexe de particules élémentaires dont elle s'efforce de maîtriser les interactions.

La techno-science et le primat de l'action sur la compréhension

On ne s'étonnera pas que la science, ainsi portée et habitée par la technique, au point de finir par se confondre avec elle, se détourne de plus en plus de la connaissance, entendons de la connaissance pure, pour se réduire de plus en plus à une simple pratique. « La science " moderne ", disait déjà Paul Valéry en 1940, [...] ne s'avance pas vers la " connaissance ". Au contraire ! – Elle a fait depuis quarante ans un bond hors de l'image, hors de la causalité [...] et je ne lui vois que l'accroissement de *pouvoir* des actes dirigés de l'homme sur une partie des choses qui l'entourent [10]. » Son objectif essentiel n'est pas de connaître le réel, le monde, mais d'agir sur lui. Son premier souci n'est pas de découvrir l'origine et la fin des choses, mais d'établir les lois qui président à la succession des phénomènes. « La science, dit Thom, a oublié sa vocation première, celle qui fleurissait des présocratiques à Aristote, et qui était de nous faire comprendre la réalité [11]. » Elle n'est plus animée par le désir de comprendre le monde, mais par la seule volonté de le dominer et de le transformer. En bref, il ne s'agit plus de *savoir*, mais uniquement de *pouvoir*. On peut considérer que la renonciation de la science

10. *Cahiers* II, Paris, Gallimard, « Bibl. de la Pléiade », 1960, p. 904.
11. « La Science malgré tout... », *op. cit.*, p. 74.

à sa vocation théorétique essentielle s'est produite historiquement au XVIIe siècle, à l'époque de Galilée et de Newton. Avec Galilée et Newton, on gagne bien, en effet, en précision dans la *description* du mouvement des corps matériels, en éliminant le recours aux forces occultes, aux entéléchies, mais on perd de vue la *cause* du mouvement. La science devient *descriptive* et cesse d'être *explicative*, elle donne le *comment*, mais non pas le *pourquoi* des phénomènes. Newton décrit mathématiquement, avec la loi de la gravitation en k/r^2, la *manière* dont les corps célestes se meuvent, mais ne donne pas la *raison* profonde de leur mouvement. La loi de la gravitation est une relation fonctionnelle qui permet le calcul et la prédiction, mais ne nous fait pas connaître la nature de la gravité. La cause de la gravitation est inconnue, et Newton du reste n'entendait formuler aucune hypothèse à son sujet : « J'ai expliqué jusqu'ici, disait-il dans ses *Principes*, les phénomènes célestes et ceux de la mer par la force de gravitation, mais je n'ai assigné nulle part la cause de cette gravitation [...]. Je n'ai pu encore parvenir à déduire des phénomènes la raison de ces propriétés de la gravité, et je n'imagine point d'hypothèses *(hypotheses non fingo)*. Car tout ce qui ne se déduit point des phénomènes est une hypothèse : et les hypothèses, soit métaphysiques, soit physiques, soit mécaniques, soit celle des qualités occultes, ne doivent pas être reçues dans la philosophie expérimentale. Dans cette philosophie, on tire les propositions des phénomènes, et on les rend ensuite générales par induction [...]. Et il suffit que la gravité existe, qu'elle agisse selon les lois que nous avons exposées, et qu'elle puisse expliquer tous les mouvements des corps célestes et ceux de la mer [12]. » Grâce à la loi de la gravitation en k/r^2, Newton parvenait à retrouver les lois de Kepler par le calcul, mais il avouait en même temps son impuissance à expliquer (« à déduire des phénomènes ») pourquoi deux masses s'attiraient selon cette loi, et exerçaient l'une sur l'autre une force inversement proportionnelle au carré de leur distance. C'est la raison pour laquelle Leibniz considérait la théorie newtonienne comme une « hypothèse fainéante » détruisant « notre Philosophie qui cherche des raisons, et la divine sagesse qui les fournit [13] ». Plusieurs mécanismes ont bien été proposés, à vrai

12. *Principes mathématiques de la philosophie naturelle*, Livre III, Scolie générale, tr. fr. Marquise Du Chastellet, rééd. Paris, Blanchard, 1966, t. II, p. 178-179.
13. *Nouveaux Essais sur l'entendement humain*, *Die philosophischen Schriften*,

dire, pour tenter d'expliquer la gravitation et trouver ainsi une origine à la loi de Newton, mais aucun ne s'est avéré satisfaisant. Le plus célèbre est sans doute celui imaginé par le physicien et philosophe suisse Georges Louis Lesage (1724-1803) vers la fin du XVIIIe siècle.

Lesage imaginait que l'Univers était parcouru par un grand nombre de particules, qu'il appelait des « corpuscules ultramondains », se déplaçant dans l'espace à très grande vitesse et dans toutes les directions. Lorsque ces particules, ordinairement invisibles et insensibles, rencontrent un corps matériel (comme la Terre), elles le traversent généralement de part en part, mais sont quelquefois absorbées. Lorsque c'est le cas, elles communiquent au corps une petite impulsion et lui impriment un mouvement imperceptible. C'est la somme de ces petites impulsions qui constitue la gravitation, selon Lesage. Par exemple, si l'on suppose que le corps est seul dans l'espace, hypothèse fictive naturellement, les impulsions qu'il reçoit s'annulent ou plutôt s'équilibrent les unes les autres, puisque les particules viennent par hypothèse de toutes les directions. Le corps reste donc immobile : il n'est soumis à aucune force gravitationnelle. Mais si ce corps est placé au voisinage d'un autre, ce dernier va constituer une sorte d'écran qui va le protéger du flux des particules venant de la région de l'espace où il se trouve. De ce fait, les impulsions que le premier corps va recevoir ne seront plus uniformément distribuées et ne s'équilibreront plus. Il y aura davantage de particules venant frapper le corps du côté opposé au corps-écran qu'il n'y en aura sur celui lui faisant face. L'inégale répartition du bombardement cosmique auquel ces deux corps sont soumis va les rapprocher progressivement et irrésistiblement l'un de l'autre : ces deux corps gravitent. Ce mécanisme ingénieux explique à merveille « l'attraction » mutuelle de la Terre et du Soleil. Le Soleil faisant écran au bombardement cosmique, la Terre reçoit moins de particules venant de sa direction que des autres. Elle est donc inexorablement poussée vers lui par les particules venant des autres régions de l'espace. On peut même montrer que l'impulsion résultante serait inversement propor-

---

t. V, p. 59. « La matière, dit aussi Leibniz, n'aura pas naturellement l'attraction mentionnée ci-dessus, et n'ira pas d'elle-même en ligne courbe, parce qu'il n'est pas possible de concevoir comment cela s'y fait, c'est-à-dire de l'expliquer mécaniquement » (cf. *ibid.*, p. 59).

tionnelle au carré de la distance de la Terre au Soleil. La théorie de Lesage est explicative : elle rend compte du phénomène de la gravitation. Elle permet de déduire la loi de Newton d'un phénomène plus fondamental. Elle a en outre l'avantage de ne plus faire intervenir le concept réputé « incompréhensible » d'action à distance. Elle n'introduit que des actions par contact, comme chez Descartes. La gravitation n'est pas une attraction, une affinité mystérieuse, mais une pression ou une poussée. Le physicien J. C. Maxwell considérait même, selon Émile Meyerson, que cette théorie « était la seule théorie consistante de la gravitation qui eût jamais été formulée [14] ». Mais malheureusement, pour habile et séduisante qu'elle soit, la théorie de Lesage ne tient pas. Elle soulève des problèmes insurmontables, et a des conséquences que l'observation contredit. En effet, si cette théorie était vraie, elle impliquerait que la Terre, qui tourne autour du Soleil, recevrait, dans son mouvement, plus de particules sur sa face avant que sur sa face arrière. C'est un peu comme lorsqu'une voiture roule sous la pluie : elle reçoit davantage de gouttes sur le pare-brise que sur la vitre arrière. Par conséquent, la Terre devrait rencontrer une résistance au mouvement qui la ferait ralentir sur son orbite. On peut même montrer que non seulement la Terre ralentirait, mais qu'elle se serait arrêtée depuis longtemps et par conséquent se serait abîmée sur le Soleil, ce qui, fort heureusement, ne s'est pas produit. Le mécanisme imaginé par Lesage n'est donc pas le bon. « Aucun mécanisme, dit Richard Feynman, n'a jamais été inventé qui “ explique ” la gravitation sans prédire du même coup d'autres phénomènes qui n'existent *pas* [15]. » La loi de la gravitation de Newton permet une bonne formalisation du mouvement, mais sa cause profonde demeure mystérieuse, et elle l'est encore de nos jours, au point que l'« on admirerait à l'égal de Newton celui qui réussirait à expliquer la loi [16] ». Dans le changement de paradigme galiléo-newtonien, la science gagne incontestablement en efficacité et en précision, mais elle perd en intelligibilité. Ce que Newton considérait comme un faute de mieux, puisqu'il ne désespérait pas, après tout, de parvenir à découvrir l'origine de la gravité et à déduire la loi d'autres phénomènes, est aujourd'hui devenu la règle. La science a défi-

---

14. *Identité et réalité*, p. 80.
15. *Mécanique* I, p. 98.
16. E. Borel, *Le Hasard*, Paris, Alcan, 2e éd., 1914, p. 3.

nitivement renoncé à comprendre pourquoi les choses se passent ainsi et pas autrement. « Une théorie physique, dit par exemple le physicien et philosophe des sciences Pierre Duhem, n'est pas une explication. C'est un système de propositions mathématiques, déduites d'un petit nombre de principes, qui ont pour but de représenter aussi simplement, aussi complètement, aussi exactement que possible, un ensemble de lois expérimentales [17]. » Les théories physiques sont des agencements de symboles mathématiques qui résument l'expérience passée, mais ne nous apprennent rien sur l'essence des choses. Ce ne sont que des outils ou des instruments permettant la prédiction et l'action. La science devient un ensemble de recettes qui marchent, et que l'on applique sans trop chercher à savoir *pourquoi* elles marchent. « La Science, dit Valéry, est l'ensemble des procédés qui réussissent toujours, en tant qu'on peut les ordonner et les décrire [18]. » « À la fin du XVIIe siècle, ajoute Thom, on en (est) venu à décréter qu'après tout, il n'y avait aucune raison de chercher une explication quand on disposait d'une formule qui marchait bien. Et donc, la physique a adopté ce point de vue selon lequel les formules qui ont du succès doivent être présentées dénuées d'explications. Les philosophes positivistes plus radicaux sont même allés jusqu'à soutenir que le devoir de la science était de fournir un ensemble de recettes qui marchent bien et permettent aussi des prédictions et une action efficace [19]. »

La techno-science à la recherche du réel

Cette science pratique et pragmatique, terriblement efficace, ignore paradoxalement la véritable nature de ce dont elle parle. Elle fonctionne à merveille, mais ne se soucie absolument pas de ce que peuvent être, au fond, les choses qu'elle manipule. Elle progresse, mais, en dépit ou peut-être à cause de tous les instruments de détection dont elle dispose, ne sait pas où elle va et ne comprend pas vraiment ce qu'elle fait. Le physicien, pour reprendre l'exemple de G. Hottois, « sait *comment transmuter* la matière, opérer la fission, etc., mais la question de la *nature* de la matière

17. *La Théorie physique*, Paris, Vrin, 2e éd., 1989, p. 24.
18. *Cahiers* II, p. 852.
19. *Paraboles et catastrophes*, p. 33-34.

ou de l'énergie n'est plus relevante [20] ». Il s'agit là d'un des leitmotive de l'épistémologie positiviste. La science est un savoir-faire et non plus un savoir. Le scientifique ne doit pas demander pourquoi tel ou tel phénomène se produit, ni ce qu'il est. « La nature de notre esprit, dit C. Bernard, nous porte à chercher l'essence ou le *pourquoi* des choses. En cela nous visons plus loin que le but qu'il nous est donné d'atteindre ; car l'expérience nous apprend [...] que nous ne pouvons pas aller au-delà du *comment*, c'est-à-dire au-delà de la cause prochaine ou des conditions d'existence des phénomènes [21]. » Les questions « pourquoi ? » et « qu'est-ce que ? » ressortissent à la « métaphysique » qui est, selon A. Comte, « une sorte de maladie chronique naturellement inhérente à notre évolution mentale et individuelle ou collective, entre l'enfance et la virilité [22] », entendons entre l'enfance de l'esprit théologique et la virilité de l'esprit positif. « Toute hypothèse scientifique, afin d'être réellement jugeable, ajoute le philosophe, doit exclusivement porter sur les lois des phénomènes, et jamais sur leurs modes de production [23]. » Ainsi, en optique, le positiviste ne se demandera pas si la lumière est de nature ondulatoire, comme le soutenait Descartes, ou bien de nature corpusculaire, comme le pensait Newton. Il se bornera à décrire le *comment*, c'est-à-dire à décrire la façon dont les rayons lumineux se propagent (lois de la réflexion, de la réfraction, etc.). Il ne cherchera pas davantage à savoir si la chaleur est une agitation moléculaire ou un fluide (calorique), mais se contentera d'établir comment elle se répartit dans les corps, comme a su le faire excellemment le physicien Joseph Fourier (1768-1830) dans sa *Théorie analytique de la chaleur*. Les questions relatives à la nature ou à l'essence des phénomènes ne sont plus des questions scientifiques. Cela ne veut pas dire que la science n'aurait pas les moyens d'y répondre, parce qu'elle serait inachevée, mais bien plutôt qu'elle ne doit pas se les poser si elle veut rester elle-même. Ce sont des faux problèmes, des problèmes qui se dissolvent d'eux-mêmes dès qu'on les reformule correctement. « “ Qu'est-ce que exactement un électron ? ”, demande par exemple Rudolf Carnap. Il n'y a pas de réponse à cette question [24]. » « C'est le genre de

---

20. *Le Signe et la technique*, p. 68.
21. *Introduction à l'étude de la médecine expérimentale*, 2ᵉ partie, chap. I, § IX.
22. *Discours sur l'esprit positif*, § 10, Paris, Vrin, 1974, p. 16.
23. *Cours de philosophie positive*, 28ᵉ leçon, Paris, Hermann, t. I, p. 463.
24. *Les Fondements philosophiques de la physique*, Paris, A. Colin, 1973, p. 228.

question, continue-t-il, que les philosophes posent toujours aux scientifiques. Ils voudraient que le physicien puisse dire nettement ce qu'il entend par ces mots : " électricité ", " magnétisme ", " pesanteur ", " molécule ". Mais si le physicien se met à les expliquer en termes théoriques, il arrive que le philosophe soit déçu : " Ce n'est pas du tout ce que j'ai voulu demander ", répondra-t-il ; " ce que je veux, c'est que vous me disiez, dans le langage de tout le monde, ce que ces mots signifient ". Parfois le philosophe écrit un livre où il évoque les grands mystères de la nature. " Nul n'a su jusqu'ici ", écrit-il, " et peut-être nul ne saura jamais répondre sans détour à la question : Qu'est-ce que l'électricité ? Aussi l'électricité demeure-t-elle, à tout jamais, l'un des grands mystères insondables de l'univers " [25]. » Les seules réponses admissibles aux interrogations de ce genre sont en fait de type opératoire. Lorsque le physicien veut expliquer ce qu'il entend par la « matière », par exemple, tout ce qu'il peut dire est à peu près ceci : « La matière, c'est " cela " qui est " opérable ", " opératoire " ; c'est " cela " qui réagit de telle ou telle façon mesurable lorsqu'on la provoque techniquement [26]. » C'est le point de vue de l'opérationnalisme, doctrine développée par le physicien américain Bridgman, dont l'idée directrice est que « la signification de chaque terme scientifique doit pouvoir être déterminée en spécifiant une opération de vérification bien définie qui lui fournit un critère d'application [27] ». L'opérationnaliste ne définira pas les concepts scientifiques directement, mais à travers un ensemble de procédures déterminées spécifiant les conditions de leur utilisation. Prenons par exemple, en chimie, le concept d'« acidité ». Pour l'opérationnaliste, le chimiste n'a pas à se demander ce qu'est l'acidité en elle-même, mais doit chercher simplement à savoir à quelles conditions on peut légitimement dire que quelque chose est acide ou non. En d'autres termes, il doit substituer à la question de l'essence : « qu'est-ce qu'être acide ? », celle de la référence : « qu'est-ce qui est acide ? », c'est-à-dire : à quoi reconnaît-on que quelque chose est acide ou pas ? Pour le savoir, le chimiste possède une procédure opératoire très simple : il lui suffit de tremper un papier bleu de tournesol dans la solution considérée. Si ce papier vire au rouge, la solution est

25. *Ibid.*, p. 228.
26. *Le Signe et la technique*, p. 69.
27. C. G. Hempel, *Éléments d'épistémologie*, Paris, A. Colin, 1972, p. 138.

acide, sinon, elle ne l'est pas. Le chimiste dispose donc d'un critère opératoire pour « définir » l'acidité. Ce critère indique une opération : tremper un papier bleu de tournesol, et spécifie un résultat : virer au rouge. À la question « qu'est-ce qu'être-acide ? », il répondra donc : « est acide ce qui fait virer au rouge le bleu de tournesol ». L'opérationnaliste définira de la même manière les termes plus abstraits de « masse », « température », « charge électrique », ou encore « atome », « électron », « photon », etc. Dans tous les cas, la notion est définie par l'ensemble des opérations qui délimitent les conditions de son utilisation. Le problème est bien sûr de savoir si la notion garde encore un sens, entendons un sens univoque, mais c'est une autre histoire.

Cette analyse nous montre que, loin d'appréhender l'essence des choses, la science moderne se borne à saisir la manière dont elles nous apparaissent, c'est-à-dire la façon dont elles se comportent dans telle ou telle expérience. Elle ne se contente certes pas d'enregistrer les faits, d'accumuler observations sur observations – sans quoi elle ne serait qu'érudition –, mais relie les observations entre elles, découvre des successions régulières, bref établit des lois. « C'est dans les lois des phénomènes, dit Comte, que consiste réellement la *science*, à laquelle les faits proprement dits, quelque exacts et nombreux qu'ils puissent être, ne fournissent jamais que d'indispensables matériaux [28]. » Cependant ces lois ne sont pas fondées dans l'être ; elles ne sont pas, comme dirait Montesquieu, « des rapports nécessaires qui dérivent de la nature des choses [29] », mais seulement « des relations constantes entre nos observations ». Considérons par exemple l'interprétation positiviste d'une loi particulièrement simple, la loi empirique de la dilatation d'une tige métallique. Cette loi affirme que les allongements d'une tige sont proportionnels à l'élévation de sa température. Une loi de ce genre n'est pas établie *a priori*, elle n'est pas déduite de la nature connue ou supposée du corps, mais repose sur l'expérience. Elle ne comporte aucune hypothèse sur la cause du processus. Elle indique simplement que si nous élevons la température de la tige, alors nous observerons un allongement concomitant. Elle se contente de noter la conjonction constante de deux séries de phénomènes. Toutes les lois scientifiques ne sont certes pas aussi simples. À l'autre

---

28. *Discours sur l'esprit positif*, § 14, p. 24.
29. *De l'Esprit des lois*, 1re partie, livre 1, chap. 1.

extrémité de l'édifice scientifique, se trouvent ce que les épistémologues appellent les lois théoriques, c'est-à-dire toutes celles dont la formulation fait intervenir, à un degré ou à un autre, des réalités non observables. Les molécules, et *a fortiori* les particules sont, selon Carnap, des réalités de ce genre [30]. Elles échappent à notre perception immédiate, et ne peuvent être détectées qu'indirectement, en mettant en œuvre un appareillage très complexe [31]. Ce ne sont pas des réalités empiriques, mais des constructions « théoriques ». Par conséquent, une loi qui expliquerait le phénomène de la dilatation d'une tige en se fondant sur le comportement des molécules serait « théorique ». Mais les lois théoriques elles-mêmes doivent pouvoir être rattachées à l'expérience, doivent pouvoir avoir des conséquences observables. D'une façon générale, toute proposition qui ne s'appuie pas sur des faits, qui ne peut pas être reliée à l'expérience directement ou indirectement, doit être rejetée comme pure chimère, comme fiction stérile et stérilisante, comme énoncé vide de sens. Seul fait partie de l'objectivité scientifique ce qui peut être contrôlé par l'observation. Cette position enferme un idéalisme latent, sinon patent.

On appelle idéaliste, en philosophie (moderne), non pas le rêveur ou le visionnaire, mais celui qui considère que les concepts et les catégories de l'esprit humain déterminent l'ordre des choses et du monde. La pensée, autrement dit, dicte sa loi au réel, alors que le réaliste soutient à l'inverse que le réel dicte ses lois à la pensée. Pour l'idéaliste, il n'y a pas de réalité indépendante, le réel est toujours déjà pris dans les mailles du filet de l'esprit humain. « La connaissance constitue un monde, dit par exemple le philosophe Léon Brunschvicg, qui est pour nous le monde. Au-delà il n'y a rien ; une chose qui serait au-delà de la connaissance serait par définition l'inaccessible, l'indéterminable, c'est-à-dire qu'elle équivaudrait pour nous au néant [32]. » Les positivistes ne disent pas autre chose. Pour eux, seul est réel ce qui est observable, opérable, ou calculable. Mais comme il n'y a pas d'observable sans observateur, ni d'opérable sans opérateur, ni de calculable sans calculateur, la vérité scientifique est tributaire

30. Cf. *Les Fondements philosophiques de la physique*, p. 224.
31. Comme les fameuses chambres proportionnelles multifils qui ont valu le prix Nobel de physique 1992 à G. Charpak.
32. L. Brunschvicg, *La Modalité du jugement*, Paris, 2e éd., 1964, p. 2.

du sujet humain, ou tout au moins du sujet scientifique. La réduction positiviste de l'être à l'observable ou à l'opérable fait ainsi écho à la célèbre proposition du philosophe immatérialiste Berkeley, qu'on ne s'attend pas à rencontrer dans ce contexte : *esse est percipi*, être, c'est être perçu. « Les limites de mon langage, disait dans le même sens Wittgenstein, signifient les limites de mon propre monde [33]. » La science positive ne décrit pas la réalité elle-même, – dont elle ne sait rien et ne veut rien savoir – mais la connaissance que nous en avons, nos observations. « La question à laquelle la physique doit répondre, souligne explicitement Niels Bohr – un des pères de la mécanique quantique –, n'est pas " Qu'est-ce que la nature ? ", mais " Que peut-on en dire ? ". » La physique moderne n'est pas une science de la nature, mais, ce qui n'est pas du tout la même chose, de notre *connaissance* de la nature. Il n'y a pas de phénomène existant en soi, pas de phénomène donné une fois pour toutes, mais tout phénomène, en tant que tel, est dépendant de la façon dont il est expérimenté par un observateur. La conséquence de ce relativisme teinté d'idéalisme est que « tout phénomène, dit Thom, peut être aboli si l'on se place dans un système de repère convenable [34] ». Ainsi « pour Galilée le mouvement uniforme d'une boule glissant sans frottement sur une surface n'est pas un phénomène : c'est l'effet du changement de repères entre un observateur lié à la surface et un observateur lié à la boule [35] ». Cette position est aussi celle d'Einstein qui expliquait de son côté que pour abolir la gravité, il suffisait de se mettre dans un ascenseur en chute libre [36]. Il ne faut donc pas s'étonner de voir certains scientifiques contemporains, comme le physicien Bernard d'Espagnat, partir aujourd'hui « à la recherche du réel », ce qui, en d'autres temps, eût paru incongru, tant il était clair que le réel était ce qui se trouvait là, devant nous.

L'exemple de la mécanique quantique

La meilleure illustration de cette dérive pragmatique de la science à laquelle nous assistons aujourd'hui est sans aucun doute

33. Cf. *Tractatus logico-philosophicus*, propositions 5-6 sq.
34. « La Physique et les formes », *op. cit.*, p. 336.
35. *Ibid.*, p. 336.
36. Cf. René Thom, *ibid.*, p. 336.

la mécanique quantique. La mécanique quantique nous offre en effet l'exemple d'une science extraordinairement précise et efficace, mais qui ne nous fournit pourtant aucune représentation intelligible du monde. La mécanique quantique, dit René Thom, constitue « le scandale intellectuel du siècle [...]. La science a renoncé à l'intelligibilité du monde ; elle y a réellement renoncé ! C'est quelque chose qui s'impose et qui n'est pas intelligible [37] ». L'inintelligibilité de la mécanique quantique ne tient pas, bien entendu, à la complexité de son formalisme mathématique, qui, en lui-même, est parfaitement cohérent, mais à son mode de description des phénomènes.

Considérons par exemple la manière dont la mécanique quantique se représente un système physique élémentaire constitué par une seule particule (photon, électron, proton, etc.). Pour représenter ce système, probablement le plus simple que l'on puisse imaginer, elle se place, non pas dans l'espace-temps ordinaire, mais dans un espace mathématique abstrait, un espace vectoriel de dimension infinie, qu'on appelle un « espace de Hilbert ». Celui-ci constitue l'ensemble de tous les états possibles de la particule. Intéressons-nous plus particulièrement à la position de la particule, qui est un état parmi d'autres (comme la quantité de mouvement, le spin, etc.). Dans le formalisme quantique, la description de cet état requiert non pas trois paramètres (comme dans la mécanique classique), mais une infinité, les probabilités de présence de la particule évaluées en chaque point de l'espace. Autrement dit, on se donne, en chaque point de l'espace, un nombre compris entre 0 et 1 correspondant à la probabilité de trouver la particule en ce point. Puisqu'il y a une infinité de points, il y a une infinité de paramètres. Mais nous ne sommes pas au bout de nos surprises. En effet, dans le cas général, aucune de ces probabilités n'est jamais égale à 1 (en un point de l'espace, les autres étant nulles). Une particule n'a donc pas de position bien précise, sauf dans des situations exceptionnelles. Ainsi, lorsqu'un photon a beaucoup d'énergie, c'est-à-dire lorsque sa fréquence est très grande, il est pratiquement ponctuel. Sa probabilité de présence est très forte sur une petite région de l'espace et pratiquement nulle ailleurs. Mais lorsque son énergie diminue et que sa fréquence devient très basse, alors il cesse d'être loca-

37. *Prédire n'est pas expliquer*, p. 86.

lisable, et ceci en vertu du principe d'incertitude d'Heisenberg. On a affaire à ce que les physiciens nomment un photon mou. Une particule de ce genre se dilue en quelque sorte dans tout l'espace, elle est présente partout et nulle part. « Un photon mou, commente Thom, c'est au fond un objet qui a très peu d'énergie, et on devrait pouvoir dire qu'il ne signifie pas grand-chose, puisqu'il a très peu d'énergie : on doit pouvoir le négliger. En fait, il s'étend sur tout l'espace. C'est paradoxal : un objet énorme du point de vue spatial qui peut en même temps avoir une énergie quasi nulle ; c'est scandaleux pour l'esprit [38] ! » Les photons mous, et les particules analogues, ne se localisent en fait que lorsqu'on les observe, au point que certains sont allés jusqu'à soutenir que c'était l'observateur qui créait la particule. Lorsque nous mesurons la position d'un électron, celui-ci « est obligé, dit par exemple le physicien P. Jordan, de prendre une décision. Nous le forçons à prendre une position précise ; auparavant, il n'était, en général, ni ici, ni là ; il ne s'était pas encore décidé pour une position précise [...] nous produisons nous-mêmes les résultats de la mesure [39] ».

La mécanique quantique est pleine de bizarreries de ce genre. L'interprétation qu'elle donne de l'expérience des trous de Young en constitue une preuve supplémentaire. Cette fameuse expérience, conçue par le physicien anglais Thomas Young (1773-1829), était destinée à l'origine à montrer le caractère ondulatoire de la lumière.

Le dispositif expérimental est le suivant : une source lumineuse *S* est placée devant une plaque opaque percée de deux petits trous. À l'arrière de la plaque, un écran (un film sensible) enregistre l'arrivée du faisceau lumineux diffracté par les deux orifices. On voit apparaître sur l'écran des zones alternativement sombres et claires. Si l'on admet que la lumière est une onde, ces franges s'expliquent très aisément par la différence de marche des rayons lumineux qui, selon la longueur du chemin parcouru de la source à l'écran, arrivent en phase – et additionnent leurs effets – ou en opposition de phase – et les annulent. Ces franges, qu'on appelle franges d'interférences, ont beaucoup étonné à l'époque, car elles montraient que, contre toute attente, « la

38. *Ibid.*, p. 84.
39. « Quantenphysikalische Bemerkungen zur Biologie und Psychologie », *Erkenntnis*, *4*, 215-252 (1934), p. 228.

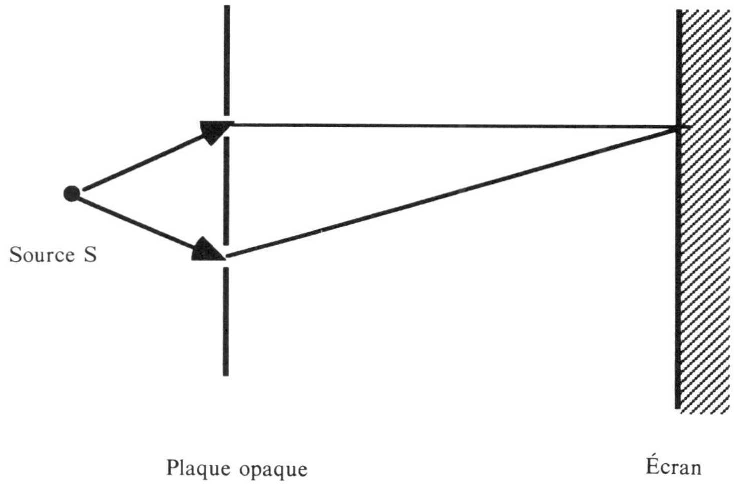

L'expérience de Young

lumière ajoutée à la lumière [pouvait], selon la formule d'Arago, dans des conditions convenables, produire de l'obscurité ». Les physiciens ont, depuis lors, étendu le champ de l'expérience, et sont allés de surprise en surprise. Ils se sont d'abord aperçus que les rayons lumineux n'étaient pas les seuls à interférer. En remplaçant la source de lumière par un canon à électrons, ils ont montré qu'on obtenait encore des franges d'interférences, ou plutôt qu'on devait en obtenir [40]. Cela voulait dire que les électrons, qui sont pourtant des particules matérielles, se comportaient comme des rayons lumineux (les photons) et possédaient un « aspect ondulatoire ». La matière n'était donc pas si différente de la lumière qu'on le croyait. Mais les physiciens n'étaient pas au bout de leur étonnement. Ils se sont en effet rendu compte que les franges d'interférences continuaient à se manifester même lorsqu'il n'y avait qu'une seule particule à la fois (un seul photon ou un seul électron) dans le dispositif expérimental. En envoyant des particules une à une (source lumineuse très faible par exemple), ils ont vu apparaître, au bout d'un certain temps, des zones

40. En effet, l'expérience de Young n'a jamais été réalisée avec des électrons parce que cela est techniquement impossible. Pour produire et observer des franges d'interférences avec un dispositif de ce type, il faudrait que l'appareil soit extraordinairement fin et précis. Mais les physiciens savent que s'ils faisaient réellement l'expérience, ils obtiendraient les résultats escomptés. C'est ce qu'ils appellent une « expérience de pensée » (cf. R. Feynman, *Mécanique quantique*, Paris, InterÉditions, 1979, p. 6).

alternativement sombres et claires sur le détecteur. Ce fait était très étrange en lui-même et il l'est encore aujourd'hui car on ne voit pas très bien avec quoi la particule peut interférer. Mais l'interprétation qu'en donne la mécanique quantique est plus curieuse encore. Celle-ci commence par affirmer qu'il ne faut surtout pas chercher à déterminer le chemin emprunté par la particule, disons l'électron, pour aller de la source au détecteur. En particulier, il ne faut pas essayer de savoir par lequel des deux trous l'électron a-t-il franchi la plaque. Si on essaye en plaçant, par exemple, une source lumineuse immédiatement après l'un des deux trous pour éclairer l'électron qui passerait à cet endroit, et le prendre en quelque sorte sur le fait, on détruit aussitôt la figure d'interférence. La vérité est que l'électron, pour la mécanique quantique, ne suit aucune trajectoire, et ne peut pas et ne doit pas être localisé. Il est virtuellement présent dans tout l'espace, et « passe », si l'on peut dire, par les deux trous à la fois. Cela revient à dire que l'électron interfère avec lui-même, sans pour autant qu'on puisse considérer qu'il se scinde en deux ou plusieurs parties. Cela est tout à fait incompréhensible, comme l'avait relevé, en son temps, Louis de Broglie. « La particule, écrivait le physicien en 1970, passe *à la fois* par les trous *A* et *B* où elle est, nous dit-on, " potentiellement présente ". C'est là une conception qui paraît bien étrange, surtout si l'on se souvient que la seule définition claire d'une particule est d'être un petit objet bien localisé dans l'espace à chaque instant et transportant une forte concentration d'énergie [41]. » Il existe bien d'autres situations où l'inintelligibilité de la mécanique quantique éclate au grand jour (par exemple les cas de non-localité dans les systèmes corrélés, l'indéterminisme dans la réduction du paquet d'ondes, etc.). Il faut bien avouer que cette inintelligibilité ne trouble pas trop les physiciens, car, comme l'explique le physicien P. A. M. Dirac, « le principal objet de la physique n'est pas de fournir des images, mais de formuler les lois gouvernant les phénomènes et de les utiliser pour la découverte de nouveaux phénomènes [42] ». On pourrait dire que l'incompréhensibilité extraordinaire des premiers temps s'est changée, sous l'effet de

---

41. « Vue d'ensemble sur l'histoire et l'interprétation de la mécanique ondulatoire », *Recherches d'un demi-siècle*, Paris, A. Michel, 1976, p. 255.
42. *The Principles of Quantum Mechanics*, Oxford, Clarendon Press, 4ᵉ éd., 1958, p. 10.

l'habitude, en incompréhensibilité ordinaire. Les physiciens se servent tous les jours du formalisme quantique pour décrire l'expérience, prédire et calculer les phénomènes, mais ne s'embarrassent pas trop de savoir s'il est intelligible ou pas. « Nous avons là, disent-ils en substance, une théorie qui fonctionne ; n'allons pas au-delà, et ne cherchons pas à regarder plus finement que ce qui est donné dans le formalisme [43]. » Ce n'est pas que les physiciens tiennent absolument à conserver la mécanique quantique sous sa forme actuelle. Ils sont très certainement prêts à l'échanger contre une autre donnant une représentation du monde plus intelligible, mais à condition que celle qu'on leur propose soit au moins aussi efficace, sinon plus, que l'ancienne, qu'elle permette de nouvelles et meilleures prévisions. L'essentiel est, dans tous les cas, que le formalisme marche, qu'il fonctionne. L'intelligibilité ne vient que par surcroît, pourrait-on dire. Elle est devenue aujourd'hui un luxe inutile.

L'infirmité pratique des théories morphologiques : un prélude à la dissociation de la science et de la technique

Mesurées à l'aune de la techno-science, les performances des théories morphologiques paraîtront bien modestes, voire totalement insignifiantes. Il est notoire que leurs modèles n'ont pas permis de découvertes nouvelles, ni donné lieu à aucune technique révolutionnaire et encore moins à aucune industrie prospère. Elles n'ont connu aucune de ces applications ou confirmations spectaculaires qui émaillent de manière récurrente le progrès techno-scientifique. Leur infirmité pratique ne saurait être sous-estimée ni mésinterprétée. Elle n'est pas accidentelle ni passagère. On aurait tort d'espérer en particulier qu'un perfectionnement théorique pourrait y porter remède dans un avenir plus ou moins proche. Cette infirmité est au contraire essentielle et probablement définitive. Elle est inscrite en effet dans la nature même des modèles morphologiques.

43. Cf. R. Thom, *Prédire n'est pas expliquer*, p. 129.

L'aspect qualitatif des théories morphologiques

La théorie des catastrophes « n'apporte pas, dit Ivar Ekeland, de connaissance *a priori*, antérieure à toute expérience. Même si l'on a un bon système dissipatif, et trois paramètres à notre disposition, on ne peut pas savoir s'il y aura une queue d'aronde, un ombilic elliptique ou hyperbolique, des fronces, des plis, rien du tout, ou autre chose, avant d'avoir essayé (ou calculé, si l'on connaît le potentiel). Même s'il se révèle une queue d'aronde, la théorie est incapable de prédire sa position, ses dimensions, ou même sa forme exacte [44] ». La théorie des catastrophes semble bien être, de ce point de vue, une reconstruction *a posteriori* qui n'autorise pas « la prédiction exacte des choses, ni même de prédiction quantitativement approchée [45] ». Aucune de ses applications pratiques n'a en effet permis, sauf exception, de découvrir des faits nouveaux que l'expérience aurait ensuite confirmés.

Thom distingue plus précisément deux types d'applications de sa théorie. Il y a d'abord les applications « rigoureuses » qui donnent lieu à ce qu'il appelle une « théorisation dure » et qui se fondent sur des lois quantitatives précises, comme celles de la physique ou de la mécanique. « Ce qu'apporte la théorie des catastrophes, en ce cas, dit le mathématicien, c'est une interprétation " qualitative " rapide du comportement global des solutions, et de leurs singularités. Bien entendu, en ce cas, un calcul quantitatif est en principe possible, et le modèle a par suite des capacités prédictives [46]. » En dépit de cette déclaration plutôt optimiste, Thom reconnaît lui-même qu'il n'existe à ce jour qu'un seul exemple de modèle catastrophiste ayant permis une prédiction effective, celui élaboré en optique géométrique par le physicien Michael Berry, et qui a permis de prédire de nouvelles formes de caustiques, réalisées ensuite expérimentalement. Mais même dans ce cas, « il s'agit, dit Thom, [...] de phénomènes si évidents et si prévisibles *a priori* que la surprise n'est finalement pas si grande [47] ». Les autres applications « rigoureuses » de la

---

44. *Le Calcul, l'imprévu*, p. 122.
45. R. Thom, *Prédire n'est pas expliquer*, p. 42.
46. *Modèles mathématiques de la morphogénèse*, 2e éd., p. 101.
47. *Paraboles et catastrophes*, p. 102.

théorie n'ont donné lieu à aucune découverte. Leur apport essentiel a été de formaliser autrement des faits déjà connus, pour la plupart depuis longtemps, comme les transitions de phase en thermodynamique, les voilements d'Euler en mécanique, la stabilité des bateaux en hydrostatique, etc. Le second type d'applications se rencontre en biologie, dans les sciences humaines, et d'une façon générale dans toutes les sciences pour lesquelles l'espace substrat ne possède pas de structure mathématique bien définie. Ces applications ne se fondent pas sur des lois quantitatives précises, et donnent lieu à ce que Thom appelle une « théorisation molle ». « Les modèles du second type, dit le mathématicien, [...] partent d'une morphologie empirique qu'il s'agit d'interpréter ; on construit alors un champ de systèmes différentiels sur un espace de contrôle, et on s'efforce de faire coïncider la morphologie observée avec un ensemble de catastrophe du modèle. En général, ces systèmes différentiels sont définis seulement à une équivalence différentiable près, et par suite, ils ne permettent pas la prédiction quantitative. Leur intérêt est de fournir une vue globale de la situation, interprétée en termes de conflits de régimes [48]. » Les modèles catastrophistes de ce genre, comme ceux qu'on rencontre dans les sciences sociales et biologiques, n'autorisent que des prédictions qualitatives. Ces prédictions sont d'ailleurs, ce qui n'a pas échappé aux détracteurs, généralement triviales, et n'ont qu'une portée pratique très limitée (lorsqu'elles ne sont pas carrément fausses) [49]. Il n'y a là rien de bien étonnant, à vrai dire, car « pour qu'un modèle, explique Thom, conduise à de bonnes possibilités de prévision, et par suite d'action, il est nécessaire que ce modèle soit quantitatif [50] ». « Une prédiction purement qualitative, ajoute-t-il, qui n'est assortie d'aucune fourchette de dates ou de lieux n'a pratiquement aucun intérêt. Je peux prédire, en toute certitude, que tout régime politique, en quelque société que ce soit, finira par s'effondrer. Si je suis incapable de dire quand (même avec une certaine

---

48. *Modèles mathématiques de la morphogénèse*, 2e éd., p. 101.

49. Ainsi, le modèle de l'agressivité du chien élaboré par C. Zeeman prévoit qu'un chien en colère, aussi enragé soit-il, n'attaquera jamais dès lors qu'il ne craint rien. Il n'est pas besoin d'être grand expert en psychologie canine pour douter de la véracité d'une telle affirmation (cf. H. Sussman et R. Zahler, « Catastrophe theory as applied to the social and biological sciences : a critique », *Synthese*, *37*, 117-216 (1978), p. 198).

50. *Modèles mathématiques de la morphogénèse*, 2e éd., p. 117.

imprécision), ma prédiction ne sera qu'une trivialité. Quand les séismologues viennent nous dire : " la ville de Bâle sera détruite par un séisme ", leur affirmation n'a pas lieu d'inquiéter les Bâlois, si aucune période de temps ne peut être précisée pour l'accomplissement de la prédiction [51]. » De la même manière, si je sais que le comportement d'une morphologie obéit à un modèle catastrophiste dont le type est bien authentifié, mais si je ne peux pas déterminer avec précision les caractéristiques quantitatives du modèle, toutes les prédictions que je pourrai faire seront nécessairement banales. Il est certes toujours possible de quantifier un modèle catastrophiste, mais la quantification repose alors sur les données d'une expérience particulière, et ne vaut que pour cette expérience. Thom est naturellement conscient de l'infirmité pratique de sa théorie : « La théorie (des catastrophes), dit-il, n'a pas trouvé jusqu'ici de grandes applications pratiques et il n'est pas dit qu'elle en ait dans le futur, même si, évidemment, la chose ne doit pas être exclue [52] ! » « À ma connaissance, ajoute-t-il, il n'y a pas de modèle quantitatif numérique, fondé sur la théorie des catastrophes, qui ait donné des résultats vraiment intéressants [53]. » Les modèles catastrophistes ne sont, en mettant les choses au mieux, que des métaphores [54], c'est-à-dire des retranscriptions mathématiques du réel, peut-être élégantes, mais sans portée pratique. Ce sont des doublures géométriques de la réalité physique qui n'accroissent en rien nos possibilités d'action.

L'infirmité prédictive des modèles catastrophistes a en fait une origine structurelle très profonde. Prédire un phénomène c'est, d'une façon générale, annoncer ce qui va se produire, anticiper le cours des choses. Cette anticipation, pour être crédible, ne peut pas s'appuyer sur rien, mais doit se fonder sur une situation déjà éprouvée dans le passé. Lorsque nous prédisons l'évolution d'un processus, nous prolongeons la connaissance que nous en avons acquise au-delà du domaine où nous l'avons obtenue. Nous supposons (peut-être à tort) que ce que nous avons constaté dans certaines circonstances se reproduira dans le futur si des circonstances semblables se représentent. Tout se passe

51. *Ibid.*, p. 116.
52. *Paraboles et catastophes*, p. 102.
53. R. Thom, *Prédire n'est pas expliquer*, p. 43.
54. Cf. R. Thom, *ibid.*, p. 43.

donc comme si nous étendions une certaine fonction mathématique définie sur un domaine restreint de l'espace-temps à un domaine plus vaste. Imaginons par exemple que l'observation répétée d'un processus nous ait permis d'établir une certaine relation entre deux grandeurs *a* et *b*, soit $f(a, b, t)$. Cette relation n'est, en toute rigueur, valable que pour les valeurs de la variable temporelle *t* comprises entre certaines limites [*i.e.* entre le moment où nous avons commencé nos observations, et celui où nous les avons terminées]. Lorsque nous prédisons, nous admettons que cette relation reste vérifiée lorsque la variable prend ses valeurs en dehors de cet intervalle. Or il existe en mathématiques un procédé canonique, et c'est même le seul, qui autorise précisément cette extension d'une fonction : c'est ce qu'on appelle le prolongement analytique. Le prolongement analytique est une technique qui permet d'étendre un germe de fonction analytique [55], définie par sa série de Taylor en un point, à tout le domaine d'existence de la fonction (domaine d'holomorphie). Toutes les prédictions quantitatives en science se fondent en dernière instance sur cet instrument, qui suppose que les fonctions utilisées soient suffisamment régulières (analytiques). « Les modèles mathématiques pragmatiquement efficaces, dit Thom, permettant la prévision, impliquent l'analycité des fonctions qui y figurent, et de leurs solutions de l'évolution temporelle. Ceci impose par suite que l'espace " substrat " sur lequel on travaille soit pourvu d'une structure analytique naturelle. Seul le *prolongement analytique* permet, conclut-il, le passage du local au non-local caractéristique de l'action [56]. » On comprend du même coup pourquoi les modèles de la physique sont prédictifs : cela tient tout simplement à la structure analytique de l'espace-temps usuel (R^4). On saisit aussi la raison pour laquelle les modèles catastrophistes ont un pouvoir prédictif limité : un grand nombre d'espaces substrats sur lesquels ils sont définis n'ont pas de structure analytique naturelle, et « il n'est pas facile d'étendre les procédures d'extrapolation là où il n'y a pas de support analytique naturel [57] ». « Le domaine scientifique dans lequel on peut construire des modèles quantitatifs certains permettant la prédiction, et par

55. Une fonction f définie sur un ouvert O de R (réels) ou de C (complexes) est dite analytique sur O si on peut la développer en série entière (en série de terme général $a_n x^n$) en chaque point x_0 de O.
56. *Ibid.*, p. 116.
57. *Paraboles et catastrophes*, p. 93.

suite l'action, est beaucoup plus restreint qu'on ne le croit généralement. C'est un petit halo autour de la physique fondamentale, aux frontières d'autant plus imprécises que les considérations statistiques entrent en jeu [58]. »

La théorie des catastrophes n'est pas la seule à encourir ce reproche d'inefficacité, capital et rédhibitoire aux yeux de l'idéologie techno-scientifique. Les autres théories morphologiques, et notamment la théorie du chaos, ne sont pas logées à une meilleure enseigne. David Ruelle explique par exemple que le succès médiatique des attracteurs étranges « a été bénéfique pour les mathématiques, où la théorie des systèmes dynamiques différentiables a profité des idées nouvelles sans dégradation de l'atmosphère de la recherche [...]. En physique du chaos, malheureusement, le succès a été de pair avec un déclin de la production de résultats intéressants, et cela malgré les annonces triomphalistes de résultats fracassants. Quand les choses se seront un peu tassées, et que l'on appréciera sobrement la difficulté des problèmes qui se posent, alors peut-être verra-t-on apparaître une nouvelle vague de résultats intéressants [59] ». La théorie du chaos est en fait dans une situation plus délicate encore que la théorie des catastrophes. Non seulement elle n'a pas permis d'accroître nos possibilités d'action de manière significative, mais elle affirme même qu'il est des cas et des situations où l'action est par principe impossible. Cette impotence des modèles chaotiques est la conséquence directe d'une propriété fondamentale des attracteurs étranges : la dépendance sensitive aux conditions initiales.

La dépendance sensitive aux conditions initiales et l'imprévisibilité du comportement des systèmes chaotiques

La dépendance sensitive aux conditions initiales (en abrégé : DSCI) est une notion clef de la chaologie moderne. On dit qu'un système possède la propriété de dépendance sensitive aux conditions initiales si son évolution dépend de façon cruciale ou sensible de son état initial. Plus précisément, car l'évolution de tout

58. « Les Buts de la science », *Modèles mathématiques de la morphogenèse*, 2e éd., p. 120.

59. *Hasard et chaos*, p. 95. « Les premiers essais d'étude quantitative du chaos, ajoute Ruelle, en biologie et dans les sciences " molles " ont témoigné d'un optimisme excessif » (*ibid.*, p. 233, note 4).

système déterministe, chaotique ou non, est fonction bien évidemment de son état initial, on dit qu'un système dépend *sensitivement* de ses conditions initiales si ses courbes intégrales ou ses trajectoires, initialement très proches, s'écartent les unes des autres *exponentiellement* au cours du temps. On peut formaliser très simplement cette notion de la façon suivante. Supposons que le système soit régi par une équation différentielle du premier ordre $dx(t)/dt = F(x(t))$, où $x(t)$ paramétrise l'état du système à l'instant t. D'après le théorème d'unicité des solutions, cette équation admet, sous certaines conditions de régularité, une solution et une seule satisfaisant à la condition initiale $x(0) = x_0$. Appelons $x_1(t)$ cette solution. Supposons maintenant que le système ne soit plus dans l'état x_0 à l'instant initial, mais dans un état voisin $x'_0 = x_0 + dx$. Du fait de la modification de l'état initial, le système ne sera plus, à l'instant t, dans l'état $x_1(t)$, mais dans un nouvel état $x_2(\mathrm{t}) = x_1(t) + \Delta x(t)$. La dépendance sensitive du système aux conditions initiales mesure très exactement la valeur de l'écart $\Delta x(t)$. Si $\Delta x(t)$ reste borné, ou même tend vers zéro, au cours du temps, c'est-à-dire si la solution du système différentiel $x(t)$ est « asymptotiquement stable », le comportement du système à long terme ne sera pas sensiblement altéré par la modification des conditions initiales. Il n'y aura pas, dans ce cas, dépendance sensitive aux conditions initiales. L'évolution du système restera pratiquement inchangée. Mais si l'écart $\Delta x(t)$ augmente, et si, de plus, cette augmentation ne s'effectue pas *linéairement*, mais *exponentiellement*, c'est-à-dire si $\Delta x(t) = dx(0) \exp(at)$, deux trajectoires du système initialement très voisines, mais non confondues, s'éloigneront très rapidement l'une de l'autre : c'est ce phénomène d'éloignement ou de divergence des trajectoires qu'on appelle dépendance sensitive aux conditions initiales.

Ainsi définie, la dépendance sensitive aux conditions initiales ne suffit pas, à vrai dire, à caractériser le comportement des phénomènes chaotiques. Considérons par exemple une bille en équilibre instable au sommet d'un col (bille au repos) (cf. schéma). Si l'on modifie très légèrement les conditions initiales de ce système, c'est-à-dire si l'on déplace la bille à droite ou à gauche, ou si on lui imprime une vitesse aussi minime soit-elle, la bille se mettra à descendre. Deux conditions initiales très voisines engendreront donc deux comportements qualitativement très différents.

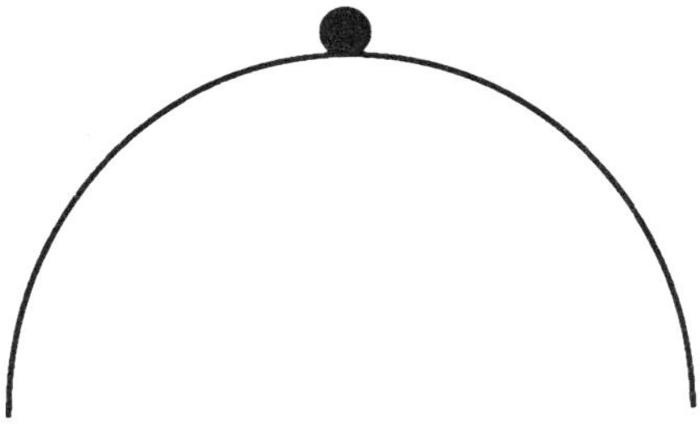

Un exemple de système dépendant sensitivement des conditions initiales : une bille au sommet d'un col

La bille, système non chaotique s'il en est, présente une dépendance sensitive aux conditions initiales. Mais celle-ci ne vaut que pour des valeurs isolées et exceptionnelles des paramètres. Il faut que la bille soit placée exactement au sommet du col avec une vitesse exactement nulle.

Les systèmes chaotiques, et les attracteurs étranges qui modélisent leur comportement, présentent au contraire cette dépendance *sur tout un ensemble connexe (continu) de conditions initiales.* Cela signifie que deux trajectoires issues de deux points très voisins pris *n'importe où dans une certaine région*, en l'occurrence le bassin de l'attracteur du système, divergeront exponentiellement. On notera ici qu'il y a quelque chose de paradoxal dans le fait même d'associer ces deux notions apparemment contradictoires d'attraction d'une part et de dépendance sensitive aux conditions initiales d'autre part. L'attraction implique en effet le resserrement ou la convergence des trajectoires, alors que la dépendance sensitive aux conditions initiales exprime à l'inverse leur éloignement ou leur divergence. Le concept d'attracteur semble de ce point de vue incompatible avec celui de dépendance sensitive aux conditions initiales, et réciproquement. Le tour de force de Ruelle et de Takens a consisté précisément à montrer qu'il n'en était rien dès lors que la structure des ensembles attractants devenait suffisamment complexe. Au voisinage d'un attracteur étrange, deux trajectoires tendent vers une région bornée de l'espace, et en même temps s'éloignent rapidement l'une de l'autre. Pour illustrer le phénomène de dépendance sensitive en théorie du chaos, nous allons considérer deux attracteurs étranges particuliers, celui qui porte le nom évocateur de « fer à cheval » et l'attracteur dit de Lorenz. Disons tout de suite que la sensibilité aux conditions initiales rend les attracteurs étranges très difficiles à représenter. C'est elle qui est au fond responsable de leur étrangeté et qui est à l'origine de leur dénomination.

L'ATTRACTEUR « FER À CHEVAL »

L'attracteur « fer à cheval » résulte de l'itération indéfinie d'une application du plan sur lui-même. Cette application, imaginée à l'origine par le mathématicien Stephen Smale, transforme un carré au cours de deux opérations successives. Dans un premier temps, le carré est étiré dans la direction parallèle à un de ses côtés (par exemple suivant l'horizontale) et contracté dans la direction perpendiculaire (la verticale). L'étirement et la contraction sont effectués dans des proportions telles que l'aire du transformé du carré (en l'occurrence un rectangle) soit inférieure à celle du carré initial. Dans un second temps, le rectangle obtenu est replié sur lui-même de façon à former une sorte de « fer à cheval ». On inscrit ce fer à cheval dans le carré initial, et on répète l'opération indéfiniment.

L'intersection de tous ces itérés définit un ensemble présentant une structure feuilletée très complexe. Elle se compose de la superposition d'une infinité de lignes, mais reste malgré tout connexe (elle est d'un seul tenant). On peut montrer que sa section verticale n'est autre qu'un ensemble de Cantor. Dans le cas où l'étirement est une multiplication par deux et la contraction une division par trois, sa dimension de Hausdorff-Besicovitch vaut $1+\log 2/\log 3 = 1{,}63$. Le fait que cette dimension soit fractionnaire, nous indique que nous avons affaire à un objet fractal. Il est par ailleurs facile de voir qu'il s'agit bien d'un *attracteur* : toutes les trajectoires, c'est-à-dire tous les itérés de l'application issus du carré convergent vers lui (sont « attirés » par lui). L'image d'un point quelconque du carré après un nombre infini de transformations se trouve nécessairement dans cet ensemble. Mais surtout les itérés successifs de deux points très voisins situés dans le bassin de l'attracteur, ou même sur l'attracteur lui-même, ont des destins très différents du fait des étirements successifs. Nous avons là un premier exemple de dépendance sensitive aux conditions initiales. Le fer à cheval est en réalité un modèle théorique, n'ayant pas d'équivalent dans la réalité. Il offre néanmoins l'avantage d'illustrer commodément les principales propriétés des attracteurs étranges.

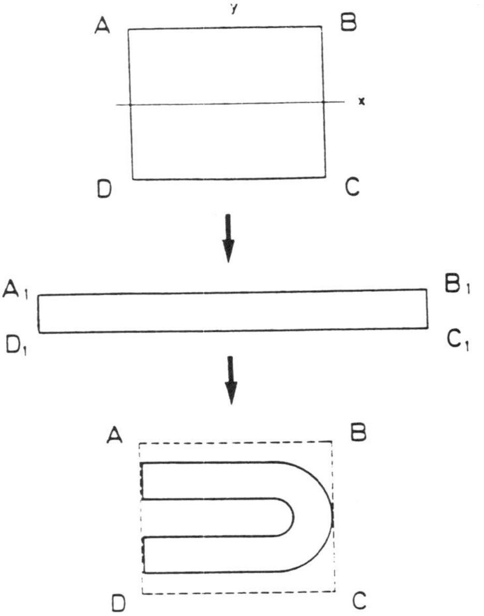

Première itération de la transformation en fer à cheval.
Le rectangle initial ABCD est étiré d'un facteur 2 dans la direction x et contracté d'un facteur supérieur à 2 dans la direction y. Ce rectangle étiré et contracté est ensuite plié en deux pour former la première image en fer à cheval de cette transformation.

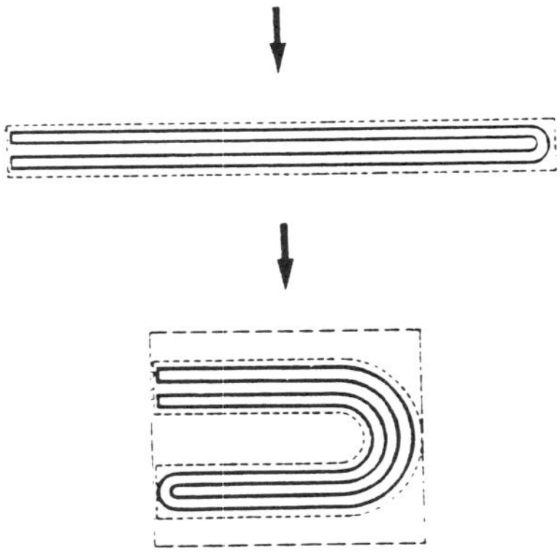

Deuxième itération de la transformation en fer à cheval.

Construction de l'attracteur « fer à cheval »
(D'après P. Bergé, Y. Pomeau et C. Vidal, *L'ordre dans le chaos*, p. 165.)

L'ATTRACTEUR DE LORENZ

Un second exemple de dépendance sensitive aux conditions initiales nous est fourni par l'attracteur de Lorenz. À la différence du précédent, cet attracteur est fondé sur l'analyse d'un processus réel. Edward Lorenz était un météorologiste américain qui avait élaboré, en 1963, un modèle destiné à permettre la prévision climatique [60]. En se fondant sur les équations simplifiées de la mécanique des fluides (équations de Navier-Stokes tronquées), il avait écrit les lois régissant, avec une bonne approximation, le mouvement de l'atmosphère terrestre, qu'il assimilait au mouvement convectif d'un liquide horizontal chauffé par le bas (analogue au dispositif de Rayleigh-Bénard). Il avait formé un système de trois équations différentielles du premier ordre en x, y, z, (variables caractérisant l'état du système) dépendant de trois paramètres [61]. Étant non linéaire, ce système ne pouvait pas, malheureusement, être résolu par des procédures canoniques. Pour en déterminer malgré tout les solutions, Lorenz avait imaginé de procéder par itérations successives : il calculait l'état du système à l'instant $t+1$: $x(t+1)$, $y(t+1)$, $z(t+1)$ après avoir calculé son état à l'instant t : $x(t)$, $y(t)$, $z(t)$. Chaque solution était représentée par une suite de triplets (x_i, y_i, z_i), chacun caractérisant l'état du système à l'instant i. Lorenz s'est alors aperçu, à sa grande surprise, que, pour certaines valeurs des paramètres, cette suite ne convergeait ni vers un état stationnaire, ni vers un régime périodique, mais se comportait de manière « chaotique », c'est-à-dire prenait sans cesse de nouvelles valeurs de façon apparemment aléatoire. Par exemple, en entrant dans l'ordinateur le triplet (0, 10, 0) comme valeur de l'état initial, il avait obtenu les itérés suivants : (4, 12, 0) ; (9, 20, 0) ; (16, 36, 2) ; (30, 66, 7) ; (54, 115, 24) ; (93, 192, 74) ; (150, 268, 201) ; (195, 234, 397) ; (174, 55, 483) ; [...] (88, 79, 286) [62]. Ces nombres croissaient puis décroissaient sans cesse, sans rime ni raison. Bien plus, ces séries de triplets distribuées « au hasard » différaient du tout au tout lorsqu'on entrait dans la machine des données initiales très voisines. Lorenz avait baptisé métaphoriquement cette divergence l'« effet papillon [63] » : un changement minime des conditions initiales (le battement des ailes d'un papillon au Brésil par exemple) peut avoir des conséquences catas-

60. Cf. « Deterministic Nonperiodic Flow », *Journal of the atmospheric sciences*, *20*, 130-141 (1963).

61. Le modèle de Lorenz est le suivant : $dx/dt = -ax+ay$; $dy/dt = bx-y-xz$; $dz/dt = -cz+xy$. a, b et c sont des paramètres. En général, on fixe a et c, et on prend b comme paramètre de contrôle.

62. Cf. « Deterministic Nonperiodic Flow », *loc. cit.*, p. 136.

63. Dans une communication devant l'*American Association for the Advancement of Science* à Washington le 29 décembre 1979 portant le titre : « Predictability : does the flap of a butterfly's wings in Brazil set off a tornado in Texas ».

trophiques (une tornade dans l'atmosphère du Texas). Il en concluait à l'impossibilité de toute prévision en météorologie [64].

Au moment de leur parution, les travaux de Lorenz passèrent à peu près inaperçus. Ils ont été redécouverts depuis par les théoriciens du chaos qui ont montré ou plutôt supposé que le comportement erratique des courbes intégrales dans le modèle de Lorenz s'expliquait en réalité par la présence d'un attracteur étrange [65]. Les courbes intégrales, tracées par ordinateur, décrivent, dans l'espace des phases, pour certaines valeurs des paramètres, des boucles qui s'enroulent indéfiniment autour de deux points fixes instables et qui attirent toutes les trajectoires issues d'un certain domaine. Cet ensemble attractant présente, comme l'attracteur « fer à cheval », une structure feuilletée très complexe. On peut montrer que sa dimension est comprise entre 1 et 2. Ce n'est ni une ligne ni une surface, mais un être géométrique intermédiaire (fractal). Il possède la propriété de dépendance sensitive aux conditions initiales : deux courbes intégrales issues de deux points voisins décrivent des trajectoires très différentes.

Ce phénomène de dépendance sensitive aux conditions initiales n'est pas, en lui-même, une découverte récente. Il avait

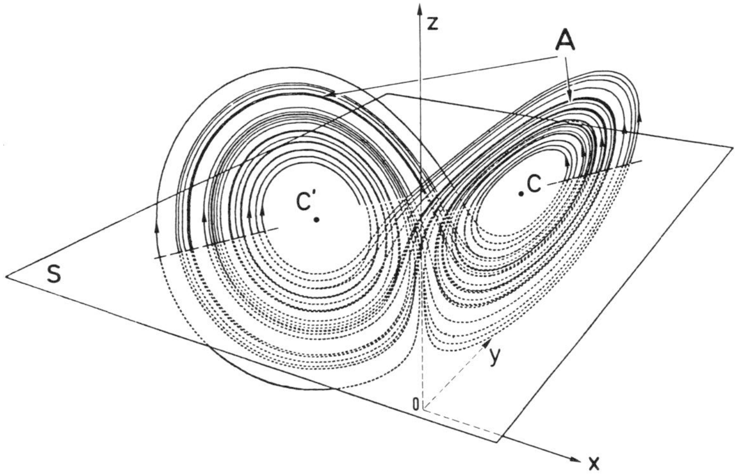

L'attracteur de Lorenz (d'après Oscar Lanford, *The Mathematical Intelligencer*, *2*, 3 (1980))

64. Cf. J. Gleick, *La Théorie du chaos*, p. 35.
65. Ce résultat, en effet, n'a pas encore été formellement démontré.

déjà été mis en évidence et même analysé à la fin du siècle dernier, donc bien avant le développement de la théorie du chaos, par un mathématicien français, Jacques Hadamard (1865-1963). Ce dernier étudiait les géodésiques [66] des surfaces à courbures opposées, présentant des connexions multiples et des nappes infinies [67]. Il prenait l'exemple d'une surface qu'il appelait en termes imagés le « front de taureau ». Cette surface possède des éminences s'étendant à l'infini (les cornes et les oreilles du taureau allongées indéfiniment), et des cols (le front du taureau). Hadamard avait montré que les géodésiques issues de points très voisins pouvaient avoir des comportements qualitativement très différents. Ainsi, une géodésique issue d'un point situé sur le col (le front du taureau) restera à une distance finie de l'origine, alors qu'une autre, initialement très proche, ira se perdre à l'infini. Bien plus, cette divergence subsistera tant que subsistera l'écart initial, aussi infime soit-il. Tirant la leçon de ces résultats, Pierre Duhem concluait à l'inutilité pratique de certaines déductions mathématiques en science. « On aura beau, disait-il, augmenter la précision avec laquelle sont déterminées les données pratiques, [...] jamais la géodésique qui demeure à distance finie en tournant sans cesse autour de la corne droite ne pourra être débarrassée de ces compagnes infidèles qui, après avoir tourné comme elle autour de la corne, s'écarteront indéfiniment [...]. Si donc un point matériel est lancé sur la surface étudiée à partir d'une position géométriquement donnée, avec une vitesse géométriquement donnée, la déduction mathématique peut déterminer la trajectoire de ce point et dire si cette trajectoire s'éloigne ou non à l'infini. Mais, pour le physicien, cette déduction est à jamais inutilisable. Lorsqu'en effet les données ne sont plus connues géométriquement, mais sont déterminées par des procédés physiques, si précis qu'on les suppose, la question posée

66. Une « géodésique » sur une surface quelconque (mais suffisamment régulière) est une courbe *C* qui généralise à cette surface la notion de droite du plan euclidien. Elle est caractérisée par la propriété suivante : pour deux points *a* et *b* voisins quelconques, l'arc de la courbe *C* reliant *a* à *b* a *la plus petite longueur* parmi tous les arcs de courbes d'extrémités *a* et *b* tracés *sur* la surface. Par exemple, les géodésiques d'une sphère sont les grands cercles ; celles d'un cylindre droit à base circulaire les génératrices, les cercles « parallèles » à la base, ou les hélices tracées sur le cylindre.

67. J. Hadamard, « Les Surfaces à courbures opposées et leurs lignes géodésiques », *Journal de mathématiques pures et appliquées*, *4*, 27-73 (1898).

demeure et demeurera toujours sans réponse [68]. » Les prédictions à long terme sont donc illusoires dans des situations de ce genre. Cette conséquence n'avait pas échappé à Poincaré, du reste, qui s'exprimait en des termes presque semblables dans une étude consacrée au problème du hasard [69] : « Une cause très petite, qui nous échappe, déclarait-il, détermine un effet considérable que nous ne pouvons pas ne pas voir, et alors nous disons que cet effet est dû au hasard. Si nous connaissions exactement les lois de la nature et la situation de l'Univers à l'instant initial, nous pourrions prédire exactement la situation de ce même Univers à un instant quelconque. Mais, lors même que les lois naturelles n'auraient plus de secret pour nous, nous ne pourrions connaître la situation initiale qu'*approximativement*. Si cela nous permet de prévoir la situation ultérieure *avec la même approximation*, c'est tout ce qu'il nous faut, nous disons que le phénomène a été prévu, qu'il est régi par des lois ; mais il n'en est pas toujours ainsi, il peut arriver que de petites différences dans les conditions initiales en engendrent de très grandes dans les phénomènes finaux ; une petite erreur sur les premières produirait une erreur énorme sur les derniers. La prédiction devient impossible et nous avons le phénomène fortuit [70]. » Le phénomène de divergence des

68. *La théorie physique*, p. 211.

69. Cf. l'article « Le Hasard », *Revue du mois*, *3*, 257-256 (1907), reproduit dans *Science et méthode*, Paris, Flammarion, 1908, chap. 4, et plus récemment dans *L'Analyse et la recherche*, Paris, Hermann, 1991, p. 135-156.

70. *L'Analyse et la recherche*, p. 138. Poincaré donnait dans son article plusieurs exemples du phénomène de dépendance sensitive aux conditions initiales où il voyait l'origine même du hasard. L'un d'entre eux est emprunté à la météorologie. « Pourquoi les météorologistes ont-ils tant de peine à prédire le temps avec certitude ? Pourquoi les chutes de pluie, les tempêtes elles-mêmes nous semblent-elles arriver au hasard, de sorte que bien des gens trouvent tout naturel de prier pour avoir la pluie ou le beau temps, alors qu'ils jugeraient ridicule de demander une éclipse par une prière ? Nous voyons que les grandes perturbations se produisent généralement dans les régions où l'atmosphère est en équilibre instable. Les météorologistes voient bien que cet équilibre est instable, qu'un cyclone va naître quelque part ; mais où ? ils sont hors d'état de le dire ; un dixième de degré en plus ou en moins en un point quelconque, le cyclone éclate ici et non pas là, et il étend ses ravages sur des contrées qu'il aurait épargnées. Si on avait connu ce dixième de degré, on aurait pu le savoir d'avance, mais les observations n'étaient ni assez serrées, ni assez précises, et c'est pour cela que tout semble dû à l'intervention du hasard. Ici encore nous retrouvons le même contraste entre une cause minime, inappréciable pour l'observateur, et des effets considérables, qui sont quelquefois d'épouvantables désastres » (*ibid.*, p. 139). La théorie cinétique des gaz fournit un autre exemple de dépendance sensitive au mathématicien : « Comment devons-nous, demande-t-il, nous représenter un récipient rempli de gaz ? D'innombrables molécules, animées de grandes

trajectoires (non seulement en un point mais sur une région de l'espace des phases) qui restait pour Duhem – et même au fond pour Poincaré – une simple hypothèse d'école, une spéculation mathématique –, est aujourd'hui devenu monnaie courante en théorie du chaos. La dépendance sensitive aux conditions initiales se retrouve dans bon nombre de systèmes physiques, donnant du même coup aux conclusions du philosophe et du mathématicien une portée qu'ils ne soupçonnaient sans doute pas eux-mêmes.

Étant synonyme d'imprévisibilité, la dépendance sensitive aux conditions initiales empêche que les systèmes chaotiques puissent donner lieu à une action efficace sur le monde. Pour qu'une action ait un intérêt quelconque, il faut évidemment que les conséquences en soient connues à l'avance. « Toutes les fois que nous parvenons, dit Comte, à exercer une grande action, c'est seulement parce que la connaissance des lois naturelles nous permet d'introduire, parmi les circonstances déterminées sous l'influence desquelles s'accomplissent les divers phénomènes,

---

vitesses, sillonnent ce récipient dans tous les sens ; à chaque instant, elles choquent les parois, ou bien elles se choquent entre elles ; et ces chocs ont lieu dans les conditions les plus diverses. Ce qui nous frappe surtout ici, ce n'est pas la petitesse des causes, c'est leur complexité. Et cependant, le premier élément se retrouve encore ici et joue un rôle important. Si une molécule était déviée vers la gauche ou la droite de sa trajectoire, d'une quantité très petite, comparable au rayon d'action des molécules gazeuses, elle éviterait un choc, ou elle le subirait dans des conditions différentes et cela ferait varier, peut-être de 90° ou de 180°, la direction de sa vitesse après le choc. Et ce n'est pas tout, il suffit, nous venons de le voir, de dévier la molécule avant le choc d'une quantité infiniment petite, pour qu'elle soit déviée, après le choc, d'une quantité finie » (*ibid.*, p. 141-142). Autre exemple : « Le plus grand hasard, dit encore Poincaré, est la naissance d'un homme. Ce n'est que par hasard que se sont rencontrées deux cellules génitales, de sexe différent, qui contenaient précisément, chacune de son côté, les éléments mystérieux dont la réaction mutuelle devait produire le génie. On tombera d'accord que ces éléments doivent être rares et que leur rencontre est encore plus rare. Qu'il aurait fallu peu de chose pour dévier de sa route le spermatozoïde qui les portait ; il aurait suffi de le dévier d'un dixième de millimètre et Napoléon ne naissait pas et les destinées d'un continent étaient changées. Nul exemple ne peut mieux faire comprendre les véritables caractères du hasard » (*ibid.*, p. 154). Comme le fait remarquer D. Ruelle, l'étude des phénomènes chaotiques n'a pas bénéficié directement des belles analyses de Hadamard, Duhem et Poincaré. Ce ne sont pas leurs idées, pourtant si pénétrantes, qui ont marqué le coup d'envoi des recherches actuelles. Elles n'ont été redécouvertes qu'après coup, après avoir été mises en sommeil pendant près d'un siècle. « Ces idées, commente Ruelle, sont venues trop tôt, les moyens de les exploiter n'existaient pas. Poincaré n'avait pas à sa disposition ces outils mathématiques de base que sont la *théorie de la mesure* ou le *théorème ergodique* et ne pouvait donc pas exprimer ses brillantes idées intuitives dans un langage précis » (*Hasard et chaos*, p. 65).

quelques éléments modificateurs, qui, quelque faibles qu'ils soient en eux-mêmes, suffisent, dans certains cas, pour faire tourner à notre satisfaction les résultats définitifs de l'ensemble des causes extérieures [71]. » Or l'introduction de ces « quelques éléments modificateurs » capables de tourner à notre avantage le cours naturel des choses dont parle le philosophe est exclue dans le cas de systèmes chaotiques. On peut bien en modifier les paramètres, mais on est incapable de prévoir avec une précision suffisante la réaction du système. En d'autres termes, celui-ci déjouera toujours toutes nos tentatives pour le forcer à évoluer dans un sens déterminé. « Que la science, dit un théoricien du chaos, au fur et à mesure qu'elle progresse, se révèle ainsi capable de trouver par elle-même certaines des frontières de son champ d'action n'est somme toute pas si banal, ni si indigne d'intérêt [72]. »

Pour toutes ces raisons (aspect qualitatif des modèles, dépendance sensitive aux conditions initiales), les théories morphologiques ne contribuent en rien ou que peu à nous rendre comme « maîtres et possesseurs de la nature », selon la fameuse formule de Descartes. Cette infirmité pratique, maintes fois soulignée, ne saurait être un motif suffisant pour les rejeter. Avant d'être un signe d'immaturité ou d'imperfection, l'inefficacité pratique des théories morphologiques marque en réalité les limites d'une appartenance. Ces théories s'inscrivent en marge de l'univers techno-scientifique dont elles brisent la plupart des idoles. Elles n'ont pas pour objectif premier et unique l'exploitation et la domination du monde, ni le calcul ou la prédiction des phénomènes. Elles ne partagent pas le dogme de l'action efficace, et récusent cette conception qui réduit « la science à n'être qu'un ensemble de recettes qui marchent ». Elles se refusent à admettre que l'homme ne soit pas intellectuellement « dans une situation supérieure à celle du rat qui sait que lorsqu'il appuie sur un levier, la nourriture va tomber dans son écuelle [73] ». « Au fond, dit Jean Largeault, [Thom] *n'est pas fâché* que sa théorie se prête mal aux souillures des applications quantitatives. Il met plus haut la gratuité, la spéculation et la compréhension qualitative des processus étudiés [74]. » Les théories morphologiques se rat-

71. *Cours de philosophie positive*, 2ᵉ leçon, p. 45.
72. Christian Vidal dans P. Bergé, Y. Pomeau et C. Vidal., *L'Ordre dans le chaos*, p. 289.
73. R. Thom, *Prédire n'est pas expliquer*, p. 130.
74. *Philosophie de la nature 1984*, p. 115 note 25.

tachent en fait, par leur esprit, à une tradition plus ancienne, une tradition au sein de laquelle science ne rimait pas nécessairement avec action efficace, mais bien plutôt avec saisie spéculative du réel, avec approche rationnelle et conceptuelle du monde. Les théories morphologiques célèbrent ainsi à leur manière les retrouvailles de la science et de la philosophie. Elles constituent même les linéaments de ce qui pourrait devenir, à terme, la philosophie de la Nature des Temps modernes.

Chapitre 4

Les retrouvailles de la science et de la philosophie

L'idée même de rapprocher la science de la philosophie peut paraître déplacée voire même intenable, surtout à notre époque. Attribuer une dimension philosophique à des théories scientifiques n'est-ce pas, en effet, leur ôter du même coup toute scientificité ? La science telle que nous la connaissons et la pratiquons n'a-t-elle pas commencé à progresser de manière sûre et reconnue à partir du moment, précisément, où elle s'est libérée de l'emprise de la philosophie ? Vouloir la ramener dans les parages de la philosophie n'est-ce pas vouloir faire retour à une époque aujourd'hui révolue ? La science actuelle, pour son bonheur, a depuis longtemps acquis son autonomie et n'a absolument plus rien à attendre ni à apprendre de la philosophie. L'une et l'autre correspondent à deux démarches diamétralement opposées et par conséquent irréductibles de l'esprit humain. Aux scientifiques, l'étude du concret, aux philosophes, la spéculation et les principes généraux. Associer science et philosophie, c'est un peu comme vouloir marier l'eau et le feu. Une science philosophique ou une philosophie scientifique c'est au fond la même chose qu'un cercle carré ou du fer en bois, une contradiction dans les termes. Il y a bien, à vrai dire, une façon d'essayer de concilier l'inconciliable. Il est assez fréquent en effet, et c'est une coutume qui se répand de plus en plus, de voir les scientifiques sortir de leurs laboratoires, et nous dire comment ils voient le monde, « ce qu'ils croient ». Ils semblent avoir acquis, du fait de leur « savoir » dans leur spécialité, une sorte de sagesse qui leur confère une autorité intellectuelle et un droit moral les autorisant à parler sur tous les sujets. Ils s'expriment sur le sens ou le non-sens de l'existence, sur l'avenir de la planète, sur les fins dernières de l'homme, sur le hasard et la nécessité, sur l'origine et la fin de l'univers, sur la vie après la mort, ou, plus prosaïquement, sur les dangers de la technique, etc. Voudrions-nous donc dire, lorsque nous ramenons les théories morphologiques dans les parages de la philosophie, que leurs promoteurs seraient particulièrement qualifiés pour apporter des réponses à des questions de ce genre, qui sont, traditionnellement, en effet, plutôt du ressort de la philosophie ? Non, ce n'est pas de cela qu'il s'agit. Nous affirmons que leurs théories, en tant que telles, c'est-à-dire sans rien perdre de leur scientificité, sont philosophiques, ou plutôt possèdent une dimension et une orientation philosophiques essentielles. Voilà donc quelque chose de bien surprenant, qui mérite quelques explications et d'abord un bref rappel historique.

L'ancienne alliance de la science et de la philosophie

En fait, l'intolérance mutuelle de la science et de la philosophie n'a pas toujours été de mise. Pendant très longtemps, l'une et l'autre ont non seulement vécu en très bonne entente mais ont même été inséparables. Elles sont du reste apparues au même moment, chez les Grecs, il y a plus de 2 500 ans. Leur apparition a correspondu à l'émergence d'une nouvelle figure du savoir, inconnue des époques antérieures, le savoir pur ou désintéressé. « Jamais que nous sachions, dit par exemple Léon Robin, la science orientale, à travers tant de siècles d'existence, et même après qu'elle eut pris contact avec la science des Grecs, ne paraît avoir dépassé les préoccupations utilitaires ou les curiosités de détail, pour s'élever à la pure spéculation et à la détermination des principes [1]. » Les Grecs du VIe siècle avant notre ère ne cherchaient pas uniquement à transformer la nature, à tourner le cours des choses à leur avantage, mais d'abord et avant tout à comprendre le monde, c'est-à-dire à construire un système cohérent et rationnel de la totalité du réel. En s'appuyant essentiellement sur la raison, ils étaient parvenus à dégager un petit nombre de principes grâce auxquels ils pensaient pouvoir rendre

1. *La Pensée grecque et les origines de l'esprit scientifique*, rééd., Paris, A. Michel, 1973, p. 51-52.

compte de la multitude des phénomènes qui se déroulaient sous leurs yeux. Cette exigence de rationalité, tout à fait inédite, a marqué la naissance conjointe de la science et de la philosophie.

Thalès, le premier de ces philosophes savants, qui vivait entre le VIIe et le VIe siècle, soutenait par exemple qu'il y avait une chose qui était à l'origine de toutes les autres, et à laquelle toutes revenaient par corruption : l'eau. L'eau constituait, pour lui, l'élément premier et impérissable du monde ou de la nature. « Au lieu d'expliquer la diversité du réel, dit Léon Robin, par des représentations anthropomorphiques et de les rattacher [...] au mystère insondable du Chaos ou à l'obscurité de la Nuit, Thalès leur donnait pour fond et pour principe une réalité d'expérience [2]. » Thalès était parvenu à ce principe générateur, non pas à travers une spéculation abstraite qui n'aurait tenu aucun compte des données empiriques, mais en se fondant sur la considération concrète des choses et du monde. Il voyait, ou croyait voir, que tout provenait de la transformation de l'eau et revenait ensuite à l'eau, puis il a étendu « à l'ensemble des choses, par une analogie pleine de hardiesse, le résultat de cette observation [3] ». Héraclite affirmait, quant à lui, que tout était feu, les pythagoriciens que tout était Nombre, etc. Tous ces philosophes, qu'on a coutume de désigner sous le nom de « présocratiques », étaient aussi bien mathématiciens que physiciens ou astronomes. Certains d'entre eux nous ont légué des théorèmes mathématiques célèbres, comme le théorème de Thalès sur les parallèles, ou le théorème de Pythagore sur les côtés du triangle rectangle. Un peu plus tard, c'est-à-dire avec Platon, la philosophie se constituera elle-même en science à part entière. Elle deviendra même la science première et fondamentale dont dépendent toutes les autres. Pour Platon, la philosophie, qui se confond avec la dialectique, représente le faîte et le couronnement de l'édifice du savoir, les autres sciences, c'est-à-dire l'arithmétique, la géométrie, l'astronomie ou l'harmonie, n'étant qu'une sorte de propédeutique à la philosophie elle-même. D'où l'inscription qui figurait sur le fronton de l'École platonicienne à Athènes, l'Académie : que nul n'entre ici s'il n'est géomètre. La géométrie préparait l'homme à la contemplation du monde des Idées ou des essences, puisqu'elle le contraignait à opérer, ne serait-ce

2. *Ibid.*, p. 59.
3. *Ibid.*, p. 60.

qu'implicitement, une distinction fondamentale entre deux genres de réalité : les êtres sensibles, toujours en devenir, et les êtres intelligibles, toujours identiques à eux-mêmes. On sait bien en effet qu'un cercle tracé sur une feuille, même avec un compas, n'est jamais absolument circulaire : il présente forcément des irrégularités ; il est en outre sujet à l'altération et à la corruption. Le cercle des géomètres, en revanche, est une figure parfaite, absolument conforme à sa définition, et éternellement semblable à elle-même. La pratique de la géométrie obligerait donc, c'est ce que pensait Platon, à distinguer deux mondes, un monde sensible ne coïncidant jamais avec lui-même, et un monde intelligible peuplé d'essences immuables. Chez Aristote, la philosophie est également une science, la science des premiers principes et des premières causes. Les autres sciences, et notamment la physique, lui sont subordonnées, ainsi qu'il ressort de l'opposition établie par le Stagirite entre la philosophie première d'une part, et la philosophie seconde d'autre part. La philosophie première, qu'on appellera plus tard la « métaphysique », désigne la science de l'être en tant qu'être. Elle ne traite pas de l'être en tant que « nombres, lignes ou feu [4] », mais de l'être en tant que tel et de ses déterminations les plus générales. La philosophie seconde, qui correspond à la physique, est la science de la nature (notre mot de « physique » vient du grec *phûsis*, qui signifie nature). Elle est dite *seconde*, car elle n'étudie pas l'être en général, l'être en tant qu'être, mais un genre particulier de l'être, en l'occurrence l'être naturel. C'est une ontologie régionale qui reçoit ses principes de la métaphysique, et en est donc indissociable. Un peu plus tard encore, à l'époque hellénistique, chez les philosophes du Portique (les stoïciens) comme chez ceux du Jardin (épicuriens), la physique est, avec la logique et l'éthique, une des trois parties de la philosophie. Ce bref retour aux sources de la civilisation occidentale nous montre donc que la science et la philosophie, « indissolublement unies aux premiers temps de la pensée grecque [...] sont toujours restées étroitement solidaires [5] » dans la suite de leur développement.

Mais il n'est même pas nécessaire de remonter aussi loin dans l'histoire pour trouver des exemples d'une telle solidarité. À l'époque classique, c'est-à-dire au XVIIe siècle, la physique était

4. Aristote, *Métaphysique* Γ, 2, 1004 *b* 6.
5. L. Robin, *La Pensée grecque et les origines de l'esprit scientifique*, p. 15.

encore conçue comme une philosophie, et plus précisément comme une philosophie de la Nature. Le traité dans lequel Newton expose sa dynamique et sa théorie de la gravitation s'intitule *Principes mathématiques de la philosophie naturelle*, Descartes démontre les lois du mouvement (lois du choc) dans ses *Principes de la philosophie*. Au XVIIIe siècle, les physiciens philosophes n'étaient pas rares : on pourrait citer Euler, Bernoulli, d'Alembert, etc. On peut même considérer que « la physique se développa comme philosophie de la nature jusqu'au début de ce siècle. J. C. Maxwell appartient à cette tendance. A. N. Whitehead, Thomson, et Tait à la fin du XIXe siècle et au début du XXe ont été des théoriciens de la philosophie de la nature [6] ». Le mathématicien Henri Poincaré, les physiciens Eddington et Einstein ne considéraient pas, par exemple, que la science doive être coupée de la philosophie. Le problème positiviste ou néo-positiviste de la démarcation entre énoncés scientifiques vérifiables (Carnap) ou réfutables (Popper) d'une part et énoncés métaphysiques (vides de sens) d'autre part leur était étranger. Einstein « ne s'arrêtait pas à se demander si un problème (ressortissait) à son domaine ou s'il (fallait) en laisser la solution au philosophe [7] ». La séparation radicale de la science et de la philosophie est en fait un phénomène relativement récent. Elle ne s'est réellement opérée qu'à partir des années 1930, même si les prémices remontent à une époque plus ancienne, et peuvent être repérés dès le XVIIe siècle, voire même avant. Plusieurs facteurs sont ici intervenus, parmi lesquels les trois suivants ont probablement été déterminants [8] :

– En premier lieu, « le développement de la mécanique quantique elle-même, science descriptive et prédictive plutôt qu'explicative », dont les notions premières sont, comme nous l'avons vu, fondamentalement obscures. La mécanique quantique constitue l'exemple même d'une science non philosophique ou plutôt aphilosophique, d'une science dont le projet véritable tourne le dos à la compréhension du monde, et se résume à l'accroissement de nos moyens d'action sur le réel.

– En second lieu, « la diffusion du positivisme chez les scientifiques eux-mêmes ». « Le fameux *hypotheses non fingo*... a été compris, dit Thom, [...] comme indiquant que ce qui importe

---

6. Cf. J. Largeault, *Philosophie de la nature 1984*, p. 38.
7. Cf. J. Largeault, *ibid.*, p. 38.
8. Nous suivons ici l'analyse de J. Largeault, *ibid.*, p. 38 sq.

avant tout en science, c'est la recette qui marche. Et tant pis si on ne sait pas pourquoi cela marche [9]. » Impressionnés par le succès de la mécanique quantique, et encouragés par la doctrine des positivistes, les scientifiques ont cru ou voulu croire que leur but serait atteint s'ils fournissaient des recettes permettant une action efficace, dussent-elles n'avoir aucun fondement théorique satisfaisant. D'où la prolifération des recherches expérimentales à laquelle on assiste aujourd'hui et qui, selon Thom, n'ont bien souvent d'autre motivation que l'espoir d'apporter une pierre minuscule, la plupart du temps bien vite oubliée, à l'édifice du savoir.

– En troisième lieu, l'attitude des philosophes eux-mêmes qui « laissèrent systématiquement aux scientifiques la connaissance du monde extérieur pour se tourner vers la logomachie, l'intériorité, la critique du langage [10] ». D'après les néo-positivistes, la philosophie doit abandonner l'étude de la nature aux scientifiques et à leurs méthodes, et se consacrer à l'analyse de la connaissance scientifique et du langage en général. Les néo-positivistes se sont donc lancés dans un vaste programme de formalisation des théories scientifiques, et d'abord de la physique. Leur but était de parvenir à éliminer tout résidu « métaphysique » des sciences positives. La logique formelle leur fournissait, du moins l'espéraient-ils, l'instrument pour discerner sans ambiguïté les propositions et les concepts ayant un sens (*i.e.* pouvant être mis en rapport avec les données de l'observation) de ceux qui n'en avaient pas. Mais ce programme s'achoppa, selon certains, à l'inconsistance. « La dichotomie, explique ainsi J. Largeault, que Carnap voulut établir entre un vocabulaire de termes théoriques et un vocabulaire de termes concrets et empiriques se révéla ineffectuable ou bien en porte-à-faux [...]. La volonté de précision aboutit à des paradoxes et à des contradictions [11]. » Le physicien Werner Heisenberg ne pensait pas autre chose : « Pour le positiviste, disait-il en visant clairement Wittgenstein, [...] le monde se divise en ce que l'on peut dire clairement et ce sur quoi on doit se taire [...]. Mais c'est au fond la philosophie la plus absurde. Car presque rien ne peut être dit clairement. Si l'on élimine tout ce qui n'est pas clair, il ne

9. « La Science en crise? », *op. cit.*, p. 38.
10. J. Largeault, *Philosophie de la nature 1984*, p. 39.
11. *Ibid.*, p. 39.

subsistera probablement que des tautologies entièrement dépourvues d'intérêt [12]. » Dans cette critique, Thom n'est pas en reste puisqu'il n'hésite pas à déclarer que le programme des néopositivistes et de la philosophie analytique « débouche le plus souvent sur des arguties logiques sans intérêt, dont se moquent les praticiens des disciplines considérées (et ceci non sans bonne raison) [13] ».

Si cette analyse est correcte, les scientifiques et les philosophes ont donc chacun leur part dans le divorce aujourd'hui consommé de la science et de la philosophie. Cette séparation n'a pas simplement désuni ce qui était autrefois inséparable : elle a eu pour principal effet de vider le projet scientifique lui-même de son sens, du moins s'il est vrai qu'« on ne voit pas ce que pourrait être une science sinon la philosophie elle-même [14] ». On pressent alors l'intérêt majeur que revêt la constitution des théories morphologiques. Celles-ci ne se contentent pas de resserrer des liens aujourd'hui distendus entre la science et sa plus ancienne compagne, mais réconcilient d'abord et avant tout la science avec elle-même. Ce rapprochement avec la philosophie ne saurait être interprété, bien évidemment, comme un aveu d'impuissance au regard de la techno-science, une sorte de position de repli en attendant des jours meilleurs, mais traduit d'abord et avant tout un souci de rationalité. Mais attention ! En parlant de retrouvailles de la science et de la philosophie, nous ne voulons pas dire que les théories morphologiques seraient, en tant que telles, des doctrines philosophiques, ce qui serait absurde. Nous affirmons seulement que ces théories reprennent à leur compte, en tant que disciplines scientifiques, certains traits de la pensée philosophique traditionnelle. Ce sont ces traits, et plus particulièrement deux d'entre eux : la dimension théorique ou contemplative (le mot *theoria* veut dire en grec contemplation) d'une part, et la visée encyclopédique d'autre part, que nous allons maintenant explorer.

---

12. *La Partie et le tout, Le Monde de la physique atomique*, 1re éd. 1972, rééd. Paris, Flammarion, coll. « Champs », n° 215, 1990, p. 290. Wittgenstein écrit notamment : « Ce dont on ne peut parler, il faut le taire », *Tractatus logico-philosophicus*, proposition 7.
13. « Vertus et dangers de l'interdisciplinarité », *Apologie du logos*, p. 640.
14. R. Thom, « La Science malgré tout... », *op. cit.*, p. 77.

Le primat de la compréhension sur l'action

On peut assigner, avec René Thom, deux buts fondamentaux à la science : l'action ou la connaissance. « S'il est légitime de considérer la totalité des activités scientifiques comme un *continuum*, dit le mathématicien, il n'en demeure pas moins que ce *continuum* a pour ainsi dire deux pôles. Un pôle regarde la connaissance pure : comprendre le réel, tel est en ce point le but fondamental de la Science. L'autre pôle concerne l'action : agir efficacement sur le réel, tel serait selon ce point de vue le but de la Science [15]. » Il y a au fond deux types de sciences. Certaines sont très efficaces mais n'accroissent pas notre compréhension du monde : c'est le cas de la mécanique quantique et de la techno-science en général. D'autres rendent au contraire le réel plus intelligible, mais ne nous permettent pas d'agir sur lui : c'est le cas des théories morphologiques et de toutes les théories qualitatives en général. On peut bien sûr imaginer tous les stades intermédiaires, c'est-à-dire le cas de sciences moyennement efficaces, et moyennement intelligibles. Dans cette zone intermédiaire, se situeraient toute une série de disciplines, qui vont de la chimie à la sociologie en passant par la biologie et la médecine.

Le principal mérite de cette classification réside dans sa bipolarité même. Elle brise en effet une épistémologie, que Thom considère comme « à courte vue », et d'après laquelle « pour agir efficacement, il est nécessaire de comprendre [16] ». Cette épistémologie est celle des positivistes qui répètent à l'envi, à la suite d'Auguste Comte : « science d'où prévoyance, prévoyance d'où action ». C'est une position qui paraît au premier abord très naturelle et parfaitement respectable, mais qui, à regarder de plus près, se révèle fort contestable. En effet, « il se peut qu'on comprenne fort bien une situation, mais qu'on n'en soit pas moins incapable d'agir sur elle (exemple : la situation du monsieur surpris dans sa maison par une inondation, et qui, réfugié

15. « Les Buts de la science », *op. cit.*, p. 114.
16. *Ibid.*, p. 114.

sur le toit, voit la crue s'accroître et le submerger). Inversement, qu'on puisse parfois agir efficacement sur le réel sans comprendre les raisons de cette efficacité, on pourrait dire, presque sans exagération, que toute la médecine contemporaine en est une preuve. Car les cas sont bien rares où le mode d'action d'un médicament a pu recevoir une explication satisfaisante au niveau " fondamental " qu'est celui de la Biologie moléculaire [17] ». L'exemple de l'aspirine en constitue sans doute la meilleure preuve. C'est un médicament qui n'a pas été découvert au prix de recherches longues et laborieuses dans un laboratoire moderne, mais de manière très empirique, presque par hasard. On avait constaté depuis longtemps que les douleurs rhumatismales augmentaient par temps humide. D'où l'idée qui a germé chez les penseurs magiques des XVe et XVIe siècles, comme Paracelse, que, pour guérir ces douleurs, il fallait utiliser des plantes qui supportaient très bien l'eau. Or il se trouve que les saules ont précisément cette propriété. Les médecins réalisèrent donc des décoctions de feuilles de saules et se sont aperçus qu'elles étaient efficaces contre les douleurs rhumatismales. C'est ainsi que serait né l'acide salicylique (saule vient du latin *salix*). « Je ne sais pas, dit Thom, ce que vaut cette théorie, mais c'est un exemple clair, qui montre comment des idées, *a priori* aberrantes, peuvent néanmoins conduire à des résultats concrets. L'aspirine est, après tout, l'un des meilleurs médicaments dont on dispose, et dont la diffusion est quasi universelle [18]. » Ce médicament est efficace dans bon nombre d'affections, mais la raison profonde de cette efficacité reste bien mystérieuse. Nous la constatons, mais nous ne l'expliquons pas.

Pour apprécier la portée de l'opposition thomienne des pôles action et compréhension de la démarche scientifique, il convient de la replacer dans un cadre plus général, celui de la problématique du local et du global. « L'action vise essentiellement, dit Thom, à résoudre les problèmes locaux, alors que la compréhension vise l'universel, donc le global. » Mais « par un paradoxe apparent, ajoute-t-il, les problèmes locaux exigent pour leur solution des moyens non locaux ; alors que l'intelligibilité, elle, exige la réduction du phénomène global à des situations locales typiques, dont le caractère prégnant les rend immédiatement compréhen-

---

17. *Ibid.*, p. 114-115.
18. *Prédire n'est pas expliquer*, p. 33.

sibles [19] ». Toute action suppose une visée au-delà du phénomène. Agir, c'est toujours se projeter au-delà du donné immédiat. Considérons l'action élémentaire suivante : j'allume la lampe placée sur mon bureau. Pour allumer la lampe, j'actionne l'interrupteur. Cette action est locale, puisqu'elle se porte en un point déterminé de l'espace-temps, en l'occurrence l'interrupteur, situé à un endroit précis à un moment précis. Si tout fonctionne normalement, cette action a des répercussions non locales puisqu'elle se propage de proche en proche. La fermeture de l'interrupteur provoque le passage du courant dans le fil électrique, qui entraîne un échauffement du filament à l'intérieur de l'ampoule, qui fait jaillir la lumière. Cette analyse se généralise aisément jusqu'aux situations les plus complexes. Toute action opère un passage du local au global. L'action efficace, la seule intéressante en pratique, est celle pour laquelle ce passage est rigoureusement contrôlé. Ce contrôle suppose bien évidemment que l'on puisse anticiper le cours des choses, c'est-à-dire que l'on puisse prédire ce qui va se produire si l'on agit de telle ou telle manière.

La compréhension opère, à l'inverse, le passage du global au local. Elle requiert, dit Thom, « la concentration du non-local en une structure locale ». C'est la raison pour laquelle « une théorie non locale ne peut être tenue pour scientifique au sens strict du terme : nous ne connaissons et agissons que localement [20] ». Cette exigence de localité peut surprendre au premier abord. Elle revient en effet à exclure du domaine scientifique des théories aussi éprouvées que la théorie de la gravitation de Newton, la théorie de l'électromagnétisme classique, ou la mécanique quantique elle-même. Faisant intervenir des actions à distance, ces théories sont non locales, et par conséquent, au dire de Thom, non scientifiques. Elles sont sans aucun doute efficaces, mais leur efficacité tient plus au fond de la magie que de la science, même s'il s'agit d'une magie aux manifestations parfaitement maîtrisées. « Les objections, affirme Thom, que les critiques adressaient à Newton en son temps restent pour moi encore valables aujourd'hui. Au point que, de nos jours encore, on essaye de mettre en évidence des ondes gravitationnelles qui se propagent [21]. » Ces objections portaient sur le concept d'action à distance qui s'in-

19. « Les Buts de la science », *op. cit.*, p. 115.
20. *Paraboles et catastrophes*, p. 123.
21. *Ibid.*, p. 93.

troduisait dans l'analyse newtonienne de la gravité. Cette notion paraissait incompréhensible, et Newton lui-même était bien conscient des difficultés qu'elle enfermait. « Il est inconcevable, disait-il, que la matière brute inanimée puisse, sans médiation de quoi que ce soit d'autre de non matériel, opérer sur d'autre matière et l'affecter sans contact mutuel. Que la gravitation soit innée, inhérente et essentielle à la matière en sorte qu'un corps agisse sur un autre à distance à travers le vide, sans médiation de quelque chose par quoi son action et sa force sont transmises, voilà, à mes yeux, une absurdité telle que je ne crois pas qu'elle vienne à l'esprit de quiconque est doué de sens [22]. » En dépit de ces réserves, c'était pourtant bien ainsi, c'est-à-dire sous la forme d'une action à distance se propageant instantanément dans tout l'espace à travers le vide, que Newton se représentait au fond, et ses successeurs immédiats avec lui, la gravitation. Cette conception a fini par s'imposer au point qu'au XVIIIe siècle et dans la première moitié du siècle suivant « on regardait toutes les forces comme des actions à distance [23] ». Il a fallu attendre la fin du XIXe siècle et le début du XXe pour que l'on recommence à trouver à y redire. De fait, tous les progrès conceptuels majeurs de ces cent dernières années ont résulté de la localisation des théories non locales. La théorie de la relativité générale d'Einstein localise la théorie de la gravitation de Newton. Dans la théorie d'Einstein, la gravitation n'est plus l'effet de l'action d'un corps matériel sur un autre, mais de la courbure de l'espace-temps. Les corps tombent non pas parce qu'ils seraient attirés par d'autres, mais parce qu'ils suivent simplement les géodésiques de l'espace-temps, doté d'une structure riemanienne. Les mouvements ne sont plus causés par des forces, mais par des contraintes d'ordre géométrique. La matière n'est pas inerte, mais modifie la courbure de l'espace-temps qui l'entoure. Et surtout cette modification ne s'effectue pas instantanément, mais à la vitesse de la lumière. La gravitation est une « onde » qui se propage localement, de proche en proche. De la même manière, dans un autre domaine, Maxwell a localisé, en écrivant les équations qui portent son nom, la théorie électromagnétique d'Ampère. D'une manière générale, la localisation d'une théorie primitivement non locale

---

22. Lettre à Bentley du 25 février 1692, in *Opera*, éd. Horsley, Londres, 1785, p. 438 (citée par E. Meyerson, *Identité et réalité*, p. 522).
23. J. Largeault, *Philosophie de la nature 1984*, p. 161.

accroît l'intelligibilité de notre représentation du monde. Elle n'a cependant qu'un intérêt pratique généralement assez limité. Dans la plupart des applications, en effet, les approximations fournies par les théories non locales suffisent. Il y a en science, fait remarquer Thom, « une certaine antinomie entre " pratique " et " théorie ". Si la science permet une pratique, c'est par le contrôle d'éléments non locaux apparemment " magiques " ; l'explication par contact local, si elle élimine toute apparence magique, n'apporte pas en elle-même de nouvelles possibilités d'action. La théorie des catastrophes, anti-magie par excellence, pousse à l'extrême le principe de localité : c'est sans doute pourquoi elle n'offre guère de possibilités de pratiques nouvelles [24] ».

Cette localisation du global, source d'intelligibilité, peut être en réalité menée à bien de plusieurs façons. Une première possibilité consiste à introduire une ontologie concrète cachée « sous » la phénoménologie globale donnée. C'est ainsi que procède l'atomisme et le réductionnisme (interne) en général : les mouvements locaux des atomes expliquent les propriétés globales des corps. La localisation peut aussi résulter de la construction d'une structure abstraite locale « au-dessus » d'une phénoménologie. C'est cette voie qu'empruntent les théories morphologiques. La théorie des catastrophes rend compte d'une morphologie empirique, par nature globale, par l'intermédiaire d'un *logos*, qui est une structure éminemment locale. De la même façon, la théorie des fractales rend compte des formes naturelles par d'autres formes mathématiques, engendrées par des procédures récurrentes locales. La théorie des structures dissipatives et la théorie du chaos expliquent quant à elles les structures empiriques en construisant localement des systèmes dynamiques ou des attracteurs. Expliquer des formes empiriques globales par des formes géométriques locales n'accroît nullement notre pouvoir sur le monde, mais cela augmente notre sentiment d'intelligibilité. Les théories morphologiques ne produisent pas de nouvelles morphologies, mais fondent les morphologies existantes, dont elles ne maîtrisent pas ou peu l'apparition, dans l'être, c'est-à-dire les déduisent d'une structure mathématique (singularité d'un potentiel, système dynamique) logiquement et ontologiquement première. Elles réhabilitent ce faisant un vieux thème, récusé par

---

24. *Modèles mathématiques de la morphogénèse*, 2e éd., p. 137.

l'idéologie néo-positiviste, selon lequel « toute connaissance est connaissance par les causes ». Elles expliquent le donné phénoménal en remontant aux causes qui lui ont donné naissance, non pas bien sûr aux causes efficientes, qui jouent dans le même espace que la morphologie étudiée, mais aux causes formelles, qui sont les seules vraiment rationnelles. D'une façon générale, elles placent plus haut la contemplation que l'action, « audace énorme en un siècle où la recherche est cadastrée, soumise à des impératifs de rendement ou à des routines administratives [25] ». Animées par le seul désir de comprendre le monde, d'y voir à l'œuvre des rationalités nouvelles, elles rappellent la science à sa vocation théorétique essentielle. Elles renouent par là même avec une des préoccupations majeures de la philosophie, et leurs promoteurs n'hésitent pas, du reste, à se placer sous les auspices de philosophes qui ont cessé depuis longtemps, il faut bien l'avouer, d'être une référence obligée des auteurs de traités scientifiques. « Descartes, dit par exemple Thom, avec ses tourbillons, ses atomes crochus, etc. expliquait tout et ne calculait rien. Newton avec la loi de la gravitation en $1/r^2$, calculait tout et n'expliquait rien. L'histoire a donné raison à Newton et relégué les constructions cartésiennes au rang des imaginations gratuites et des souvenirs de musée. Certes le point de vue newtonien se justifie pleinement du point de vue de l'efficacité, des possibilités de prédiction, donc d'action sur les phénomènes [...]. (Mais) les esprits soucieux de compréhension, ajoute-t-il, n'auront jamais, à l'égard des théories qualitatives et descriptives, des présocratiques à Descartes, l'attitude méprisante du scientisme quantitatif [26]. » En préférant Descartes à Newton, Thom prend non seulement le contre-pied de l'orthodoxie contemporaine – ce qui, après tout, n'est certainement pas pour lui déplaire –, mais choisit d'abord et avant tout le parti de l'intelligibilité.

La visée encyclopédique

Les théories morphologiques ne se rattachent pas seulement à la tradition philosophique par ce primat accordé à la *theoria*,

25. J. Largeault, *Philosophie de la nature 1984*, p. 143.
26. *Stabilité structurelle et morphogénèse*, p. 5-6.

mais également par leur visée encyclopédique. Elles ont une prétention à l'universalité : « Je suis, déclare Thom, un topologue universel [27]. » « Nos modèles, ajoute-t-il, attribuent toute morphogenèse à un conflit, à une lutte entre deux ou plusieurs attracteurs ; nous retrouvons ainsi les idées vieilles de 2 500 ans des premiers présocratiques, Anaximandre et Héraclite. On a taxé ces penseurs de confusionnisme primitif, parce qu'ils utilisaient des vocables d'origine humaine ou sociale comme le conflit, l'injustice [...] pour expliquer les apparences du monde physique. Bien à tort selon nous, car ils avaient eu cette intuition profondément juste : *Les situations dynamiques régissant l'évolution des phénomènes naturels sont fondamentalement les mêmes que celles qui régissent l'évolution de l'homme et des sociétés*, ainsi l'usage des vocables anthropomorphiques en Physique est foncièrement justifié [28]. » Les morphologies naturelles ou physiques obéissent aux mêmes lois que les morphologies humaines ou sociales. Les unes et les autres résultent de situations mathématiques comparables, par exemple de la scission d'un attracteur en deux ou plusieurs autres qui entrent en conflit sur un même espace substrat. De ce point de vue, Héraclite avait raison de dire que « le combat *(polémos)* est le père de toutes choses », ou Anaximandre que les choses « s'administrent les unes aux autres châtiment et expiation pour leur scélératesse, selon le temps fixé ».

Le fondement de l'universalité des théories morphologiques est le principe de l'indépendance de la forme par rapport au substrat. Une même forme peut s'incarner dans deux supports différents, une même structure peut apparaître dans des systèmes composés d'éléments appartenant à des domaines hétérogènes de la réalité. Ainsi, en théorie des catastrophes, une fronce s'avère-t-elle capable de modéliser – on va le voir – aussi bien les transitions de phase en physique que le comportement d'un animal en éthologie, faisant du même coup apparaître un lien pour le moins inattendu entre des phénomènes que tout sépare *a priori*.

Le modèle des transitions de phase

Les transitions de phase sont des phénomènes relativement courants en physique. Un exemple bien connu est la vaporisation

---

27. *Prédire n'est pas expliquer*, p. 54.
28. *Stabilité structurelle et morphogénèse*, p. 327.

d'un liquide : lorsqu'on échauffe de l'eau, celle-ci s'évapore. Elle passe de l'état liquide à l'état gazeux. Un autre exemple est la fusion de la glace : lorsque la glace fond, l'eau passe de l'état solide à l'état liquide. Les physiciens appellent chacun de ces trois états de la matière (solide, liquide, gazeux) une « phase », et le passage d'un état à un autre une « transition de phase ». Ces transitions sont étudiées systématiquement dans le cadre de la thermodynamique. Parmi celles-ci, on distingue d'ordinaire celles pour lesquelles, au point de transition, les deux phases sont au contact l'une de l'autre et en équilibre, et celles pour lesquelles on passe d'une phase à l'autre sans qu'elles soient jamais en présence. Seules les transitions du premier type sont discontinues et donnent lieu à ce que Thom appelle une catastrophe.

Pour les modéliser, et plus précisément pour modéliser les transitions liquide-gaz (et réciproquement), le mathématicien Christopher Zeeman se place dans un espace à trois dimensions, dont les axes de coordonnées sont la température T du fluide, sa pression p et son volume v, ou, ce qui revient au même, sa densité (rapport de la masse sur le volume). Dans cet espace (T, p, v), la transition liquide-gaz est régie par une équation bien connue, l'équation dite de Van der Waals. Cette équation, qui généralise la loi de Boyle-Mariotte ($pV = nRT$) – valable uniquement pour les gaz parfaits – pour tenir compte des propriétés des gaz « réels », s'écrit $(p+a/v^2)\ (v-b) = rT$. Moyennant quelques transformations, on peut montrer que cette formule détermine une surface qui a, dans l'espace (T, P, v), l'allure d'une fronce (connue sous le nom de surface de Riemann-Hugoniot). Cette fronce est le lieu des minima d'un certain potentiel en v^4, que Zeeman assimile au centre organisateur d'une catastrophe. Les deux nappes de la fronce correspondent respectivement aux phases liquide et gazeuse du fluide. Ce modèle fait jouer à la température et à la pression le rôle de variables de contrôle, et à la densité celui de variable de comportement. Cela veut dire que, lorsqu'on fixe la température et la pression, le système réagit en modifiant sa densité. La température et la pression sont, dans la terminologie de Zeeman, des facteurs conflictuels *(conflicting factors)* : une augmentation de la température provoque une diminution de la densité, alors qu'un accroissement de la pression entraîne l'effet inverse.

Lorsqu'on se meut sur le plan de contrôle, le point repré-

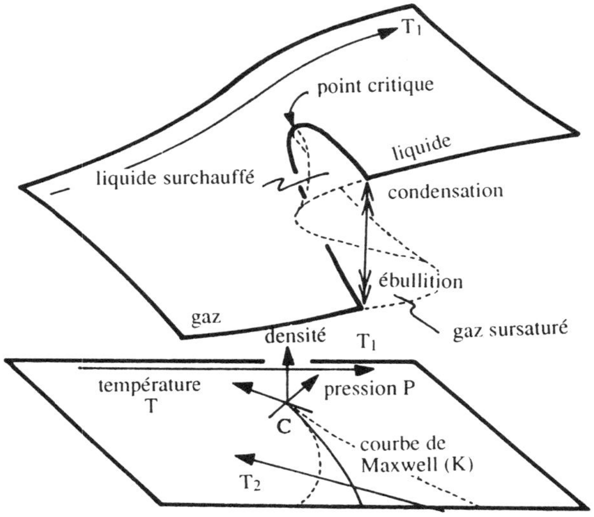

La modélisation catastrophiste des transitions de phase

sentatif de l'état du système (la densité) se déplace sur la fronce. Le point de rebroussement de la parabole semi-cubique, obtenue par projection des rebords de la nappe intermédiaire sur le plan de contrôle, est le point critique, au sens de la thermodynamique, du fluide. Si on le contourne (trajet T_1), la transition de phase s'effectue continûment. On passe insensiblement ou graduellement de l'état gazeux à l'état liquide et réciproquement. Ainsi, à une température et à une pression suffisamment élevées, l'eau se vaporise sans ébullition, et la vapeur se liquéfie sans condensation. Ce point critique *C* est la projection, sur le plan de contrôle, de la singularité dégénérée organisatrice de la catastrophe.

Suivons maintenant un trajet passant au-dessous du point critique : par exemple, le trajet T_2 correspondant à une augmentation continue de la température à pression constante [transformation isobare]. Tant qu'on ne franchit pas la ligne *K* tracée sur le plan de contrôle, le point représentatif de l'état du système demeure sur la nappe supérieure : le corps se réchauffe en restant à l'état liquide. Mais dès qu'on la traverse, le point représentatif de l'état du système saute brusquement sur la nappe inférieure. Le liquide se change alors catastrophiquement en gaz. La ligne *K* est l'ensemble des points d'équilibre liquide-gaz dans le diagramme de phases température-pression (plan de contrôle). On peut montrer qu'elle correspond à l'ensemble des points pour lesquels le potentiel associé présente deux minima absolus égaux : c'est l'ensemble de catastrophe dans la convention de Maxwell.

La justification physique de l'emploi de cette convention dans le cas présent réside dans le fait que la température et la pression sont des valeurs moyennes, et ne sont donc définies qu'approximativement. La température et la pression réelles en une petite région du fluide fluctuent sans cesse autour de cette valeur moyenne. Ces variations font que le système peut sauter brusquement d'un minimum local du potentiel à un autre, inférieur en valeur absolue, et par conséquent plus stable.

Dans certains cas, la catastrophe de conflit (c'est-à-dire la transition de phase) peut être retardée. C'est ce qui se produit lorsqu'on sursature un gaz ou surchauffe un liquide. De l'eau très pure maintenue à la pression atmosphérique peut, par exemple, être portée doucement à 200° sans bouillir. À cette température, l'ébullition se déclenche catastrophiquement, en faisant entendre une détonation semblable à celle d'un coup de pistolet. Les états métastables ont longtemps été utilisés par les physiciens pour mettre en évidence les trajectoires des particules dans les chambres à bulles. Dans le modèle catastrophiste, la transition de phase à partir d'un état métastable correspond au saut du point représentatif de l'état du système du bord d'une nappe de la fronce à l'autre.

L'intérêt de ce modèle est double : tout d'abord il est directement rattaché à une équation physique (l'équation de Van der Waals), et permet donc en principe le calcul et la prédiction. En second lieu, il illustre la notion thomienne de conflit : l'état liquide et l'état gazeux sont deux états attractants du système qui se partagent chacun un domaine du diagramme des phases, et donnent naissance, à leur voisinage, à un front d'onde, représenté par la courbe de Maxwell.

Le modèle de l'agressivité du chien

Le modèle de la fronce est utilisé dans d'autres domaines, et d'abord en éthologie, où C. Zeeman l'a repris pour formaliser certains comportements animaux, comme celui de l'agressivité du chien. Zeeman est parti, pour construire son modèle, des travaux du psychologue autrichien Konrad Lorenz. Ce prix Nobel de médecine (1973) avait montré, dans son livre sur l'agression [29], que l'agressivité d'un chien dépendait de deux facteurs indépendants et antagonistes : la peur et la colère, liées à des expressions faciales caractéristiques. La peur « tire les oreilles et les commissures des lèvres en arrière, tandis que l'agressivité fait retrousser la lèvre supérieure et ouvrir la gueule [30] ». La peur et la colère sont des motivations conflictuelles qui induisent chacune un comportement contraire. La première suscite un mouvement de fuite et diminue la propension à l'agressivité, alors que la seconde l'augmente. Lorsque l'une ou l'autre seulement de ces motivations est présente chez un animal, son comportement est assez facilement prévisible. Le problème se pose lorsque l'une *et* l'autre se rencontrent simultanément. La coexistence de ces deux tendances chez un chien est à l'origine d'un conflit dont il est bien difficile de prévoir l'issue. Si la peur et la colère sont aussi fortes l'une que l'autre, par exemple, il est peu probable qu'elles s'annuleront, et que le chien restera immobile. Il fuira ou attaquera beaucoup plus sûrement, mais il est pratiquement impossible de prévoir *a priori* quelle attitude prévaudra. Konrad Lorenz exprime cette imprévisibilité en termes d'équiprobabilité. La mimique d'un chien où « la colère et la peur se partagent à parts sensiblement égales [...] doit être suivie, dit-il, dans environ la moitié des cas, d'agression, et dans l'autre moitié, de fuite [31] ». En d'autres termes, pour un même état de peur et de colère, deux comportements antagonistes sont *a priori* possibles. Le comportement du chien est donc, pour certaines valeurs de la peur et de la colère, bimodal.

Pour rendre compte de cette bimodalité, et des changements brutaux de comportement qu'elle induit chez l'animal, Zeeman utilise la catastrophe de la fronce. Il choisit comme variables de contrôle les deux facteurs antagonistes de la peur et de la colère (qu'on notera respectivement u et v) et comme variable de comportement, l'agressivité du chien (x). Plus précisément, car on ne peut parler du comportement agressif d'un chien qu'en termes de probabilité, il interprète la variable x, non pas comme un degré d'agressivité ou d'attaque, ce qui n'aurait guère de sens,

---

29. K. Lorenz, *L'Agression : une histoire naturelle du mal*, 1re éd. 1963, tr. fr. V. Fritsch, rééd. Paris, Flammarion, coll. « Champs », n° 20, 1977.
30. *Ibid.*, p. 99.
31. *Ibid.*, p. 100.

mais comme la probabilité (obtenue au cours d'observations répétées) pour que le chien ait, dans une situation donnée, un comportement agressif. Lorsque x croît, la probabilité pour que le chien attaque croît ; lorsque x décroît, la probabilité pour qu'il s'enfuie augmente.

Lorsqu'on se déplace sur le plan de contrôle, le point représentatif du comportement de l'animal se déplace sur la variété des équilibres (la fronce). Au voisinage de l'origine, le comportement du chien est neutre. Lorsque la peur (resp. la colère) domine, la probabilité pour qu'il batte en retraite (resp. attaque) est forte. À l'intérieur de la parabole semi-cubique K, son comportement est bimodal. Il y a catastrophe de fuite ou d'attaque selon que l'on franchit, dans le plan de contrôle, l'une ou l'autre des branches de la parabole. Lorsqu'on suit le trajet T, par exemple, qui correspond à une diminution continue de la peur doublée d'une augmentation continue de la colère, il viendra un moment où le chien finira, après avoir été dominé par une propension à la fuite, par changer brutalement d'attitude, et passera à l'attaque (en M).

Le modèle permet également de formaliser l'imprévisibilité des réactions de l'animal dans certaines circonstances. Ainsi, les trajets T_1 et T_2 sur le plan de contrôle, pourtant très voisins, se concluent, le premier, par un comportement agressif, le second par un comportement de fuite. La scission de la variété des

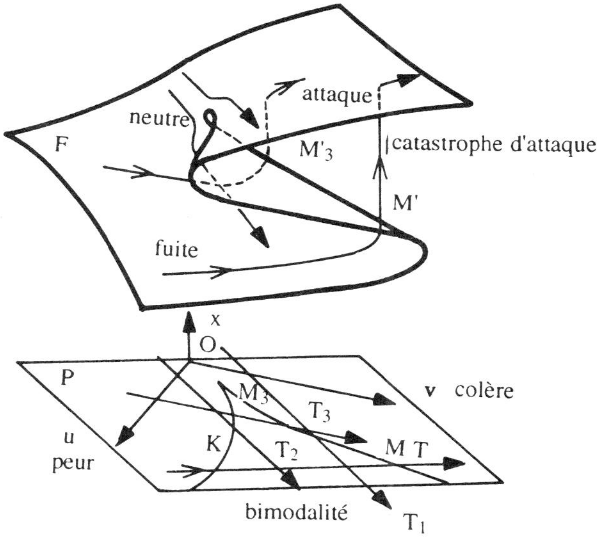

Le modèle catastrophiste de l'agressivité du chien

équilibres (la fronce) en deux nappes superposées est l'explication mathématique de cette ambivalence. Selon que l'on chemine d'un côté ou de l'autre du point de rebroussement de la parabole dans le plan de contrôle, l'animal adoptera une attitude diamétralement opposée.

Le modèle a, selon Zeeman, des vertus prédictives, mais qui restent d'ordre qualitatif. Considérons par exemple le trajet T_3 dans le plan de contrôle. Son point de départ est une situation dans laquelle le chien est apeuré et donc prêt à s'enfuir. « Si on augmente la colère de l'animal, dit Zeeman, par exemple en s'approchant trop près de lui, alors il commencera à montrer les dents, mais il restera apeuré jusqu'à ce que le point (M_3) soit atteint. À cet instant, il atteint le bord de la nappe inférieure, et donc la stabilité de sa propension à la fuite s'effondre, et il sautera soudain " catastrophiquement " sur la nappe inférieure avec une propension à l'attaque [32] ». En généralisant cette conclusion, on peut affirmer qu'un « chien apeuré, dans une situation telle que sa colère augmente sans cesse, peut attaquer brusquement [33] ». Inversement (cf. le trajet T_2), « si un chien enragé est progressivement apeuré, il pourra cesser d'attaquer et battre en retraite [34] ». Pour formuler des prédictions plus précises, il faudrait pouvoir rattacher le comportement de l'animal au « mécanisme neuronal sous-jacent [35] », ce qui permettrait de quantifier le modèle. Mais la connaissance de ce mécanisme est malheureusement encore très largement hors de portée.

La fronce, modèle transdisciplinaire

Nous voyons donc, sur ces deux exemples, comment une même forme, en l'occurrence une fronce, parvient à modéliser des processus de nature très différente. Ce modèle s'applique en réalité à une vaste classe de phénomènes appartenant à des registres très divers. Il fonctionne dès lors que les phénomènes considérés présentent un certain nombre de caractéristiques formelles bien précises :

---

32. *Ibid.*, p. 8.
33. C. Zeeman, cité par H. Sussman et R. Zahler, « Catastrophe theory as applied to the social and biological sciences : a critique », *op. cit.*, p. 130.
34. H. Sussman et R. Zahler, *art. cit.*, p. 130.
35. C. Zeeman, *Catastrophe Theory – Selected Papers, 1972-1977*, p. 13.

1. Le *saut* : une variation continue de la variable de contrôle (à déterminer) donne lieu, dans certaines circonstances, à une variation discontinue de la variable de comportement (ce que Thom appelle ordinairement une catastrophe).

2. La *bimodalité* : il existe une région de l'espace de contrôle où deux comportements opposés sont *a priori* admissibles pour une même valeur des paramètres.

3. La *divergence* : deux chemins très voisins sur le substrat conduisent, partant d'un même point, à des situations totalement opposées. Une altération mineure des conditions initiales suffit à modifier considérablement le comportement ultérieur du système. C'est une nouvelle forme du phénomène de sensibilité aux conditions initiales, que nous avons déjà rencontré en théorie du chaos. « On a longtemps considéré, dit Zeeman, que le phénomène de divergence dans les sciences " inexactes " ne pourrait être modélisé mathématiquement ; mais on s'aperçoit aujourd'hui que la divergence est une propriété de systèmes stables qui peut être modélisée et prédite, et l'outil naturel qu'il faut utiliser est la théorie des catastrophes [36]. »

4. L'*hystérésis* : lorsqu'on parcourt en sens inverse le même trajet dans l'espace de contrôle, le système ne revient pas nécessairement à son point de départ. Celui-ci se détermine en fonction de son histoire. L'hystérésis est un phénomène bien connu en physique (magnétisme). Il se rencontre également dans de nombreux autres domaines (psychologie, éthologie, etc.).

5. L'*inaccessibilité* : un certain type de comportement est interdit pour certaines valeurs des paramètres de contrôle. Un morceau de fer soumis à un champ magnétique, par exemple, oscille d'un état d'aimantation à l'état d'aimantation contraire sans jamais pouvoir atteindre l'état neutre (non aimanté). De la même manière, dans un autre ordre d'idées, l'anorexique passe alternativement du jeûne à la boulimie, sans jamais pouvoir adopter une attitude normale à l'égard de la nourriture. Dans le modèle de la fronce, les états inaccessibles sont situés sur la nappe intermédiaire : le point représentatif saute directement d'une nappe extrême à l'autre.

6. La possibilité de passer indifféremment d'un point à l'autre de l'espace de contrôle ou bien de façon progressive, ou bien à travers une catastrophe (un saut).

---

36. *Ibid.*, p. 18.

Lorsqu'on rencontre l'un ou l'autre de ces phénomènes, « on doit s'enquérir des autres, dit Zeeman, et, si on les trouve, examiner si le processus peut ou non être modélisé à l'aide de la catastrophe de la fronce [37] ». Mettant en pratique ce précepte, des scientifiques se sont évertués à modéliser, à l'aide de la fronce, une multitude de phénomènes bimodaux, comme la stabilité des navires et les voilements d'Euler en physique, la différenciation cellulaire en embryologie, les battements du cœur et la transmission de l'influx nerveux en physiologie, l'anorexie mentale en psychiatrie, le comportement des foules en sociologie, l'évolution des sociétés (révolutions) en science politique, la formation des prix en économie. On pourrait naturellement multiplier les exemples à l'infini.

Le modèle de la fronce nous montre que la théorie des catastrophes a en fait un champ d'application pratiquement illimité. Elle s'intéresse à des phénomènes très divers, et tranche, de ce point de vue, avec la spécialisation du savoir qui est aujourd'hui de règle. « Thom, dit par exemple Jean Petitot, se trouve être actuellement le centre d'un réseau de discours hétérogènes (de la tectonique des plaques à la dynamique des révolutions, de l'embryogenèse aux structures symboliques) que l'interdisciplinarité n'a jamais réussi à réaliser. Et c'est peut-être précisément là l'intérêt sociologique majeur de la théorie des catastrophes, de décloisonner les disciplines, de délocaliser la pensée, de reprendre des interrogations depuis longtemps délaissées, de réarticuler des épaves de l'ontologie, divisée, brisée, morcelée par le développement techno-industriel [38]. » On pourrait dire la même chose aussi bien de la théorie des fractales, que de la théorie des structures dissipatives ou celle des attracteurs étranges. Toutes ces théories réussissent à frayer des passages « horizontaux » entre des disciplines aussi diverses que la physique et la sociologie, la chimie et l'économie, etc. Elles luttent contre l'éparpillement des savoirs en découvrant l'unité structurelle fondamentale de la nature. La source profonde de cette interdisciplinarité réside dans le pouvoir génératif des mathématiques. « La langue de l'interdisciplinarité, dit Thom, est nécessairement mathématique [...]. C'est seulement à partir du moment où un concept d'origine

37. *Ibid.*, p. 18.
38. « La Théorie des catastrophes, un événement et un avènement », *Encyclopædia universalis*, *Universalia 1978*, p. 202.

expérimentale a été mathématisé, dégagé par abstraction de son milieu d'origine, qu'il peut commencer à jouer un rôle interdisciplinaire [39]. » Les mathématiques ne sont pas, dans les théories morphologiques, un simple instrument permettant le calcul et la prédiction, mais servent à engendrer des structures abstraites (les *logoï* de la théorie des catastrophes, les objets fractals de Mandelbrot, les attracteurs des systèmes dynamiques de Ruelle). Ces structures étant très générales ne sont pas attachées à un domaine particulier de l'expérience, mais se retrouvent naturellement dans plusieurs, parfois très éloignés entre eux.

*
* *

Les analyses précédentes auront fait apparaître l'aspect profondément novateur des théories morphologiques. Celles-ci se démarquent de la techno-science dont elles récusent la volonté de maîtrise aveugle, et s'efforcent d'accroître l'intelligibilité du monde mouvant des formes. Elles tentent de mettre un terme au morcellement du travail scientifique, et de saisir l'univers dans sa globalité. Ce souci de rationalité et cette visée encyclopédique leur confèrent une dimension philosophique fondamentale. Les morphologistes ne répugnent pas, du reste, à se référer, dans leurs travaux, à des doctrines philosophiques, non pas, bien sûr, à titre d'argument d'autorité, mais parce que leurs théories apportent avec elles une certaine vision du monde. Ainsi Prigogine éprouve-t-il le besoin d'indiquer, à la fin de son essai *La Nouvelle alliance* : « Nous avons, au cours de cette étude, trouvé inspiration auprès d'un certain nombre de philosophes ; nous avons cité quelques-uns d'entre eux qui appartiennent à notre époque, tels Serres ou Deleuze, ou à l'histoire de la philosophie, tels Lucrèce, Leibniz, Bergson ou Whitehead [40]. » Ces penseurs ont en commun de parler du monde « sans soumettre leur propos au critère de ce que peut penser, légitimement (le sujet humain). Bref, il s'agit de penseurs précritiques ou acritiques ». Prigogine avoue, dans un autre passage, une dette spéciale à l'égard de la philosophie bergsonienne. Il explique que le problème sur lequel il s'est penché tout au long de sa carrière scientifique, c'est-à-dire « le problème du temps dans sa relation avec la complexité

---

39. « Vertus et dangers de l'interdisciplinarité », *op. cit.*, p. 642-643.
40. *Ibid.*, p. 387.

de la nature, a été suscité par une exigence proprement culturelle, celle qu'exprimait Bergson lorsqu'il écrivait : “ le temps est invention, ou il n'est rien du tout ”[41] ». Les structures dissipatives sont l'incarnation de ce temps-invention, de cette durée qualitative dont parlait Bergson. Thom, pour sa part, se sent proche des penseurs classiques comme Descartes ou Leibniz, et plus encore des Grecs, et notamment des présocratiques, « eux qui nous ont laissé des vues d'une si grandiose profondeur [...] probablement parce qu'à cette époque l'esprit était en contact quasi direct avec la réalité, les structures verbales et grammaticales ne s'(étant) pas interposées comme un écran déformant entre la pensée et le monde[42] ». Ces quelques citations désignent assez clairement, nous semble-t-il, l'adversaire philosophique commun des morphologistes : le subjectivisme et l'idéalisme, et plus précisément l'idéalisme transcendantal de type kantien, dont le positivisme est un des prolongements. Les morphologistes se reconnaissent dans une autre tradition intellectuelle, à la fois rationaliste et « réaliste ». Il est même, dans cette tradition, un penseur auquel ils se rattachent volontiers : c'est Aristote. « Je pense, dit par exemple Thom, que très précisément, depuis peut-être une dizaine d'années, on voit réapparaître dans la science moderne un certain nombre de thèmes et de méthodes proches de la doctrine aristotélicienne, et je salue quant à moi cette espèce de résurgence[43]. » La théorie des catastrophes reprend en effet, nous le verrons, plusieurs notions issues de l'aristotélisme, qu'elle interprète du reste très librement. La référence au Stagirite est également présente chez Prigogine, qui déclare : « On a souvent dit, et nous avons eu l'occasion de le répéter, que la science moderne est née de l'abandon de l'espace aristotélicien inspiré notamment par l'organisation et la solidarité des fonctions biologiques, pour l'espace homogène et isotrope d'Euclide. Ma théorie des structures dissipatives nous ramène vers une conception plus proche d'Aristote[44]. » Elle se retrouve chez Mandelbrot pour qui « plusieurs idées fondamentales des fractales peuvent être considérées comme des transpositions mathématiques et scientifiques de notions perdues mais puissantes qui remontent à Aristote et

---

41. *Ibid.*, p. 41.
42. *Modèles mathématiques de la morphogenèse*, 2e éd., p. 167, note 1.
43. « Aristote et l'avènement de la science moderne : la rupture galiléenne », *Penser avec Aristote*, éd. M. A. Sinaceur, Toulouse, Erès, 1991, p. 490.
44. *La Nouvelle alliance*, p. 232.

à Leibniz et qui ont imprégné notre culture, même chez ceux qui ne pensent pas être sujets à des influences philosophiques [45] ». Ces références aristotéliciennes ne sont pas, selon nous, anodines. Elles nous incitent à voir, dans les théories morphologiques, une sorte de néo-aristotélisme de type mathématique. Le préfixe néo- indique ici, comme ailleurs, l'appartenance à une tradition, et en même temps le renouvellement en profondeur de cette dernière par l'adjonction d'éléments étrangers. Ce sont les contours – et les enjeux – de ce néo-aristotélisme mathématique que nous nous proposons maintenant de dégager.

45. *The Fractal Geometry of Nature*, p. 405.

Deuxième partie

Vers un néo-aristotélisme mathématique

Chapitre 1

L'effondrement de l'aristotélisme ou le désenchantement du monde à l'aube de la modernité

Les théories morphologiques ont non seulement une dimension philosophique essentielle, mais peuvent même être considérées, avons-nous dit, comme la philosophie de la Nature des Temps modernes. Cette philosophie de la Nature ne consiste pas simplement dans une vague conception du monde, dans une représentation imprécise de l'homme et des choses, mais se rattache à un courant de pensée bien déterminé. Les théories morphologiques font revivre en effet l'image aristotélicienne et post-aristotélicienne de l'Univers, celle-là même qui s'est trouvée supplantée au XVIIe siècle avec l'apparition de la science moderne. Cette résurrection comporte un enjeu considérable, car elle pourrait, à terme, modifier radicalement non seulement le sens de l'entreprise scientifique, non seulement la vision scientifique du monde, mais aussi et surtout la situation de l'homme dans ce monde, son rapport aux choses et à lui-même. Mais avant de cerner les contours de ce *néo-aristotélisme mathématique*, nous allons présenter par contraste les traits fondamentaux de la représentation galiléo-newtonienne de la nature contre laquelle il se déploie, et qui subit peut-être ici son premier et plus profond ébranlement.

L'éviction du qualitatif dans la science moderne

La science contemporaine, et la physique en particulier, est une science quantitative, et, par conséquent, intrinsèquement non qualitative. L'éviction du qualitatif des sciences de la nature n'est pas un phénomène récent, mais remonte au XVIIe siècle, moment où la physique post-aristotélicienne a été supplantée par la physique galiléenne. La physique des scolastiques était qualitative et la forme, non pas tellement au sens de configuration extérieure, mais plutôt de structure intime, de nature essentielle, jouait un rôle prépondérant dans l'explication des phénomènes. Ainsi, le mouvement local et la trajectoire des corps s'expliquaient par leur tendance à rejoindre ou à actualiser leur forme propre [1], c'est-à-dire à rejoindre leur lieu naturel d'où ils avaient été chassés par un mouvement violent. La forme ou l'allure extérieure du mouvement n'était pas, de ce point de vue, sans signification : elle était inscrite dans la nature même du mobile : la nature de la pierre la faisait se mouvoir vers le bas, celle du feu le poussait à aller vers le haut. Avec Galilée, cette représentation d'un univers parcouru par des lignes de forces orientées s'évanouit. La forme cesse d'être un principe explicatif et n'a plus aucun pouvoir propre. Le mouvement des corps ne résulte plus de la présence d'une qualité spécifique qui chercherait à s'actualiser, mais uniquement de la gravité promue au rang de caractéristique première et universelle de la matière. Tous les corps sont graves, tous sont lourds et pesants, ce qui signifie, *a contrario*, qu'il n'y en a plus de « légers ». Tous les corps tombent, aucun ne s'élève naturellement. La chute des corps s'effectue selon une loi quantitative, celle-là même que Galilée établira en étudiant le mouvement d'une boule sur un plan incliné : l'espace parcouru par un corps en chute libre est proportionnel au carré du temps ($x = 1/2gt^2$). Tous les corps tombent, mais ces corps qui tombent ne sont pas, et c'est là le point décisif, les corps sensibles et colorés de l'expérience quotidienne. Ces corps sont bien plutôt des corps « abstraits », c'est-à-dire des corps dépouillés de l'ensemble de leurs déterminations qualitatives. Ce sont des corps archimédiens, c'est-à-dire des corps géométriques, ou plutôt géométrisés, car les figures géométriques ne sont pas pesantes et ne tombent pas. Ces corps idéalisés sont situés dans un espace lui-même idéalisé, l'espace uniforme de la géométrie, dans lequel ils se déplacent selon un mouvement lui aussi idéalisé, le mouvement uniforme. Celui-ci n'est pas, comme dans la physique

1. Cf. Aristote, *De Cælo*, IV, 3, 310 b : « La translation de chaque corps vers son lieu propre est un mouvement vers sa forme propre. »

scolastique, l'actualisation ou l'achèvement d'une forme propre, mais un état persistant du corps lui-même. Le mobile, selon Galilée, demeure dans l'état de mouvement ou de repos dans lequel il se trouve tant qu'une force extérieure ne l'oblige pas à le quitter. C'est là le fameux principe d'inertie, inconnu des anciens, sur lequel repose la mécanique moderne. Cette géométrisation et cette idéalisation de la nature seront confirmées, après Galilée, par Descartes qui affirme : « La nature de la matière, ou du corps pris en général, ne consiste point en ce qu'il est une chose dure ou pesante ou colorée ou qui touche nos sens en quelque façon, mais seulement en ce qu'il est une substance étendue en longueur, largeur et profondeur [2]. » Cette réduction de la corporéité à l'étendue est à l'origine de la physique mathématique proprement dite : « Toute ma physique, dit Descartes, n'est autre chose que géométrie [3]. » Après Descartes, le processus de dépouillement du réel se poursuivra et sera parachevé par Newton.

La matière ne conserve en effet, dans la physique newtonienne, qu'une seule propriété, plus abstraite encore que la gravité galiléenne, plus abstraite que l'étendue cartésienne, en l'occurrence la *masse*. « Je désigne, dit Newton, la quantité de matière par les mots de *corps* ou de *masse*. Cette quantité se connaît par le poids des corps [4]. » La masse est une détermination quantitative que Newton s'emploie à distinguer soigneusement du poids, même si celui-ci sert à la connaître. Alors que la masse est une propriété invariable et donc essentielle du corps, le poids est une propriété variable et accidentelle puisqu'il est relatif à la situation du corps par rapport aux corps environnants. On sait bien, par exemple, qu'un corps est plus lourd au pôle qu'à l'équateur, même si sa masse est la même. La masse est en fait un pur rapport numérique, un coefficient de proportionnalité : elle désigne le rapport constant entre le poids ou la force d'une part et l'accélération résultante d'autre part. Si l'on note par m la masse (inerte) du corps, F la force extérieure appliquée à ce corps, et a l'accélération prise par le corps sous l'effet de cette force F, on écrira $F = ma$. Cette relation est connue sous le nom de *deuxième loi fonda-*

---

2. *Principes de la philosophie*, IIe partie, art. 4.
3. *Lettre à Mersenne* du 27 juillet 1638.
4. *Principes mathématiques de la philosophie naturelle*, trad. du Chastellet, rééd. Paris, Blanchard, 1966, t. I, p. 2.

mentale de la dynamique que Newton formulait de la manière suivante : « Les changements qui arrivent dans le mouvement sont proportionnels à la force motrice, et se font dans la ligne droite dans laquelle la force a été imprimée [5]. » La masse est par ailleurs, et c'est ce qui en fait tout l'intérêt et qui est à l'origine de son succès, une grandeur additive : la masse de deux corps est égale à la somme des masses de chacun des deux corps. Ainsi réduite à la masse, la matière du monde se compose, dans le système newtonien, « d'un nombre infini de particules, séparées les unes des autres et isolées, dures et échangeables [6] ». Ces particules matérielles se meuvent dans un espace vide et homogène. Chacune est réductible à son centre de masse, tant et si bien qu'un des disciples de Newton, le Père R. Boscovich, savant et philosophe serbe (1711-1787), ira jusqu'à priver ces particules de toute étendue et les assimilera à des points géométriques (centres de force) [7]. Dans cette physique, qui est encore la nôtre, en dépit des « révolutions » relativiste et quantique qu'elle a eu à subir, la forme des corps résulte de l'assemblage des corpuscules matériels qui les composent. Ce n'est pas une propriété essentielle des corps. Elle n'est pour rien dans leur mouvement, et n'entre dans aucune des lois de la dynamique. « Les poids des corps, précise du reste Newton lui-même, ne dépendent pas de leurs formes ni de leurs textures [8] », les poids des corps, et par conséquent leurs masses. Les figures ne sont même plus à présent des modes de l'étendue, c'est-à-dire des structures géométriques douées d'une autonomie relative (triangles, cercles, intersection de plans et de cônes, etc.), ce qu'elles étaient encore chez Descartes, mais désignent simplement les trajectoires des corps. Ces trajectoires sont constituées par l'ensemble des positions successives d'un

---

5. *Ibid.*, p. 17.
6. A. Koyré, « Sens et portée de la synthèse newtonienne », *Études newtoniennes*, Paris, Gallimard, 1968, p. 34.
7. R. Boscovich, *Theoria philosophiæ naturalis reducta ad unam legem virium in Natura existentium*, Vienne, 1758. P. Duhem considère que la physique newtonienne a atteint, « sous la forme que Boscovich a fixée avec tant de clarté et de rigueur », son plein épanouissement (cf. P. Duhem, *L'Évolution de la mécanique*, Paris, Vrin, 1992, p. 26 sq.). Il faut bien reconnaître cependant que la conception de ce philosophe n'eut pas grand succès auprès des physiciens. On ne voit pas très bien, du reste, comment des centres de force, « qui ne sont que des points mathématiques, c'est-à-dire vides, peuvent néanmoins posséder de la masse » (É. Meyerson, *La Déduction relativiste*, p. 56).
8. *Principes mathématiques de la philosophie naturelle*, Livre III, trad. du Chastellet, rééd. Paris, Blanchard, 1966, t. II, p. 20.

mobile au cours de son mouvement. Ce sont des courbes paramétrées par la variable temporelle, des traces sans réelle consistance dans l'espace.

Le sens de la révolution galiléo-newtonienne

On peut sans doute s'interroger à perte de vue sur l'origine et les motivations de cette décision galiléo-newtonienne de géométriser et de quantifier à outrance la nature. Pourquoi avoir dépouillé aussi radicalement les corps de leurs déterminations qualitatives et formelles ? Pourquoi avoir substitué à la physique qualitative des scolastiques une physique incolore, inodore, dont les objets sont sans saveur ni forme ? Pourquoi avoir banni de manière aussi décisive les considérations morphologiques du champ de la science ? Ces questions nous renvoient en fait à celle, beaucoup plus fondamentale, de la cause et de la signification de la révolution scientifique du XVIIe siècle. Il s'agit là, on s'en doute, d'un problème immense, qui a été abordé de nombreuses fois et dans de multiples perspectives. Il ne saurait donc être question de vouloir l'épuiser ici, ni d'étudier ici dans le détail, à supposer que cela soit possible, toutes les explications que les philosophes et les historiens ont pu avancer. Nous allons simplement envisager une interprétation qui nous paraît prendre mieux que les autres la mesure de cette mutation radicale de l'esprit scientifique, c'est celle proposée par le philosophe des sciences Alexandre Koyré. Son analyse nous permettra *a contrario* de donner sa véritable dimension à la révolution morphologique.

Alexandre Koyré commence par rappeler que certains ont cru apercevoir dans la révolution scientifique du XVIIe siècle le fruit d'une « transformation complète de l'attitude de l'esprit humain [9] ». Dans l'Antiquité et au Moyen Âge, la forme la plus haute et en même temps la forme achevée de l'existence humaine consistait dans la vie théorétique ou contemplative, la *vita contemplativa.* L'homme se réalisait lui-même dans la contemplation des essences, dans la saisie intuitive des formes intelli-

9. A. Koyré, « Galilée et Platon », *Études d'histoire de la pensée scientifique*, Paris, Gallimard, 1973, p. 166.

gibles. « L'homme, disait par exemple Aristote, doit, dans la mesure du possible, s'immortaliser, et tout faire pour vivre selon la partie la plus noble qui est en lui [10] », c'est-à-dire vivre selon l'intellect. En contemplant le monde intelligible, l'homme échappait à la contingence et se rapprochait du divin autant qu'il lui était permis. On sait inversement le mépris relatif qui entourait, dans l'Antiquité, le travail manuel, les activités laborieuses ou artisanales, considérées comme serviles. Ce mépris était si répandu chez les Grecs que le terme même de βάναυσος « qui signifie artisan, devient, explique Pierre-Maxime Schuhl, synonyme de méprisable et s'applique à toutes les techniques : tout ce qui est artisanal ou manœuvrier porte honte et déforme l'âme en même temps que le corps [11] ». C'est précisément cet idéal de vie contemplative qui aurait disparu à l'aube de la modernité, et cédé la place à la vie active, à la *vita activa*. Le premier désir de l'homme moderne ne serait plus de connaître ou de contempler le monde mais d'agir et de transformer les choses qui l'entourent. On peut voir là une sorte de « sécularisation » de la conscience qui renoncerait à poursuivre des buts transcendants, pour se consacrer à l'exploration du monde dans lequel elle vit. L'homme ne chercherait plus son salut dans le monde de l'au-delà, mais vivrait et agirait désormais dans le monde de l'ici-bas. Cette mutation « spirituelle » expliquerait l'orientation mécaniste et quantitative prise par la physique classique, qui doit en effet, selon l'expression de Descartes, nous rendre « comme maîtres et possesseurs de la nature », de la nature extérieure par la mécanique, et de celle de notre corps par la médecine. Dans cette perspective, la science de Descartes ne serait, en définitive, que « la science de l'artisan et de l'ingénieur [12] ». Prigogine lui-même se fait l'écho de cette interprétation dans *La Nouvelle alliance* : « La science newtonienne, dit-il, est une science *pratique* : l'une de ses sources est très clairement le savoir des artisans du Moyen Âge, le savoir des constructeurs de machines ; elle-même donne, au moins en principe, les moyens d'agir sur le monde, de prévoir et de modifier le cours de certains processus, de concevoir des dispositifs propres à mettre en œuvre et à exploiter certaines des forces et des

10. *Éthique à Nicomaque*, X, 7, 1177 *b* 30.
11. P.-M. Schuhl, *Machinisme et philosophie*, Paris, PUF, 2e éd., 1947 (cité par A. Koyré, « Les philosophes et la machine », *Études d'histoire de la pensée philosophique*, Paris, Gallimard, 1971, p. 319).
12. A. Koyré, « Galilée et Platon », *op. cit.*, p. 167.

ressources matérielles de la nature [13]. » Cette explication n'est pas entièrement fausse, mais elle ne paraît pas suffisante ni satisfaisante aux yeux de Koyré. Même s'il est vrai que la pensée moderne met davantage l'accent sur l'action, sur la *praxis* que ne le faisaient les pensées grecque et médiévale, on ne peut pas pour autant considérer la science de Descartes ou de Galilée comme étant l'œuvre « d'ingénieurs ou d'artisans ». Cette science, qui a eu un impact considérable sur le développement de la technique, « ne fut créée et développée, rappelle Koyré, ni par des ingénieurs ni par des techniciens, mais par des théoriciens et des philosophes [14] ».

Selon une autre interprétation, l'avènement de la science moderne s'expliquerait par « la lutte de Galilée contre l'autorité, contre la tradition, en particulier celle d'Aristote : contre la tradition scientifique et philosophique que maintenait l'Église et qu'elle enseignait dans les universités [15] ». L'homme moderne aurait acquis la foi en lui-même et en la capacité de son esprit à découvrir la vérité par ses propres moyens. Il renoncerait du même coup au savoir livresque, au savoir de simple érudition pour atteindre la vérité par le seul exercice de ses sens et de son intelligence. La science de la nature ne se constituerait plus désormais sur la seule foi de l'autorité des maîtres et des docteurs, mais se fonderait désormais sur l'observation directe, sur l'expérience. Pour connaître la nature, il convient d'examiner le comportement des phénomènes naturels en eux-mêmes et ne plus se contenter d'étudier les traités d'Aristote. Cette interprétation, qui voit dans le retour au concret, à l'empirie la marque distinctive de la science moderne, n'est pas, elle non plus, absolument convaincante. On trouve sans doute dans les écrits de Galilée, admet Koyré, « d'innombrables appels à l'observation et à l'expérience ». C'est du reste grâce au télescope, « en observant soigneusement la Lune et les planètes, en découvrant les satellites de Jupiter, que Galilée porta un coup mortel à l'astronomie et à la cosmologie de son époque [16] ». Cependant, l'observation en tant que telle n'est pas la caractéristique de la science moderne. Les anciens observaient eux aussi, et leur science s'accordait

---

13. *La Nouvelle alliance*, p. 70.
14. A. Koyré, « Galilée et Platon », p. 167. Pour une interprétation contraire, cf. I. Prigogine et I. Stengers, *La Nouvelle alliance*, p. 82 sq.
15. A. Koyré, « Galilée et Platon », *op. cit.*, p. 168.
16. A. Koyré, *ibid.*, p. 168.

mieux, d'une certaine façon, avec l'expérience que la nôtre. « La physique d'Aristote, selon Alexandre Koyré, et plus encore celle des nominalistes parisiens, de Buridan et de Nicole Oresme, était beaucoup plus proche [...] de l'expérience du sens commun que celle de Galilée et Descartes [17]. » « Cette dynamique (*i.e.* la dynamique aristotélicienne), dit dans le même sens Pierre Duhem, [...] semble s'adapter si heureusement aux observations courantes qu'elle ne pouvait manquer de s'imposer, tout d'abord, à l'acceptation des premiers qui aient spéculé sur les forces et les mouvements [18]. » Aristote s'appuyait sur des faits très simples qu'il aurait été absurde de nier et que nous-mêmes admettons encore aujourd'hui très naturellement. « Tous nous trouvons toujours " naturel " de voir un corps lourd tomber " en bas ". Exactement comme Aristote ou saint Thomas, nous serions profondément étonnés de voir un grave – pierre ou taureau – s'élever librement en l'air. Cela nous semblerait si étrange que nous chercherions à l'expliquer par quelque mécanisme caché [19]. » De la même manière, quoi de plus naturel que de voir une flamme s'élever vers le haut, au point que nous serions très surpris si elle se retournait et pointait vers « le bas » [20]. On ne saurait donc reprocher à la science antique d'avoir méconnu les données de l'expérience courante. Elle s'accordait parfaitement avec le sens commun, et c'est même cet accord qui, loin d'avoir été garanti pour la première fois par la science moderne, a constitué un obstacle à son développement. « Pour que les physiciens, explique Duhem, en viennent à rejeter la dynamique d'Aristote et à construire la dynamique moderne, il leur faudra comprendre que les faits dont ils sont chaque jour les témoins ne sont aucunement des faits simples, élémentaires, auxquels les lois fondamentales de la dynamique se doivent immédiatement appliquer ; que la marche du navire tiré par les hâleurs, que le roulement sur une route de la voiture attelée doivent être regardés comme des mouvements d'une extrême complexité ; [...] en un mot que pour formuler les principes de la science du mouvement, on doit, par abstraction, considérer un mobile qui, sous l'action d'une force unique, se meut dans le vide. Or, de sa dynamique, Aristote va

17. A. Koyré, *ibid.*, p. 168-169.
18. P. Duhem, *Le Système du monde*, t. I, Paris, Hermann, 1913, p. 194.
19. A. Koyré, « Galilée et Platon », *op. cit.*, p. 173.
20. Cf. A. Koyré, *ibid.*, p. 174.

jusqu'à conclure qu'un tel mouvement est inconcevable [21]. » Certains commentateurs ont souligné le rôle, non pas tant de l'expérience, mais de l'expérimentation, c'est-à-dire de l'interrogation méthodique de la nature, dans la genèse de la science moderne. « La procédure expérimentale, dit Ilya Prigogine, définit l'ensemble des dialogues avec la nature tentés par la science moderne ; elle fonde l'originalité de cette science, sa spécificité et ses limites [22]. » Mais là encore, l'explication n'est pas satisfaisante, car si le dialogue expérimental est bien une spécificité de la science moderne, il reste à comprendre ce qui l'a rendu possible, et même nécessaire.

D'autres historiens des sciences ont mis l'accent sur le rôle fondamental qu'a joué le principe d'inertie dans la constitution de la physique galiléenne [23] ; d'autres encore ont souligné l'abandon du mode de pensée téléologique au profit du mode de pensée mécaniciste et causal ; Auguste Comte voyait pour sa part, dans l'avènement de la science newtonienne, la victoire de l'esprit positif sur les modes de pensée métaphysique et théologique qui prévalaient antérieurement. « Galilée, explique Ersnt Mach en bon positiviste, possède l'esprit moderne : il ne se demande pas *pourquoi* les corps tombent, mais bien *comment* ils tombent [24] » ; d'autres philosophes ont insisté sur la découverte par l'homme de sa subjectivité essentielle, et sur la substitution corrélative du subjectivisme moderne à l'objectivisme ancien [25].

Toutes ces explications contiennent une part de vérité, mais n'atteignent pourtant pas le point décisif. Les phénomènes qu'elles mettent en avant ne sont en effet, selon Koyré, que l'expression d'un « processus plus profond et plus grave, en vertu duquel l'homme a perdu sa place dans le monde ou, plus exactement peut-être, a perdu le monde qui formait le cadre de son existence et l'objet de son savoir [26] ». Pour l'historien, la révolution scientifique du XVIIᵉ siècle est un bouleversement de nature cosmologique ou mieux métaphysique qui met en jeu la représentation de la totalité de ce qui est. La conception traditionnelle, vieille

21. *Le Système du monde*, t. I, p. 195 (cité par A. Koyré, « Galilée et Platon », *op. cit.*, p. 169 note).
22. *La Nouvelle alliance*, p. 79-80.
23. Cf. A. Koyré, « Galilée et Platon », *op. cit.*, p. 169.
24. *La Mécanique – Exposé historique et critique de son développement*, tr. fr. E. Bertrand, 1ʳᵉ éd. 1904, rééd. Paris, Éd. Jacques Gabay, 1987, p. 122.
25. Cf. A. Koyré, *Du Monde clos à l'univers infini*, Paris, Gallimard, coll. « Idées » nᵒ 301, 1973, p. 10.
26. *Ibid.*, p. 10-11.

de plus de deux mille ans, que l'homme avait du monde, et de sa place dans ce monde s'effondre. L'apparition de la science moderne n'est donc pas un phénomène culturel parmi d'autres, mais a sapé les fondements mêmes de la culture occidentale tout entière. Elle correspond à l'avènement d'une nouvelle figure du monde et d'une nouvelle figure de l'homme. Cette mutation métaphysique comporte deux aspects principaux, qui sont d'ailleurs étroitement liés entre eux :

– La destruction du Cosmos, c'est-à-dire « la destruction du monde conçu comme un tout fini et bien ordonné [27] », et la substitution à celui-ci d'un « univers indéfini et même infini, ne comportant plus aucune hiérarchie naturelle et uni seulement par l'identité des lois qui le régissent dans toutes ses parties [28] ». La Terre n'est plus, comme dans l'aristotélisme, au centre du monde, mais se trouve rejetée dans un Univers infini dont elle n'est plus qu'un minuscule et dérisoire atome.

– Le remplacement de l'espace aristotélicien, « ensemble différencié de lieux intramondains », par « l'espace de la géométrie euclidienne – extension homogène et nécessairement infinie – désormais considéré comme identique, en sa structure, avec l'espace réel de l'univers [29] ».

L'avènement de la science moderne correspond, dans cette perspective, à une rupture radicale et totale. Il n'y a nulle passerelle, nulle transition entre la science antique et la science moderne, mais une solution de continuité. Cette analyse rejoint celle de Heidegger, pour qui on ne saurait interpréter non plus la différence entre la science antique et la science moderne comme une simple différence de degré. « Si nous voulons, dit le philosophe, comprendre l'essence de la science moderne, il nous faut d'abord nous libérer de l'habitude que nous avons de ne distinguer la science moderne de l'ancienne que par une différence de degré d'après le point de vue du progrès [30]. » La science moderne se caractérise par ce que Heidegger appelle le « projet mathématique de la nature ». Ce projet mathématique n'est pas, en tant que tel, une mathématisation de la nature, mais seulement ce qui rend possible et même nécessaire l'utilisation des mathé-

---

27. *Ibid.*, p. 11.
28. *Ibid.*, p. 11.
29. *Ibid.*, p. 11.
30. « L'Époque des conceptions du monde », *Chemins qui ne mènent nulle part*, Paris, Gallimard, 1962, p. 69.

matiques en physique dans la mesure où il consiste à ne retenir des phénomènes naturels que leurs déterminations quantitatives. Parce que ce projet était absent de la science antique, « il est insensé de dire que la science moderne est plus exacte que celle de l'antiquité. La science grecque n'a jamais été une science exacte, et cela pour la raison essentielle qu'en son essence elle ne pouvait pas être exacte et n'avait pas besoin de l'être [31] ». Cela signifie qu'il est absurde d'affirmer, comme on l'entend souvent, que la science moderne est en progrès par rapport à la science antique, car l'idée de progrès était fondamentalement étrangère à la pensée antique. Cela signifie aussi qu'on ne saurait mathématiser la science d'Aristote pour la remettre au goût du jour, comme a essayé de le faire Duhem, sans en manquer la signification profonde. « La physique aristotélicienne, dit A. Koyré, est par essence non mathématique. La présenter comme le fait Duhem [...] comme simplement fondée sur une autre formule mathématique que la nôtre est une erreur [32]. »

L'ambiguïté de la révolution galiléo-newtonienne : du scientisme triomphant au désenchantement du monde

La dissolution du monde clos, qualitativement différencié des scolastiques et l'invention corrélative d'un univers infini et uniforme, bref la géométrisation de la nature tout entière, constituent aux yeux d'A. Koyré, « la révolution la plus profonde, accomplie ou subie par l'esprit humain depuis l'invention du Cosmos par les Grecs. C'est une révolution si profonde, aux conséquences si lointaines, que pendant des siècles, les hommes, à de rares exceptions près – comme Pascal – n'en ont pas saisi la portée et le sens ; maintenant encore elle est souvent sous-estimée et mal comprise [33] ». Galilée et ses successeurs ne se sont pas contentés de substituer de nouvelles théories à des théories erronées, mais ont procédé à une véritable refonte de l'esprit humain lui-même, ce qui, on s'en doute, fut une entreprise de longue haleine. Pour

31. M. Heidegger, *ibid.*, p. 70.
32. « Galilée et Platon », *op. cit.*, p. 169.
33. *Ibid.*, p. 169.

construire une nouvelle image de la nature, ils ont dû « envisager l'Être d'une nouvelle manière, élaborer un nouveau concept de la connaissance, un nouveau concept de la science – et même substituer à un point de vue assez naturel, celui du sens commun, un autre qui ne l'est plus du tout [34] ». Un bouleversement aussi considérable, aux conséquences aussi extraordinaires ne pouvait bien évidemment pas laisser indifférent. Il suscita, et suscite encore aujourd'hui non seulement chez les scientifiques, mais aussi chez les philosophes, les historiens, les écrivains de tous bords, les artistes, les hommes de culture en général, une multitude de réactions qui vont de l'approbation sans réserve à la défiance voire au rejet pur et simple. Ces réactions contrastées témoignent à l'évidence de ce qu'il faut bien appeler l'ambiguïté ou l'ambivalence de la révolution galiléo-newtonienne.

La victoire de la science nouvelle sur la science ancienne fut d'abord, on le sait, celle du newtonianisme. Certes la physique newtonienne ne s'est pas imposée tout de suite au monde savant ; elle a même dû affronter, à ses débuts, une opposition « dure et profonde ». Il lui fallait d'abord vaincre l'obstacle que représentait pour elle la physique cartésienne, qui était alors, au début du XVIIIe siècle, considérée comme une sorte d'orthodoxie et était enseignée à peu près dans tous les pays d'Europe. Il lui fallait ensuite faire admettre le concept, à première vue incompréhensible et même contradictoire, d'action à distance introduit par la théorie de la gravitation. Newton ne rétablissait-il pas par ce biais une de ces qualités occultes que le siècle avait condamnées ? « Il est surnaturel, disait Leibniz, [...] que les corps s'attirent de loin, sans aucun moyen [35] », et ajoutait « c'est par là que tombent les attractions proprement dites, et autres opérations inexplicables par les natures des créatures, qu'il faut faire effectuer par miracle, ou recourir aux absurdités, c'est-à-dire aux qualités occultes des Scolastiques, qu'on commence à nous débiter sous le nom de forces, mais qui nous ramènent dans le royaume des ténèbres [36] ». Mais cette opposition ne dura pas longtemps, car il

34. A. Koyré, *ibid.*, p. 171.

35. Correspondance avec Clarke, 4e écrit, § 45, *Die philosophischen Schriften*, t. VII, p. 377.

36. Correspondance avec Clarke, 5e écrit, § 113, *Die philosophischen Schriften*, t. VII, p. 417. « Un corps, écrit Leibniz, n'est jamais mû naturellement, que par un autre corps qui le pousse en le touchant ; et après cela il continue jusqu'à ce qu'il soit empêché par un autre corps qui le touche. Toute autre opération sur les corps est ou miraculeuse ou imaginaire » (5e écrit, § 35, *ibid.*, p. 398).

fallut bien se rendre à l'évidence : le système newtonien fonctionnait, et il fonctionnait même remarquablement bien. Il permettait de prévoir avec une précision inégalée les phénomènes astronomiques (retour des comètes, trajectoires des planètes, irrégularités du mouvement de la Lune, précession des équinoxes), ou de déterminer avec certitude l'amplitude et l'heure des marées. Ces succès firent reculer inexorablement le cartésianisme, d'abord en Angleterre, puis en Écosse, et enfin en France, ceci autour des années 1730 si l'on en croit le témoignage de Voltaire. « Ce n'est guère, écrit le philosophe – farouche détracteur de la physique de Descartes –, que depuis l'année 1730 qu'on a commencé à revenir en France de cette philosophie chimérique, quand la géométrie et la philosophie expérimentales ont été plus cultivées [37]. » Quant à l'attraction, elle avait fini par perdre, sous l'effet de l'habitude, ce qu'elle avait de choquant, ce qui ne veut pas dire pour autant qu'elle aurait été mieux comprise. « Il a fallu plus d'un demi-siècle, dira Maupertuis, pour apprivoiser les Académies du Continent avec l'attraction. Elle demeurait enfermée dans son île ; ou si elle passait la mer, elle ne paraissait que la reproduction d'un monstre qui venait d'être proscrit ; on s'applaudissait tant d'avoir banni de la philosophie les qualités occultes, on avait tant peur qu'elles revinssent, que tout ce qu'on croyait avoir avec elles les moindres ressemblances effrayait ; on était si charmé d'avoir introduit dans l'explication de la nature une apparence de mécanisme, qu'on rejetait sans l'écouter le véritable mécanisme qui venait s'offrir. » Comme l'a fait remarquer judicieusement le physicien E. Mach, « l'incompréhensibilité extraordinaire [s'était] muée en incompréhensibilité ordinaire [38] ». Cinquante ans après la parution des *Philosophiæ naturalis principia mathematica* en 1687, la mécanique de Newton était répandue et enseignée dans toute l'Europe. Les mathématiciens et les physiciens les plus prestigieux de l'époque comme Maupertuis, qui fit beaucoup pour introduire l'esprit newtonien en France, Clairaut, d'Alembert, Euler, Lagrange et Laplace, se mirent à développer de nouveaux outils (calcul des perturbations notamment) et de nouvelles méthodes qui ont assuré le succès

37. Cf. E. Bréhier, *Histoire de la philosophie*, t. II, Paris, PUF, coll. « Quadrige », 1981, p. 276.
38. Cité par A. Koyré, « Sens et portée de la synthèse newtonienne », *Études newtoniennes*, Paris, Gallimard, 1968, p. 37.

définitif de la nouvelle mécanique. À la fin du XVIIIe siècle, « dans la *Mécanique analytique* de Lagrange et la *Mécanique céleste* de Laplace, la science newtonienne [semblait] atteindre son achèvement définitif et parfait. Tellement parfait que Laplace pouvait affirmer avec fierté que son *Système du monde* ne laissait aucun problème astronomique sans solution [39] ». Plus tard (1846), la théorie de la gravitation devait recevoir une confirmation spectaculaire lorsque l'astronome Le Verrier s'en servit pour inférer, à partir des irrégularités de trajectoire de la planète Uranus, la présence d'une nouvelle planète inconnue jusqu'alors (Neptune), planète qui sera découverte ensuite empiriquement. Et aujourd'hui encore, même si la mécanique newtonienne a été supplantée par la relativité et la mécanique quantique, on doit considérer que les principes qui ont assuré son succès sont toujours vivaces. « Aujourd'hui encore, dit par exemple Prigogine, la science newtonienne représente une réussite exemplaire. Les concepts dynamiques qu'elle a introduits constituent un acquis définitif que nulle transformation de la science ne pourra ignorer [40]. »

Rien d'étonnant donc, dans ces conditions, que « le newtonianisme soit devenu, comme l'indique A. Koyré, le credo scientifique du XVIIIe siècle et que [...] Newton soit apparu comme un être surhumain qui, une fois pour toutes, avait résolu l'énigme de l'Univers [41] ». Le triomphe de la physique de Newton s'accompagnait en effet d'une sorte d'admiration naïve pour la personne de Newton lui-même. D'après l'anecdote, le marquis de L'Hôpital, mathématicien réputé de l'époque, se serait même enquis, le plus sérieusement du monde, pour savoir si Newton mangeait et dormait comme tout le monde. Laplace, pour sa part, considérait, avec un peu d'envie, le savant anglais comme le plus heureux des mortels, lui qui avait réussi à faire ce que plus personne ne pourrait refaire après lui, puisqu'il avait percé le secret de l'Univers et que l'Univers était (malheureusement) unique. On se souvient également de la fameuse apostrophe du poète et essayiste anglais Alexander Pope (1688-1744), qui devait servir d'épitaphe à Newton: « La nature et ses lois étaient cachées dans les ténèbres. Dieu dit : Que Newton soit ! et tout fut lumière [42]. » Le succès

---

39. A. Koyré, « Sens et portée de la synthèse newtonienne », *op. cit.*, p. 37.
40. *La Nouvelle alliance*, p. 60.
41. « Sens et portée de la synthèse newtonienne », *op. cit.*, p. 38.
42. Cité par A. Koyré, *ibid.*, p. 37.

du newtonianisme fut si écrasant qu'on considéra ses caractéristiques comme « essentielles à l'édification de n'importe quelle science [43] ». La nouvelle mécanique devenait un modèle d'intelligibilité scientifique. « Je ne suis jamais satisfait, dira par exemple Lord Kelvin, tant que je n'ai pas pu faire un modèle mécanique de l'objet ; si je puis faire un modèle mécanique, je comprends ; tant que je ne puis pas faire un modèle mécanique, je ne comprends pas [44]. » On essaya de transposer, avec plus ou moins de bonheur, la théorie de la gravitation, qui avait donné de si bons résultats dans le domaine de la nature matérielle, à d'autres secteurs de la réalité, et notamment à la nature humaine. C'est ainsi que naquirent une psychologie atomique, qui essayait d'expliquer l'esprit comme une mosaïque de sensations et d'idées liées par la loi de l'association (attraction) et même une « sociologie atomique », calquées sur la physique atomique newtonienne.

L'enthousiasme avec lequel le newtonianisme fut accueilli ne se portait pas seulement, en fait, sur la seule physique newtonienne. Il exprimait plus généralement l'espoir que l'homme plaçait en la nouvelle science, quantitative, inductive et expérimentale. Newton avait eu l'immense mérite d'avoir substitué au monde de l'à-peu-près, au monde des qualités et des perceptions sensibles, l'univers du calcul et de la précision. Désormais, la science pouvait progresser d'une manière sûre et reconnue en se maintenant à l'écart des fausses querelles. Cette science conquérante se voulait ou se prétendait universelle. La connaissance intégrale du réel, de tous les événements du monde passés, présents et à venir n'était plus, au moins en principe, un rêve inaccessible. L'omniscience n'avait plus quelque chose d'absurde et semblait à la portée des hommes dans un avenir plus ou moins proche. Certes les phénomènes électriques et magnétiques n'étaient pas encore expliqués. Mais après la constitution de la théorie de l'électromagnétisme par J. C. Maxwell à la fin du XIXe siècle, la majorité des savants considéraient que la nature avait enfin révélé tous ses mystères, ou presque : « La science physique, affirmait Kelvin au tournant du siècle, forme aujourd'hui, pour l'essentiel, un ensemble parfaitement harmonieux, un ensemble pratique-

---

43. A. Koyré, *ibid.*, p. 37.

44. W. Thomson, *Conférences scientifiques et allocutions*, tr. fr. Lugol et Brillouin, Paris, 1894, p. 299 (cité par É. Meyerson, *Identité et réalité*, p. 97).

ment achevé [45]. » Et de nos jours encore, l'astrophysicien anglais Stephen Hawking, titulaire de la chaire de Newton à l'Université de Cambridge, n'hésite pas à déclarer qu'« il y a [...] des bases d'optimisme prudent qui nous permettent d'espérer la fin prochaine de la quête des lois ultimes de la nature [46] ». Cette science conquérante avait en outre le mérite d'être, ou de vouloir être une science pratique, et donc utile à l'homme. Elle allait être en mesure de satisfaire la plupart des besoins de l'humanité, conformément au leitmotiv du positivisme : « savoir pour prévoir afin de pourvoir ». Dans cette optique idyllique la science moderne marquait ou devait marquer l'apparition d'une nouvelle ère au sein de laquelle l'humanité allait enfin pouvoir assurer son bonheur social et matériel sur la Terre.

Cet optimisme allait s'avérer, hélas, bien fragile. Au reste, l'enthousiasme qui entoura l'émergence de la physique classique ne fut pas absolument général ni constant. La science nouvelle suscita en même temps, pour reprendre les termes de Prigogine, « le désarroi, l'inquiétude et même l'hostilité [47] ». Désarroi car l'homme, désormais pris dans le jeu mécanique des forces aveugles, se retrouvait dans un univers qu'il ne reconnaissait plus, où il n'avait littéralement plus de place, et qui ne lui semblait poursuivre aucun but assignable. Pascal est sans doute un de ceux qui ont le mieux dépeint, au XVIIe siècle, l'angoisse qui ne peut manquer d'étreindre l'homme « abîmé dans l'infinie immensité [d']espaces » qui l'ignorent, pour peu qu'il veuille bien accepter de considérer sa situation [48] : « En voyant l'aveuglement et la misère de l'homme, en regardant tout l'univers muet, et l'homme sans lumière, abandonné à lui-même, et comme égaré dans ce recoin de l'univers, sans savoir qui l'y a mis, ce qu'il y est venu faire, ce qu'il deviendra en mourant, incapable de toute connaissance, j'entre en effroi comme un homme qu'on aurait porté endormi dans une île déserte et effroyable, et qui s'éveillerait

45. Cf. S. Deligeorges, « La Catastrophe ultraviolette », *Le Monde quantique*, Paris, Éd. du Seuil, coll. « Points Sciences » n° 46, 1984, p. 21.

46. *Une Brève histoire du temps*, Paris, Flammarion, coll. « Champs » n° 238, 1991, p. 200. Cet optimisme est récurrent dans l'histoire de la physique contemporaine. Marx Born, qui venait de recevoir le prix Nobel de physique en 1928, annonçait que « la physique, comme on sait, sera terminée dans six mois » (cf. S. Hawking, *op. cit.*, p. 200).

47. *La Nouvelle alliance*, p. 43.

48. Ce discours n'est certes pas dirigé contre la science, mais à l'intention des libertins et a donc une finalité apologétique.

sans connaître où il est, et sans moyen d'en sortir. Et sur cela j'admire comment on n'entre point en désespoir d'un si misérable état [49]. » Désarroi, mais aussi inquiétude car il n'était pas absolument sûr que cette science conquérante se développe uniquement au service de l'homme. Elle pouvait très bien, après tout, se retourner contre lui, et travailler à sa perte aussi bien qu'à son salut. Hostilité enfin, car la science demeurait, et c'était peut-être l'accusation la plus grave, foncièrement étrangère aux préoccupations fondamentales de l'humanité. Bannissant les qualités sensibles, elle ignorait le monde dans lequel l'homme déroulait son existence concrète, le monde de la vie. En substituant au Monde clos l'Univers infini, elle avait « désenchanté », c'est-à-dire « déshumanisé » le monde. « Il y a quelque chose dont Newton, explique Koyré, doit être tenu pour responsable – ou, pour mieux dire, pas seulement Newton, mais la science moderne en général : c'est la division de notre monde en deux. J'ai dit que la science moderne avait renversé les barrières qui séparaient les Cieux et la Terre, qu'elle unit et unifia l'Univers. Cela est vrai. Mais, je l'ai dit aussi, elle le fit en substituant à notre monde de qualités et de perceptions sensibles, monde dans lequel nous vivons, aimons et mourons, un autre monde : le monde de la quantité, de la géométrie réifiée, monde dans lequel, bien qu'il y ait place pour toute chose, il n'y en a pas pour l'homme. Ainsi le monde de la science – le monde réel – s'éloigna et se sépara entièrement du monde de la vie, que la science a été incapable d'expliquer – même par une explication dissolvante qui en ferait une apparence " subjective ". En vérité ces deux mondes sont tous les jours – et de plus en plus – unis par la *praxis*. Mais pour la *theoria* ils sont séparés par un abîme. Deux mondes : ce qui veut dire deux vérités. Ou pas de vérité du tout. C'est en cela que consiste la tragédie de l'esprit moderne qui " résolut l'énigme de l'univers ", mais seulement pour la remplacer par une autre : l'énigme de lui-même [50]. » La science, c'est-à-dire la science mathématique de la nature, ravale l'homme au rang de simple observateur, de « conscience connaissante qui contemple un monde livré et sans mystère [51] ». Elle reste muette sur les questions qui le concernent ou devraient le concerner au premier

49. *Pensées*, éd. Lafuma, Paris, Éd. du Seuil, 1963, n° 198.
50. « Sens et portée de la synthèse newtonienne », *op. cit.*, p. 43.
51. *La Nouvelle alliance*, p. 131.

chef, comme la liberté, le devoir, le bien, le mal, la beauté, etc. On comprend donc que la naissance de la science se soit accompagnée de la scission de deux cultures qui, autrefois, n'en faisaient qu'une : une culture scientifique d'une part et une culture humaniste ou philosophique d'autre part. Cette scission a même reçu un fondement théorique chez Kant dont « la philosophie critique [circonscrit] en fait, selon l'interprétation qu'en donne Prigogine, l'activité scientifique dans le champ des problèmes qu'il faut bien dire futiles et faciles, la [voue] au labeur indéfini de déchiffrer la langue monotone des phénomènes, et se [réserve] le champ des questions qui concernent la " destinée " humaine, ce que l'homme peut connaître, ce qu'il doit faire, ce qu'il peut espérer [52] ». La divison de la science et de la philosophie se double aujourd'hui d'une autre opposition, plus restreinte mais tout aussi radicale, entre les sciences exactes d'une part, et les sciences humaines d'autre part. Les premières ont reçu le nom de sciences dures et les secondes, héritières de la culture humaniste, celui de sciences molles. Cette terminologie montre bien qu'on n'a pas affaire, en réalité, à des disciplines d'égale scientificité, mais d'un côté à des disciplines pleinement scientifiques, et de l'autre à des sciences qui méritent à peine leur nom.

Toutes ces inquiétudes, toutes ces interrogations, et bien d'autres, convergent en fait vers un point capital, celui-là même que le biologiste Jacques Monod a exposé dans *Le Hasard et la nécessité* et que Ilya Prigogine a repris et développé dans *La Nouvelle alliance* : la science moderne a brisé l'alliance plus que millénaire de l'homme avec la nature, elle a exilé l'homme de l'Univers. « L'ancienne alliance, dit Jacques Monod, est rompue ; l'homme sait enfin qu'il est seul dans l'immensité indifférente de l'Univers d'où il a émergé par hasard [53]. » « La forme systématique, ajoute Prigogine, que s'est donnée la physique classique, sa prétention à constituer une description du monde close, cohérente et complète, expulsent l'homme du monde qu'il décrit en tant qu'habitant [54]. » Pour la physique moderne, la Nature n'est plus, comme dans la philosophie aristotélicienne, un principe tutélaire auquel l'homme pourrait se référer et auprès duquel il

52. *Ibid.*, p. 145.
53. *Le Hasard et la nécessité*, Paris, Éd. du Seuil, coll. « Points » n° 43, 1970, p. 224-225.
54. *La Nouvelle alliance*, p. 130.

pourrait trouver refuge. L'homme ne peut plus fonder sa connaissance ni son action dans l'être, mais se trouve dorénavant seul face à lui-même, dans un « univers sourd à sa musique, indifférent à ses espoirs comme à ses souffrances ou à ses crimes [55] ». En proie au vertige devant sa solitude et l'étendue de sa propre puissance, « l'homme moderne se retourne vers ou plutôt contre la science dont il mesure maintenant le terrible pouvoir de destruction, non seulement des corps, mais de l'âme elle-même [56] ». On peut percevoir dans ces lignes l'écho de la critique sévère de la science mathématique de la nature développée par Husserl au début des années 1930 : « Cette science, affirmait le philosophe dans *La Crise des sciences européennes*, n'a rien à nous dire. Les questions qu'elle exclut par principe sont précisément les questions qui sont les plus brûlantes [...] ce sont les questions qui portent sur le sens ou l'absence de sens de l'existence humaine [57]. »

Les théories morphologiques invalident ou tentent d'invalider ces analyses. L'univers qu'elles nous décrivent n'est plus le monde, rigide et mécanique, de la science newtonienne, ce n'est plus un monde gris et sans surprise, monotone et monocorde, mais le monde chatoyant des formes, le monde bigarré des qualités sensibles, le monde de la perception immédiate, bref le monde dans lequel « nous vivons, aimons et mourons ». Leur monde est « un univers fragmenté, riche de diversités qualitatives et de surprises potentielles. Le dialogue rationnel avec la nature ne constitue plus le survol désenchanté d'un monde lunaire, mais l'exploration, toujours locale et élective, d'une nature complexe et multiple [58] ». Cette redécouverte du monde de la vie, du monde humain, qui nous rend le cosmos aristotélicien plus proche, comporte plusieurs aspects indissolublement liés, comme la réhabilitation du monde de la perception, la célébration de la diversité, le réapprentissage de la complexité, etc. Ce sont ces différents aspects, et quelques autres, que nous voudrions maintenant examiner.

55. *Le Hasard et la nécessité*, p. 216.
56. *Ibid.*, p. 216-217.
57. *La Crise des sciences européennes et la phénoménologie transcendantale*, tr. fr. G. Granel, Paris, Gallimard, 1976, p. 10.
58. *La Nouvelle alliance*, p. 36.

Chapitre 2

La réhabilitation du monde de la perception

Les deux théories physiques qui servent actuellement à décrire l'Univers dans ses aspects fondamentaux sont la relativité générale d'une part, et la mécanique quantique d'autre part. La première « décrit la force de gravité, explique Stephen Hawking, et la structure à grande échelle de l'univers, c'est-à-dire la structure à des échelles allant de quelques kilomètres à un million de milliards de milliards de kilomètres (1 suivi de 24 zéros), dimension de l'univers observable. La mécanique quantique, elle, s'intéresse à des phénomènes à échelle extrêmement réduite, comme le millionième de millionième du centimètre [1] ». Le domaine de prédilection de la relativité générale est la cosmologie. Grâce à elle, les physiciens s'efforcent de remonter jusqu'à l'origine de l'Univers, le fameux Big-Bang, qui se serait produit, suivant les modèles, il y a dix à vingt milliards d'années. La mécanique quantique étudie, quant à elle, le comportement des particules dites « élémentaires », dont certaines ont une durée de vie qui n'excède pas le millième du milliardième de milliardième de milliardième de seconde (10^{-30}), lorsqu'elles ne sont pas carrément fictives car inobservables par principe (les quarks qui composent toutes les particules nucléaires et qui ne peuvent pas exister à l'état libre). Pour explorer ces deux domaines, il faut mettre en œuvre des appareils de détection, télescopes ou microscopes, de plus en plus puissants. Songeons par exemple aux moyens énormes qu'il a fallu déployer (accélérateurs de particules [2] per-

1. *Une Brève histoire du temps*, p. 30-31.
2. Un accélérateur de particules géant doit entrer prochainement en service à Genève (LHC : Large Hadron Collider) ; un autre, de 84 kilomètres de circon-

mettant d'atteindre les énergies de plus de 100 GeV) pour mettre en évidence expérimentalement, au CERN à Genève, en 1983, les bosons massiques de l'interaction faible, les particules W et Z^0, découverte qui a d'ailleurs valu à leurs auteurs (Carlo Rubbia et Simon van der Meer) le prix Nobel en 1984. Songeons aussi aux dispositifs expérimentaux gigantesques mobilisés pour tenter de détecter le processus de désintégration du proton : huit mille tonnes d'eau (un cube de vingt mètres de côté) placées dans une mine désaffectée aux États-Unis, ceci pour éviter que d'autres événements, causés par des rayons cosmiques, ne puissent être confondus avec le phénomène escompté [3]. En dépit de cette installation gigantesque, la désintégration du proton n'a encore jamais été observée à ce jour, ce qui, après tout, n'est pas si étonnant puisqu'elle a, d'après les calculs, une probabilité quasiment nulle de se produire (une chance sur 10^{32}). Il y a dans ce cas, comme dans beaucoup d'autres, un contraste manifeste, que les scientifiques justifient au demeurant très facilement, entre l'énormité de l'instrument employé et la ténuité du phénomène que l'on cherche à observer.

Les théories morphologiques ne participent pas à cette course effrénée au gigantisme qui semble s'être emparée de la science contemporaine, aussi bien dans sa quête de l'infiniment grand que dans celle de l'infiniment petit. Leur monde n'est ni celui de ces trous noirs inquiétants situés aux confins de l'Univers, ni celui de ces êtres à l'existence éphémère et parfois même hypothétique qu'étudie la physique des particules. Il est situé dans

---

férence, est en projet au Texas (SSC : Superconducting Super Collider [Super Collisionneur Supraconducteur]). Dans un avenir plus éloigné, des accélérateurs plus importants pourraient voir le jour. C'est le cas de l'ELOISATRON (collisionneur proton-proton), monstre d'une circonférence de 200 km, qui serait construit en Sicile après l'an 2000. Il est cependant clair que cette inflation ne pourra pas continuer indéfiniment. « Depuis mes débuts dans la recherche sur les particules élémentaires, affirme le physicien A. Salam, la taille et le coût des expériences se sont accrus dans des proportions gigantesques. Nous en sommes arrivés à un point où, si l'on n'y réfléchit pas très soigneusement, il deviendra impossible de pousser plus loin les tests de nos théories » (A. Salam, *La Grande unification*, Paris, Éd. du Seuil, 1991, p. 62-63). Si l'on voulait atteindre l'énergie ultime de Planck, il faudrait, compte tenu de la puissance des machines actuelles, un accélérateur long de 10 années-lumière, ce qui fait dire à A. Salam : « On imagine des générations de physiciens naviguant le long des accélérateurs à bord de vaisseaux spatiaux ! » (*ibid.*, p. 66).

3. Cf. S. Hawking, *Une Brève histoire du temps*, p. 105. Pour détecter ce phénomène, il se pourrait même, selon A. Salam, « qu'il faille prévoir des expériences futures sur la Lune afin d'échapper au bruit de fond de neutrinos qui sévit sur la Terre » (A. Salam, *La Grande unification*, p. 62).

l'entre-deux, dans cette zone intermédiaire qui constitue le lieu d'habitation de l'homme, celui-là même où s'inscrit notre condition et que Pascal nous demandait de bien vouloir « considérer » : « Tout le monde visible n'est qu'un trait imperceptible dans l'ample sein de la nature. Nulle idée ne s'en approche, nous avons beau enfler nos conceptions au-delà des espaces imaginables, nous n'enfantons que des atomes au prix de la réalité des choses. C'est une sphère infinie dont le centre est partout et la circonférence nulle part [...]. Que l'homme revenu à soi considère ce qu'il est au prix de ce qui est, qu'il se regarde comme égaré et que de ce petit cachot où il se trouve logé, j'entends l'univers, il apprenne à estimer la terre, les royaumes, les villes, les maisons et soi-même, son juste prix [...]. Car enfin qu'est-ce que l'homme dans la nature ? Un néant à l'égard de l'infini, un tout à l'égard du néant, un milieu entre rien et tout. Infiniment éloigné de comprendre les extrêmes, la fin des choses et leur principe sont pour lui invinciblement cachés dans un secret impénétrable, également incapable de voir le néant d'où il est tiré, et l'infini où il est englouti [4]. » Loin de défier l'imagination par leur petitesse ou leur grandeur, au point de ne plus vouloir rien dire *pour nous*, les objets des théories morphologiques font partie du monde à *notre* échelle, du monde tel que *nous* le percevons. Ce sont, pour reprendre les exemples de René Thom « les lézardes d'un vieux mur, la forme d'un nuage, la chute d'une feuille morte, l'écume d'un bock de bière [5] », ou encore les volutes de la fumée d'une cigarette, les tourbillons d'un torrent, etc. Ces morphologies sont si familières, si ordinaires, si « vulgaires » même pour certaines d'entre elles, que nous finissons par ne plus y prêter attention. Pour les percevoir, point n'est besoin, en tout cas, de mettre en œuvre un appareillage coûteux et sophistiqué : il suffit d'ouvrir les yeux et de regarder « naïvement » le monde tel que nous le découvrons. De tous les modèles morphologiques, les modèles géomorphologiques de Mandelbrot constituent sans aucun doute, avec quelques autres, la meilleure illustration de ce réinvestissement du macroscopique, de cette réhabilitation de l'univers de la perception à laquelle nous assistons aujourd'hui.

4. *Pensées*, n° 199.
5. *Stabilité structurelle et morphogénèse*, p. 10.

Les côtes de la Grande-Bretagne

Au cours de son périple intellectuel, Mandelbrot était tombé sur une question, assez étrange au premier abord, tant la réponse semblait aller de soi : peut-on mesurer la côte de la Grande-Bretagne ? [6] Cette question avait été soulevée au début du siècle par un scientifique anglais, Lewis Fry Richardson (1881-1953), dont les travaux – assez originaux – avaient sombré dans l'oubli avant d'être exhumés par Mandelbrot. Richardson s'intéressait à un problème de géopolitique, celui de la contiguïté territoriale, et avait cherché à déterminer empiriquement la longueur des frontières entre États et celle des côtes maritimes. Ce problème n'est pas aussi simple qu'il y paraît, car la technique de l'arpentage ne permet pas, sauf cas exceptionnels, de lui apporter une réponse précise. En effet les lignes frontalières ou côtières se caractérisent en général par une très grande irrégularité. Ce ne sont jamais des droites ni des arcs de cercle, mais elles comportent (à l'instar des rives d'un fleuve) une multitude d'anfractuosités, de caps, de promontoires, de baies, etc. La difficulté est redoublée par le fait que ces anfractuosités comportent en elles-mêmes des sous-anfractuosités, les promontoires des sous-promontoires, les baies des sous-baies, etc. Ainsi, une carte géographique du littoral à grande échelle mentionnera la présence de détails qu'une carte à échelle plus réduite passera sous silence. « Lorsqu'une baie ou une péninsule que l'on avait retenue sur une carte au 1/100 000ᵉ, est réexaminée sur une carte au 1/10 000ᵉ, on aperçoit sur son pourtour d'innombrables sous-baies et sous-péninsules. Sur une carte au 1/1 000ᵉ, on voit ainsi apparaître des sous-sous-baies et des sous-sous-péninsules, et ainsi de suite [...]. On peut même penser à ce mécanisme comme une sorte de cascade, ou plutôt comme un feu d'artifice à étages, chaque étage engendrant des détails plus petits que l'étage précédent [7]. » L'accumulation de ces détails a pour effet d'accroître la longueur totale de la ligne considérée, et ce à tel

---

6. « How long is the coast of Britain? Statistical self-similarity and fractional dimension », *Science*, *155*, 636-638 (1967) ; (cf. aussi *Les Objets fractals*, chap. II).
7. *Les Objets fractals*, p. 25.

point que si, passant de la carte à la réalité, on s'efforçait de suivre, dans ses moindres recoins, toutes les anfractuosités d'une côte accidentée, la longueur finale du chemin parcouru serait si grande qu'on pourrait la considérer comme pratiquement infinie.

Richardson avait cherché à quantifier ce phénomène, et établi une relation empirique entre la longueur d'une frontière ou d'une côte d'une part et l'échelle utilisée pour la mesurer d'autre part. Il n'avait pas procédé à une investigation directe, mais s'était appuyé sur des cartes géographiques relativement précises. Pour déterminer la longueur des lignes côtières ou frontalières sur ces cartes, Richardson procédait de la façon suivante. Il commençait par fixer un pas de mesure, qu'il notait e. Il approchait ensuite la ligne étudiée par un polygone régulier dont les côtés étaient égaux à e, et dont les sommets étaient situés sur la ligne. Le nombre des côtés du polygone lui donnait alors une longueur approchée (par défaut) du tracé. Il recommençait l'opération avec un nouveau pas de mesure, et obtenait ainsi une relation entre la longueur $L(e)$ et le pas e. Cette relation était une fonction croissante de e. Plus précisément, Richardson avait montré que $L(e)$ était proportionnel à e^a, où a était un nombre négatif dont la valeur dépendait uniquement de la côte ou de la frontière choisie. Diverses parties de la même côte ou frontière pouvaient cependant donner des valeurs différentes pour a. Cet exposant mesurait en quelque sorte le degré d'irrégularité de la courbe considérée. Richardson avait calculé sa valeur pour un certain nombre de lignes côtières et frontalières, parmi lesquelles les côtes de la Grande-Bretagne. « À un extrême, dit Richardson, $a = 0{,}00$ pour une frontière qui paraît rectiligne sur la carte. Pour l'autre extrême, on a retenu la côte ouest de la Grande-Bretagne, car elle est sans doute une des plus irrégulières de la planète ; on a trouvé dans ce cas $a = 0{,}25$. Trois autres frontières qui, au vu de leur aspect sur la carte, paraissaient mieux refléter l'irrégularité moyenne de la planète, ont donné : $a = 0{,}15$ pour la frontière terrestre de l'Allemagne autour des années 1889 ; $a = 0{,}14$ pour la frontière entre l'Espagne et le Portugal ; et $a = 0{,}13$ pour la côte australienne. Une côte retenue pour être, semble-t-il, une des plus régulières dans l'atlas a été celle de l'Afrique du Sud. Pour elle, $a = 0{,}02$ [8]. »

8. « The Problem of Contiguity », *General Systems Yearbook*, *6*, 139-187 (1961), p. 170.

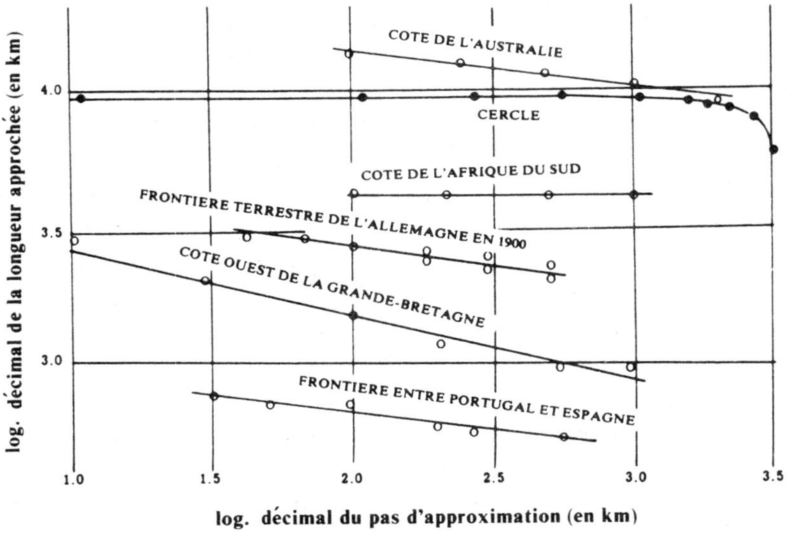

Longueur approchée des côtes selon L.-F. Richardson

L'analyse empirique de Richardson était en contradiction avec la croyance généralement admise selon laquelle les lignes naturelles sont « rectifiables », c'est-à-dire possèdent une longueur bien définie. Elle rejoignait le point de vue de H. Steinhaus, qui déclarait : « Nous nous rapprochons de la réalité, en considérant que la plupart des arcs dans la nature sont non rectifiables. Cette affirmation est contraire à la croyance que les arcs non rectifiables sont une invention des mathématiciens, et que les arcs naturels sont rectifiables : c'est le contraire qui est vrai [9]. »

Pour Richardson, l'exposant a n'avait pas de statut bien défini. Il semblait seulement indépendant de la méthode utilisée pour mesurer la longueur de la côte. Il avait donc une valeur intrinsèque, attachée à la courbe. Mandelbrot eut alors l'idée d'interpréter cet exposant a, ou plus exactement le nombre $1+a$, comme une dimension fractionnaire ou fractale. « Je reconnus [...], explique-t-il, que [la méthode de mesure de $L(e)$] correspondait à une définition de la dimension, définition déjà utilisée en mathématiques pures, mais dont nul n'avait pensé qu'elle saurait aussi s'appliquer au concret [10]. » Mandelbrot allait ainsi,

9. H. Steinhaus, « Length, shape and area », *Colloquium Mathematicum*, *3*, 1-13 (1954) (cité par B. Mandelbrot, *Les Objets fractals*, p. 27).
10. *Les Objets fractals*, p. 23.

lui aussi, à l'encontre de « la croyance selon laquelle les courbes de dimension supérieure à un sont une invention des mathématiciens [11] ». Une fois mise en évidence la nature fractale des lignes côtières, il restait bien évidemment à leur faire correspondre une structure mathématique précise, ce qui nous renvoie au problème plus général de la modélisation du relief terrestre.

Le relief terrestre

La modélisation du relief terrestre est une des applications les plus connues et les plus spectaculaires de la théorie des fractales. Le point de départ de cette modélisation est la reconnaissance du caractère autosimilaire du relief terrestre, ou plus précisément du relief montagneux. Il ne s'agit pas là d'une idée nouvelle, c'est même un sorte de lieu commun, mais qui n'avait pas été exploité scientifiquement faute de disposer d'un outil mathématique adéquat. Mandelbrot l'a trouvé exprimé, non pas dans des traités de géomorphologie, mais tout simplement dans le journal d'un alpiniste anglais, Edward Whymper (1840-1911), qui écrivait, dans ses *Escalades dans les Alpes de 1860-1869* : « Il est remarquable que les fragments de rocher présentent souvent les mêmes formes caractéristiques que les falaises dont ils sont détachés [...]. Pourquoi n'en serait-il pas ainsi puisque le matériau de la montagne est à peu près homogène ? Ce sont les mêmes causes qui produisent les petites formes et qui façonnent les grandes : les mêmes influences sont à l'œuvre – le même gel et la même pluie modèlent aussi bien le tout que les parties [12]. » L'alpiniste attribuait ici un caractère fractal avant la lettre aux montagnes, et le justifiait même par des considérations physiques. Pour restituer mathématiquement cette autosimilarité, Mandelbrot choisit d'utiliser la fonction brownienne fractionnaire d'un point définie sur le plan [13]. Cette fonction permet en effet d'engendrer des surfaces qui ressemblent à s'y méprendre aux confi-

11. « How long is the coast of Britain? Statistical self-similarity and fractional dimension », *op. cit.*, p. 637.
12. Cité par B. Mandelbrot, *The Fractal Geometry of Nature*, p. 256.
13. Cf. *infra*, appendice 2.

gurations du relief. La meilleure preuve de la validité de ce modèle réside en fait, selon Mandelbrot, dans ce modèle lui-même, c'est-à-dire dans les simulations de paysages qu'il permet de construire. Ces simulations sont d'un réalisme si saisissant que, dans ce domaine, « voir c'est croire », et plus l'image est précise, plus forte est la croyance.

Les surfaces browniennes mathématiques comportent en réalité des détails à toutes les échelles, et ne peuvent donc être, en toute rigueur, représentées fidèlement. Les images construites par ordinateur sont par conséquent des approximations de ces surfaces obtenues à l'aide d'algorithmes appropriés. Plusieurs types d'algorithmes ont été mis au point ces dernières années, un des plus performants étant celui des additions aléatoires successives imaginé par le scientifique américain Richard Voss en 1985 [14]. Cette technique donne naissance à des paysages artificiels dont l'aspect peut être modifié à l'infini et adapté du mieux qu'il est possible aux formes réelles. Ainsi, en diminuant l'indice α caractérisant une surface brownienne fractionnaire, on accroît la rugosité de la surface, et donc du paysage. La planche ci-contre [15] représente un continent imaginaire d'indice 0,7 et de dimension 2,3. En agissant sur d'autres paramètres, on obtient de nouveaux effets [16].

Les surfaces fractales permettent non seulement de reproduire le relief, mais aussi d'engendrer des lignes simulant les contours des îles et des continents. Pour cela, il suffit de les intersecter par un plan horizontal convenablement choisi, censé représenter le niveau de la mer. On construit de la sorte des figures plus ou moins régulières (courbes de niveau) ressemblant aux lignes côtières que l'on peut voir sur l'atlas. La géométrie de ces côtes et de ces îles dépend de l'indice de la surface brownienne fractionnaire, et le problème est finalement de trouver

---

14. Cf. D. Saupe, « Algorithms for random fractals », *The Science of Fractal Images*, H.-O. Peitgen et D. Saupe (éds), New York, Springer, 1988, p. 84 sq. Cet algorithme est une version améliorée de la technique du déplacement aléatoire du point moyen dont Mandelbrot avait par ailleurs souligné les limites (Cf. B. Mandelbrot, *The Fractal Geometry of Nature*, chap. 26). Il existe d'autres algorithmes, comme celui fondé sur l'analyse spectrale ou l'analyse de Fourier des fonctions aléatoires, qui sont présentés et étudiés par D. Saupe, dans *The Science of Fractal Images*, p. 71 sq.

15. Cf. aussi *The Science of Fractal Images*, p. 116 (planches 11 à 13).

16. Cf. *ibid.*, p. 115 (planches 8 à 10).

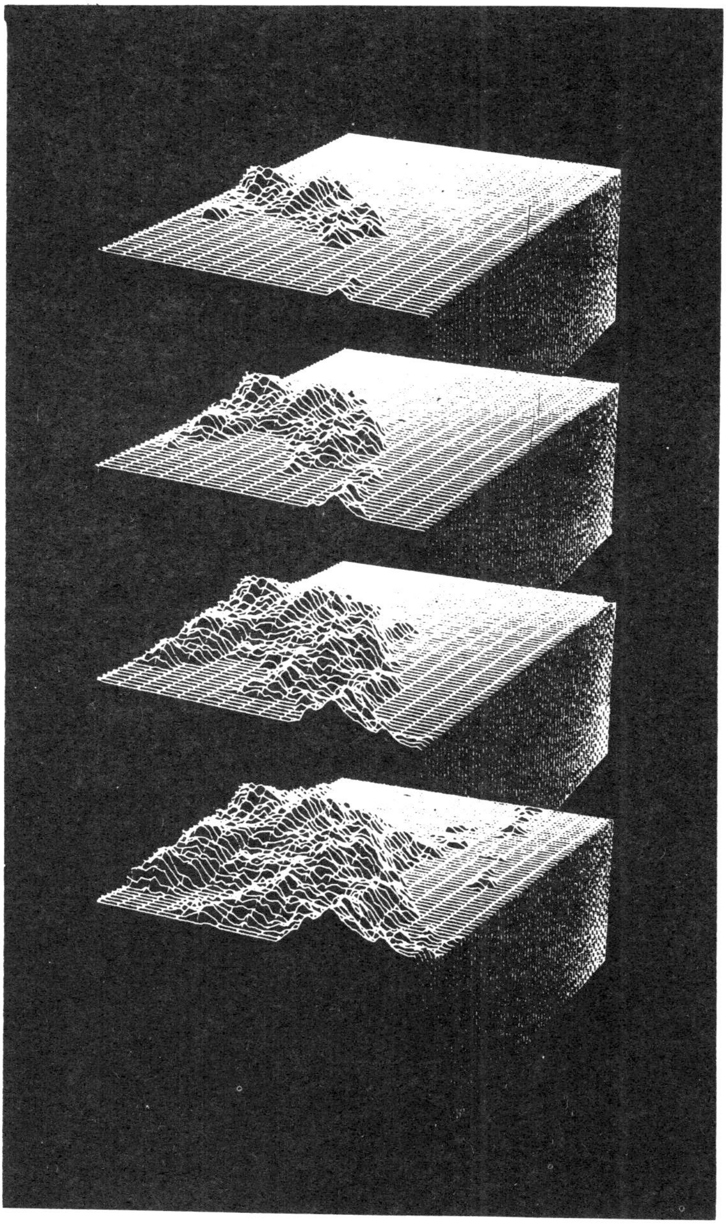

Naissance d'un continent imaginaire
(D'après B. Mandelbrot, *Les Objets fractals*, p. 117)

la valeur qui donne l'image la plus réaliste [17]. La planche ci-contre donne l'allure de côtes obtenues pour différentes valeurs du paramètre.

Lorsque α est voisin de 1, la côte est « trop régulière, explique Mandelbrot, pour être utile en géographie [18] ». S'il vaut 0,7, il est difficile de ne pas « y apercevoir un écho de l'atlas [19] ». L'île supérieure ressemble au Groenland, l'île inférieure à l'Afrique (à condition de la tourner d'un quart de tour). Tant que l'indice reste proche de cette valeur, les images obtenues demeurent ressemblantes. Mais s'il diminue trop, les courbes cessent d'être réalistes. Ainsi, lorsque α vaut 0,1, le jeu de l'analogie avec les côtes de l'atlas « devient beaucoup plus difficile, voire impossible [20] ». Le mathématicien en conclut que la dimension (fractale) moyenne des lignes côtières est 1,3 et celle du relief terrestre 2,3 [21], valeurs qu'il dit avoir testées statistiquement [22]. Ces deux valeurs, obtenues en 1974, lui sembleront par la suite un peu trop élevées. Elles furent choisies, explique Mandelbrot, « à travers des images qui manquaient de détail – à cause de l'imperfection des moyens graphiques disponibles en 1974. Depuis, l'amélioration des outils graphiques a conduit à diminuer la valeur [...] que l'œil préfère [23] ». La valeur correspondant le mieux à la dimension du relief terrestre serait en réalité de 2,2. Cette valeur est du reste plus proche des données empiriques recueillies par Richardson. Il ne faut pas cependant la considérer comme quelque chose d'intangible. Il est bien évident que la dimension du relief terrestre n'est pas uniforme et varie localement de façon plus ou moins importante [24]. La valeur 2,2 n'est donc qu'une moyenne, et les images obtenues avec une dimension comprise entre 2,1 et 2,5 et même au-delà, restent ressemblantes. Cela signifie que le « confecteur de modèles » devra avoir dans sa boîte à outils toutes les valeurs du paramètre comprises entre ces limites [25]. C'est ainsi que Richard Voss a pu construire un lever

17. Cf. B. Mandelbrot, *Les Objets fractals*, p. 120.
18. Cf. *ibid.*, p. 120.
19. *Ibid.*
20. *Ibid.*
21. Cf. B. Mandelbrot, *ibid.*, p. 118.
22. Cf. Les vues du continent imaginaire de Mandelbrot (dimension 2,3) dans B. Mandelbrot, *ibid.*, p. 116.
23. B. Mandelbrot, *ibid.*, p. 118.
24. Cf. B. Mandelbrot, *ibid.*, p. 110.
25. Cf. B. Mandelbrot, *The Fractal Geometry of Nature*, p. 260.

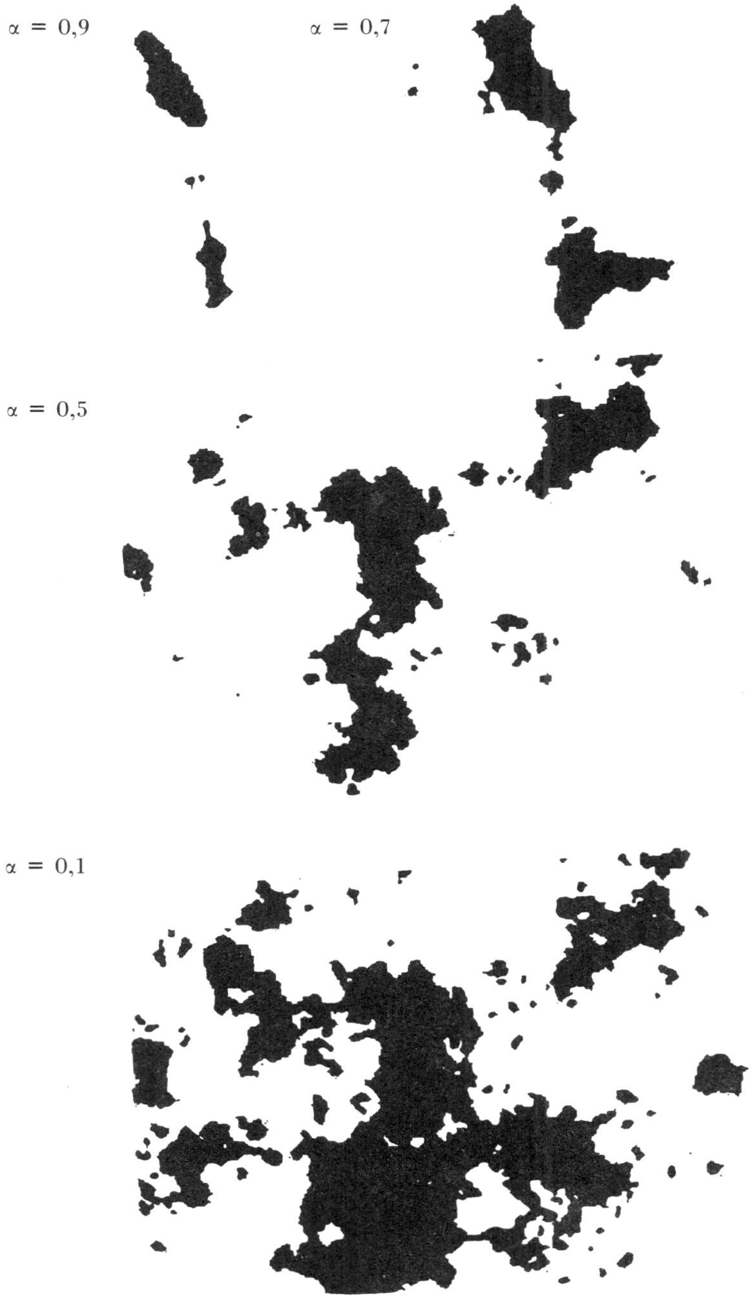

Côtes fractales de dimension 2-α
(D'après B. Mandelbrot, *Les Objets fractals*, p. 120-121)

de « planète fractale », qui ressemble étonnamment au lever de la Terre sur la Lune, fondé sur la valeur 2,5 [26].

Ajoutons pour finir que les algorithmes de construction de surfaces browniennes ne servent pas seulement en géomorphologie. Ils interviennent aussi dans la modélisation des nuages [27], ou bien encore de la surface de certains métaux [28].

Planète fractale
(D'après *The Science of Fractal Images*, H.-O. Peitgen et D. Saupe (éds), p. 24)

26. Cf. *The Science of Fractal Images*, H.-O. Peitgen et D. Saupe (éds.), p. 24.
27. Cf. *ibid*, p. 118, planche 16. Cf. aussi J. Feder, *Fractals*, New York, Plenum Press, 1988, p. XXIV.
28. Cf. la modélisation d'une surface de laiton sablée dans A. Le Méhauté, *Les géométries fractales*, Paris, Hermès, 1990, planche 17.

La distribution des galaxies

Les modèles géomorphologiques ne sont pas les seuls, bien entendu, à manifester cet attachement au monde de la perception immédiate. Bien d'autres en portent témoignage, et notamment le modèle d'Univers proposé par Mandelbrot qui se situe, à maints égards, dans la lignée des précédents.

Les étoiles, on le sait, ne sont pas réparties uniformément dans le ciel, mais regroupées au sein de galaxies, qui sont elles-mêmes regroupées en amas comportant parfois plusieurs milliers d'unités, amas qui sont à leur tour groupés en amas d'amas ou super-amas. Cette structure hiérarchisée de l'Univers a été maintes fois décrite [29], mais n'a pas encore reçu d'explication véritablement satisfaisante. Aucune théorie n'est encore parvenue à rendre compte de l'existence des amas stellaires et galactiques, qui demeure encore à l'heure actuelle un des grands problèmes de la cosmologie moderne. « Le problème de la distribution des étoiles, dit Mandelbrot, des galaxies, des amas de galaxies, fascine l'amateur comme le spécialiste, mais reste marginal par rapport à l'ensemble de l'astronomie et de l'astrophysique. Sans doute en est-il ainsi à cause de l'absence de bonne théorie. Nul spécialiste ne prétend avoir réussi à expliquer pourquoi la distribution de la matière céleste est irrégulière et hiérarchisée, comme

---

29. Elle a été pressentie par Kant lui-même dans son *Histoire générale de la nature* : « Si la grandeur d'un univers planétaire, dans lequel la Terre n'est guère plus perceptible qu'un grain de sable, émerveille l'entendement, de quel étonnement est-on ravi lorsqu'on voit la foule infinie de mondes et de systèmes qui emplissent l'étendue de la Voie Lactée ; mais combien cet étonnement s'accroît lorsqu'on aperçoit que tous ces ordres immenses d'étoiles forment à leur tour l'unité d'un nombre dont nous ne connaissons pas la limite, unité qui est peut-être tout aussi inconcevablement grande que ces ordres, et est cependant à son tour encore l'unité d'une nouvelle liaison numérique. Nous voyons les premiers membres d'une relation progressive de mondes et de systèmes, et la première partie de cette progression infinie laisse déjà reconnaître ce qu'on doit supposer du tout. Il n'y a pas ici de fin, mais un abîme d'une véritable immensité dans lequel sombre tout le pouvoir des concepts humains, celui-ci fût-il rendu supérieur grâce à la science des nombres » (*Histoire générale de la nature et théorie du ciel*, Paris, Vrin, 1984, p. 96-97).

l'indique l'observation à l'œil et le confirme le télescope [30]. » À travers son modèle, Mandelbrot ne prétend pas donner une explication théorique de cette distribution, mais seulement la *décrire*, c'est-à-dire « imiter la réalité par des moyens purement géométriques [31] ». Cette description attribue, comme on peut s'y attendre, une dimension fractale à l'Univers.

Pour évaluer le degré d'amassement des galaxies, Mandelbrot se fonde sur l'analyse de la densité globale de matière contenue dans l'Univers développée par un astrophysicien contemporain : Gérard de Vaucouleurs. Rappelons que la densité de matière contenue dans un certain volume est égale, par définition, au rapport de la masse contenue dans ce volume sur le volume considéré. Si $M(R)$ désigne la masse de matière contenue dans une sphère de rayon R centrée sur la Terre, la densité de matière contenue dans cette sphère est égale au rapport de la masse $M(R)$ sur le volume de la sphère, c'est-à-dire à $M(R)/[(4/3)\pi R^3]$. Pour obtenir la densité globale de matière dans l'Univers, il suffit de faire tendre le rayon R vers l'infini. Elle est égale à la limite du rapport $M(R)/[(4/3)\pi R^3]$ lorsque R augmente indéfiniment. On pourrait s'attendre à ce que cette limite soit un nombre positif non nul. Malheureusement, les observations faites jusqu'à présent semblent indiquer que tel n'est pas le cas. « Au fur et à mesure que la profondeur du monde perçu par les télescopes a augmenté, écrit Mandelbrot, la densité moyenne de matière n'a cessé de diminuer [32]. » Selon Gérard de Vaucouleurs, cette densité est restée, à mesure que progressaient les observations, proportionnelle à R^{D-3}, où D est un exposant beaucoup plus petit que 3, et même voisin de 1. Les meilleures estimations lui attribuent la valeur 1,23 [33]. La densité étant proportionnelle à R^{D-3}, la masse de matière $M(R)$ est donc proportionnelle à R^D. Mandelbrot voit dans cette relation une généralisation de la formule classique reliant, dans un espace de dimension E, le volume V d'une boule à son rayon R (dans un espace de dimension E, V est proportionnel à R^E). L'exposant fractionnaire D, qui se substitue, dans la relation de De Vau-

---

30. *Les Objets fractals*, p. 72 (cf. B. Mandelbrot, *The Fractal Geometry of Nature*, p. 84).
31. *The Fractal Geometry of Nature*, p. 84.
32. *Les Objets fractals*, p. 74.
33. Cf. *The Fractal Geometry of Nature*, p. 85.

couleurs, à la dimension euclidienne *E* de la formule classique, est une dimension fractale.

Le fait que cette dimension soit inférieure à la dimension de l'espace ambiant lui-même (trois) reflète l'« intense amassement [34] » des objets célestes constaté empiriquement. Comme le dit G. de Vaucouleurs, « l'amassement des galaxies, et sans doute de toutes les formes de la matière, reste, à toutes les échelles observables, la caractéristique dominante de la structure de l'Univers, sans indication d'une approche vers l'uniformité. La densité moyenne de la matière décroît continûment quand on considère des volumes toujours plus grands, et les observations ne donnent aucune raison de supposer que cette tendance ne continue pas à des distances beaucoup plus grandes et des densités beaucoup moins élevées [35] ». Toute la question est en fait de savoir si cet exposant *D* reste constant, c'est-à-dire si, comme le suppose G. de Vaucouleurs, la densité globale continue de s'annuler au-delà du domaine observable, ou non. Sans prendre position sur le fond, Mandelbrot admet que dans une zone moyenne au moins (correspondant à la zone observée) la dimension fractale de l'Univers *D* reste inférieure à 3 (en fait qu'elle vaut 1,23). Ces analyses empirico-phénoménologiques permettent de préciser les contraintes théoriques auxquelles doit satisfaire un modèle fractal acceptable de l'Univers. Celles-ci sont doubles : 1) il faut d'abord que ce modèle reflète la structure hiérarchique des objets célestes (l'amassement) ; 2) il faut ensuite qu'il ait une densité globale de matière nulle, ou plus précisément que $M(R)$ soit proportionnel à R^D, D étant un exposant fractionnaire inférieur à 3 dont la valeur doit être fixée empiriquement.

Il existe en réalité une multitude de modèles satisfaisant à ces deux contraintes, et plusieurs avaient même été élaborés bien avant les travaux de Mandelbrot. C'est le cas de celui construit en 1907 par Edmund Edward Fournier d'Albe [36], un obscur écrivain de science-fiction « qui n'avait survécu, selon Mandelbrot, que parce qu'il avait attiré l'attention d'un astronome établi,

34. *Les Objets fractals*, p. 74.

35. Cf. G. de Vaucouleurs, « The Case for a hierarchical cosmology », *Science*, *167*, 1203-1213 (1970) (cité par B. Mandelbrot dans *The Fractal Geometry of Nature*, p. 86 et *Les Objets fractals*, p. 74).

36. Dans *Two New Worlds : I The Infra World ; II The Supra World*, Londres, Longmans green, 1907.

C. V. L. Charlier [37] ». En dépit ou plutôt à cause de sa simplicité excessive, le modèle de Fournier d'Albe conserve une valeur paradigmatique. Il se fonde sur une procédure récursive élémentaire, fractale avant la lettre.

Le point de départ de la construction de Fournier d'Albe est un octaèdre régulier centré (figure volumique comprenant huit faces et six sommets). Les six sommets et le centre de l'octaèdre sont censés représenter des objets célestes (étoile ou galaxie), et l'ensemble de ces sept points constitue un amas galactique d'ordre 1. Pour obtenir un amas d'ordre 2 (un amas d'amas), on agrandit l'amas précédent d'un facteur sept, puis on substitue à chacun des sept points de l'agrandissement un amas d'ordre 1. Pour obtenir un amas d'ordre 3, on opère de manière analogue,

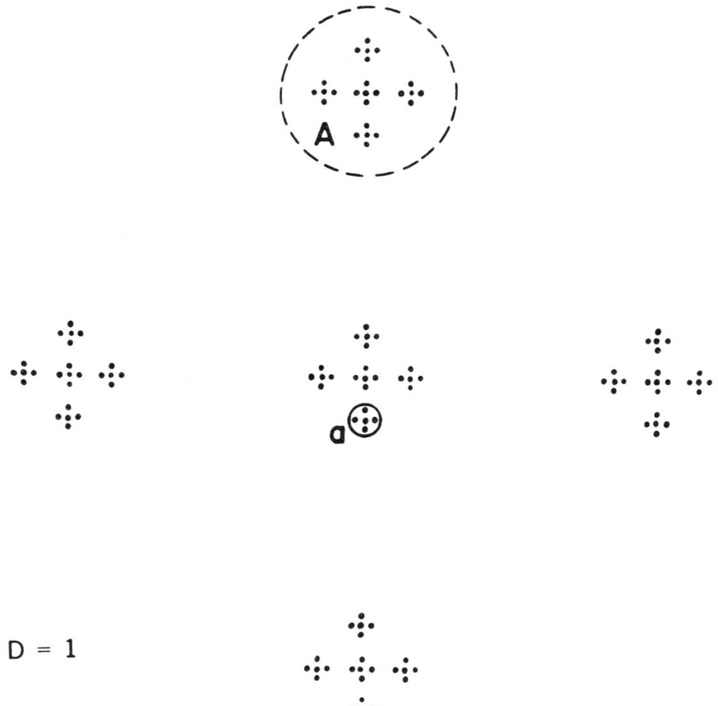

Projection plane de l'Univers de Fournier d'Albe
Le cercle *a* est un amas galactique d'ordre 1, le cercle *A* un amas d'ordre 2, le tout un amas d'ordre 3, etc.

37. *Les Objets fractals*, p. 75-76.

et ainsi de suite. En répétant indéfiniment la procédure, on obtient un ensemble de points ou d'objets célestes – l'Univers de Fournier – satisfaisant aux deux conditions énoncées par Mandelbrot :

– C'est d'abord un ensemble hiérarchisé car autosimilaire : chaque amas est l'image réduite (dans le rapport 1/7) de l'amas dont il fait lui-même partie. Sa dimension d'homothétie est égale à $D = \log N / \log 1/r = \log 7 / \log 7 = 1$. Sa dimension topologique est nulle, puisqu'il est constitué par une infinité de points disjoints.

– La densité globale de matière de cet ensemble est nulle. En effet, si on attribue à chaque point de cet ensemble une masse unité, la masse de matière $M_0(R)$ contenue dans une sphère de rayon R centrée sur l'origine est globalement proportionnelle à R.

Même s'il est par conséquent « théoriquement » satisfaisant, ce modèle [38] n'est pas acceptable pour autant, et ceci pour deux raisons essentielles : tout d'abord, il ne donne pas une image réaliste de la distribution des galaxies. « Il est régulier, dit Mandelbrot, à en être grotesque [39]. » Pour corriger ce défaut, l'astronome Charlier avait proposé, au début du siècle, un modèle alternatif dans lequel N et $1/r$ variaient aléatoirement à chaque étape de la construction. Mais la construction ainsi obtenue ne présentait plus d'homothétie interne, et n'avait même plus de dimension bien définie.

L'autre défaut de l'univers de Fournier est ce qu'on peut appeler son « géocentrisme ». La Terre y occupe une position privilégiée, ce qui heurte le principe cosmologique, que Mandelbrot préfère appeler du reste principe cosmographique car « nous ne nous occupons pas ici, rappelle-t-il, de théorie (λόγος) mais seulement de description (γράφη) [40] ». Ce principe énonce que « notre temps et notre position sur la Terre n'ont rien de particulièrement spécial ou central, que les lois de la Nature doivent être les mêmes, partout, tout le temps [41] ». Le mathématicien

38. Il existe de multiples variantes de l'univers de Fournier, de dimension variable, obtenues en modifiant le rapport d'homothétie $1/r$, ou bien le nombre N. (Cf. B. Mandelbrot, *Les Objets fractals*, p. 78-79.) Le rapport d'homothétie $1/r$ doit cependant rester supérieur à 3, si l'on ne veut pas que les agrégats d'ordres différents s'intersectent.

39. *The Fractal Geometry of Nature*, p. 88.

40. *Les Objets fractals*, p. 83.

41. *Ibid.*, p. 83.

donne en fait deux versions de ce principe qu'il formule de manière statistique :

– Dans sa version forte, le principe cosmographique pose que « la distribution de matière suit les mêmes lois statistiques, quel que soit le repère (origines et axes) dans lequel elle est examinée [42] ». Cette version forte est intellectuellement satisfaisante, mais ne s'accorde pas avec les distributions réelles qui sont très loin d'être uniformes. C'est pourquoi Mandelbrot lui préfère une version faible, dans laquelle la distribution de matière n'est plus évaluée dans tous les repères possibles, mais uniquement dans ceux dont l'origine supporte elle-même de la matière.

– Dans sa version affaiblie ou conditionnelle, le principe cosmographique énonce donc que la distribution de matière est la même dans tous les repères dont l'origine est massique [43]. Cela revient à dire que la masse $M(R)$ contenue dans une sphère de rayon (R) centrée sur un objet céleste quelconque est une variable aléatoire indépendante de la situation de l'objet dans l'espace. Le principe cosmographique faible est la troisième contrainte à laquelle doit satisfaire un modèle fractal acceptable de l'Univers.

Le premier modèle envisagé par Mandelbrot remplissant ces trois critères est ce qu'il appelle l'Univers semé de Rayleigh. Ce modèle fait appel à la notion de « vol aléatoire ». Ce processus désigne, comme son nom l'indique, un cheminement dans l'espace reliant une série de points $P(k)$, appelés sites d'arrêt, tels que les vecteurs $P(k+1)–P(k)$ ont une orientation quelconque et une longueur régie par une distribution de probabilité déterminée. Pour obtenir un modèle d'Univers, on dépose ou on sème une « pincée de matière [44] » à chaque site d'arrêt. Lorsque les distances entre les sites d'arrêt sont distribuées selon une loi gaussienne, l'Univers obtenu est celui de Rayleigh. Par construction, cet Univers satisfait au principe cosmographique faible. On peut ensuite montrer que la masse de matière contenue dans une sphère de rayon R centrée sur un site d'arrêt quelconque est proportionnelle à R^2. Cet Univers a donc une densité de matière globale nulle. Ce modèle est donc *a priori* un bon candidat à la formalisation de la distribution des galaxies. Son seul inconvénient est que sa dimension (fractale) est égale à 2, ce qui ne

---

42. *Ibid.*, p. 83.
43. Cf. *ibid.*, p. 84.
44. Cf. B. Mandelbrot, *ibid.*, p. 86.

concorde malheureusement pas avec la dimension suggérée par les faits (1,3).

Mandelbrot propose en définitive, comme modèle fractal de l'Univers, ce qu'il appelle l'Univers semé de Lévy, qui est une généralisation de l'univers de Rayleigh obtenue en modifiant la distribution de probabilité de la distance entre les sites d'arrêt. Au lieu de retenir, comme précédemment, une distribution gaussienne, Mandelbrot utilise à présent une distribution de Lévy [45] d'indice α dont une des caractéristiques est de posséder une variance [46] infinie. La conséquence est que les grandes valeurs pour la distance entre deux sites d'arrêt ont une probabilité non négligeable. On peut montrer que la dimension fractale d'un univers de Lévy est égale à α, et que sa densité globale de matière est nulle. Il satisfait par construction au principe cosmographique faible. La valeur de l'indice α n'étant pas fixée *a priori*, ce modèle d'Univers peut être adapté pour reproduire le plus fidèlement possible la phénoménologie. Mandelbrot a construit par ordinateur plusieurs modèles d'Univers pour différentes valeurs de cet indice.

Lorsque α vaut 1, l'amassement est excessif [47], mais les valeurs voisines de 1,3 sont conformes « aux estimations de Gérard de Vaucouleurs [48] ». Selon Mandelbrot, la valeur qui donne l'image la plus ressemblante est 1,23 [49]. Outre que ce modèle donne une démonstration de la version faible du principe cosmographique, « [il] s'est vite révélé, écrit Mandelbrot, avoir une deuxième vertu. Les corrélations théoriques entre les densités des galaxies, prises entre 2 et 3 directions du Ciel, ont été calculées [...], et les résultats se trouvent être *identiques* à ceux que Peebles [...] obtient de façon empirique [50] ». L'accord du modèle et de l'expérience serait donc total. Resterait bien sûr à comprendre la raison de cet accord, c'est-à-dire à fonder

45. Cf. *infra*, appendice 2.
46. L'espérance mathématique E(X) d'une variable aléatoire X est la valeur moyenne de X sur l'échantillon. C'est une généralisation assez naturelle de la notion de moyenne arithmétique. Si X prend par exemple les valeurs x_1, x_2,..., x_n, avec les probabilités p_1, p_2,..., p_n, l'espérance de X vaut $E(X) = \Sigma x_i p_i$. La variance de X désigne, quant à elle, l'espérance mathématique de $(X-E(X))^2$. Elle donne une indication sur la dispersion de la variable autour de la valeur moyenne.
47. Cf. schéma dans B. Mandelbrot, *Les Objets fractals*, p. 94.
48. *Ibid.*, p. 89.
49. *Ibid.*, p. 98.
50. *Ibid.*, p. 90.

$\alpha = 1$

$\alpha = 1{,}2$

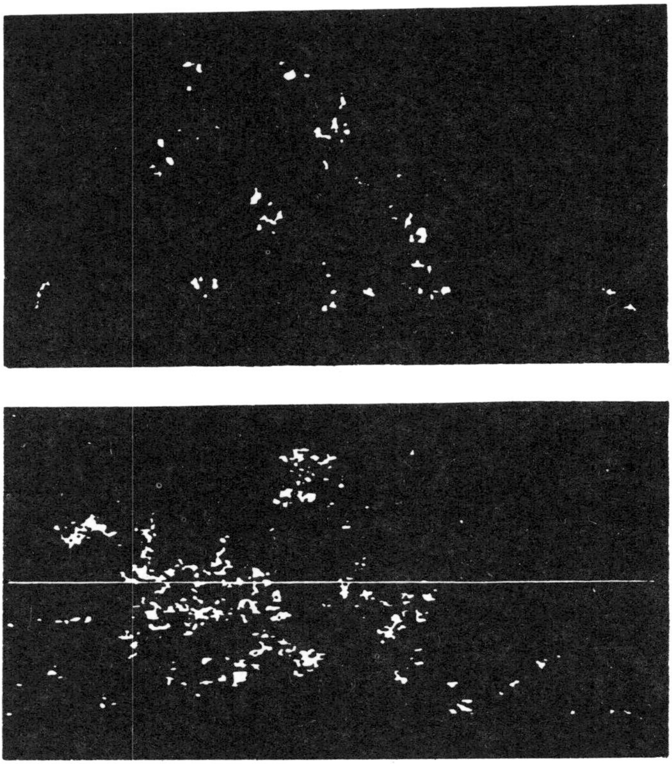

Exemples d'Univers fractals
(D'après B. Mandelbrot, *Les Objets fractals*, p. 94-100)

le modèle sur des lois cosmologiques, mais cela n'entre pas dans le propos de Mandelbrot.

La croissance des agrégats

Pour terminer notre tour d'horizon des modèles fractals, nous allons revenir sur Terre et évoquer un domaine qui fait l'objet, depuis le début des années 1980, de recherches particulièrement prometteuses, celui de la croissance des « agrégats ». Les agrégats sont des objets composites, constitués par une multitude d'éléments à peu près homogènes, attachés plus ou moins solidement les uns aux autres. Le flocon de neige, qui est un assemblage de minuscules cristaux de glace disposés selon une structure régulière, en est un exemple. L'éclair dans un ciel d'orage en est un autre, si l'on veut bien considérer qu'un éclair n'est rien d'autre, en définitive, qu'une série ou une accumulation d'étincelles très rapprochées. Il existe bien d'autres agrégats dans la nature, de taille et de structure très diverses. Les premiers à avoir été étudiés au moyen d'un modèle fractal sont ceux qui prennent naissance dans certaines solutions physico-chimiques, et notamment les colloïdes ou les solutions de sel métalliques.

Les colloïdes sont des solutions dans lesquelles une multitude de granules de taille microscopique sont en suspension. Un colloïde est la plupart du temps homogène et stable, mais il peut arriver (dans certaines conditions) que les granules en dispersion s'agglutinent les uns aux autres, donnant ainsi naissance à des agrégats. Leur apparition se traduit dans un premier temps par une perte de transparence du milieu. Celui-ci se trouve peu à peu envahi par un nuage laiteux, ce qui signifie que la lumière diffuse sur des objets plus gros que les granules de départ. Ces agrégats, d'abord invisibles à l'œil nu et répartis uniformément dans tout le liquide, grossissent peu à peu et finissent au bout d'un certain temps par précipiter au fond du récipient. L'explication physique de la formation de ces agrégats est relativement simple. Les granules en dispersion se meuvent en tous sens dans le liquide et sont soumis à des forces attractives, les forces de Van der Waals. Ces forces sont à très courte portée et ne s'exercent qu'entre granules voisins. Lorsque deux granules passent à proximité l'un de l'autre, ils s'attirent donc et se soudent. Ce premier agrégat attire à son tour de nouveaux granules, et ainsi de suite jusqu'à la formation d'un agrégat plus important. Ces agrégats possèdent une structure ramifiée très irrégulière, puisque les granules ont un mouvement apparemment aléatoire (mouvement brownien). Deux chercheurs américains, Forrest et Witten, ont pu montrer que ces structures étaient, avec une bonne approximation, fractales [51], c'est-à-dire invariantes d'échelle :

51. Jean Perrin avait déjà entrevu la nature fractale des agrégats colloïdaux, où il voyait un nouvel exemple de courbe continue sans dérivée. « Observons, par exemple, disait-il, un de ces flocons blancs qu'on obtient en salant de l'eau de savon. De loin, son contour peut sembler net, mais sitôt qu'on s'approche un peu, cette netteté s'évanouit. L'œil ne réussit plus à fixer de tangente en un point : une droite qu'on serait porté à dire telle, au premier abord, paraîtra aussi bien, avec un peu plus d'attention, perpendiculaire ou oblique au contour. Si on prend une loupe, un microscope, l'incertitude reste aussi grande, car chaque fois qu'on

chacune de leurs parties est l'image réduite du tout. Ils ont même réussi à déterminer expérimentalement leur dimension d'homothétie en comptant le nombre de particules n (de taille caractéristique r_0) situées dans une sphère de rayon r centrée sur l'agrégat : ils ont ainsi obtenu une relation de la forme $n = k(r/r_0)^d$, dans laquelle l'exposant d désigne la dimension de l'agrégat [52]. Des mesures effectuées sur des agrégats de colloïdes d'or ont donné une dimension de 1,75 [53].

Des agrégats analogues apparaissent dans des solutions de sels métalliques soumises à électrolyse. Considérons par exemple une solution de sulfate de cuivre ($CuSO_4$) dans laquelle on fait passer un courant. Au bout de quelques minutes un dépôt de cuivre prend naissance autour d'une des deux bornes du circuit, en l'occurrence la cathode (borne négative). Dans certaines configurations expérimentales, le dépôt de cuivre prend une forme ramifiée très complexe, avec de nombreux embranchements dont certains peuvent atteindre plusieurs centimètres de longueur. Là encore, le mécanisme de formation est relativement simple. Dans la solution, le sulfate de cuivre se sépare en ions positifs Cu^{2+} et en ions négatifs SO_4^{2-}. Lorsque le courant est établi, les ions de cuivre heurtant la cathode reçoivent deux électrons, et se déposent sous forme de cuivre. Lorsque d'autres ions de cuivre viennent frapper à leur tour le cuivre qui s'est déjà déposé, ils se déposent et forment un agrégat. Le mouvement des ions de cuivre dans la solution étant aléatoire (ce qui suppose que le champ électrique ne soit pas trop important), les ions s'agglutinent irrégulièrement selon une structure ramifiée ayant l'aspect d'une dendrite. La structure de ces dépôts est, là encore, approximativement autosimilaire et donc fractale. On détermine expérimentalement sa dimension d'homothétie, en utilisant une méthode de calcul analogue à celle employée pour les colloïdes. Des mesures effectuées

---

augmente le grossissement, on voit apparaître des anfractuosités nouvelles, sans jamais éprouver l'impression nette et reposante que donne, par exemple, une bille d'acier polie. En sorte que si cette bille donne une image utile de la continuité classique, notre flocon peut tout aussi logiquement suggérer la notion plus générale des fonctions continues sans dérivées [...]. C'est un caractère essentiel de notre flocon [...] que, à toute échelle, on *soupçonne*, sans les voir tout à fait bien des détails qui empêchent absolument de fixer une tangente », *Les Atomes*, 1re éd. 1913, rééd. Paris, Flammarion, coll. « Champs » n° 225, 1991, p. 26-27.

52. Cf. J. Feder, *Fractals*, p. 31 sq.

53. D. A. Weitz et M. Oliveria, « Fractal structures formed by kinetic aggregation of aqueous gold colloids », *Phys. Rev. Lett.*, *52*, 1433-1436 (1984).

pour des dépôts volumiques de sulfate de cuivre ont donné une dimension fractale voisine de 2,43 [54]. D'autres mesures effectuées avec des dépôts surfaciques de sulfate de zinc ont donné la valeur 1,63 [55].

La croissance de ces agrégats peut être formalisée à l'aide d'un modèle mathématique très simple, le modèle dit d'agrégation à diffusion limitée (modèle ALD) [56]. La première étape consiste à « discrétiser » le plan, c'est-à-dire à le mailler par un réseau de petits carrés. Ce réseau définit les positions admissibles des particules : celles-ci ne peuvent se trouver qu'au centre des carrés et ne peuvent se déplacer que parallèlement aux axes du maillage. Un site-origine, qui va constituer le germe de l'agrégat, est choisi dans le réseau : ce site-origine représente, par exemple, la cathode des dépôts électrolytiques. On trace ensuite un grand cercle centré sur ce site-origine, et on choisit au hasard un point sur le périmètre de ce cercle. On place alors une particule sur le site admissible du réseau le plus proche de celui-ci, et on la lâche en lui faisant décrire un mouvement brownien. Cela revient à déplacer aléatoirement la particule d'un pas sur le réseau (soit vers la droite, soit vers la gauche, soit vers le haut, soit vers le bas). Si cette particule sort du cercle, on l'abandonne. Si elle atteint un carré contigu au carré origine, elle s'immobilise, et constitue le premier élément de l'agrégat. On recommence l'opération en plaçant une nouvelle particule sur le périmètre du cercle. Celle-ci va ou bien quitter le cercle, et se perdre, ou bien atteindre un carré contigu au carré déjà occupé (ou au carré origine), et s'y immobiliser. Lorsqu'on répète le processus un grand nombre de fois, on obtient un agrégat dont la forme ressemble étonnamment aux formes observées empiriquement. L'agrégat de la figure ci-dessous, obtenu par ordinateur, comprend 10 000 particules, et possède une structure fractale en tous points analogue à celle des dépôts électrolytiques expérimentaux. Sa dimension, évaluée par la méthode de comptage des boîtes, est d'environ 1,7 (et 2,43 dans le cas tridimensionnel), valeur qui s'accorde remarquablement avec les données empiriques. On peut montrer que cette valeur est indépendante du rayon du cercle

54. Cf. J. Feder, *Fractals*, p. 35.
55. Cf. J. Feder, *ibid.*, p. 35.
56. Modèle élaboré en 1981 par deux chercheurs américains : T. A. Witten et L. M. Sander, « Diffusion-limited aggregation, a kinetic phenomenon », *Phys. Rev. Lett.*, *47*, 1400-1403 (1981).

d'où partent les particules, comme du reste, semble-t-il, de la nature du maillage lui-même (carré, triangulaire, hexagonal, etc.).

Le modèle de Witten et Sander (modèle ALD) a été étendu aux agrégats d'agrégats eux-mêmes, pour donner naissance au modèle de collage d'amas [57]. Ce modèle s'est révélé particulièrement bien adapté pour décrire la croissance des agrégats en milieu colloïdal. En effet, dans ce milieu, les agrégats ne restent pas séparés les uns des autres, mais s'agglutinent au fur et à mesure qu'ils grossissent. Ces amas d'agrégats ont en fait une dimension fractale plus faible que les agrégats du premier ordre (1,40), ce dont le modèle rend parfaitement compte. Le modèle de collage d'amas a d'autres vertus, comme celle de faire apparaître explicitement la variable temporelle, ou encore d'établir un lien entre la cinétique chimique et les propriétés géométriques du phénomène d'agrégation [58]. Ces différents modèles de crois-

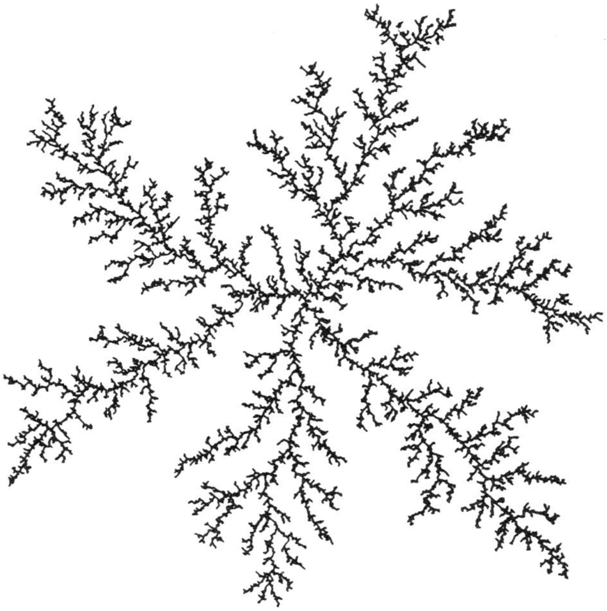

Agrégat fractal obtenu par ordinateur (d = 1,70)
(D'après K. Falconer, *Fractal Geometry*, p. 269)

57. Ce modèle a été développé par des chercheurs français, R. Jullien et R. Botet, au milieu des années 1980.

58. Cf. R. Jullien, R. Botet, et M. Kolb, « Les Agrégats », *La Recherche*, *16*, 1334-1343 (1985), p. 1341.

sance fractale ne sont pas utilisés seulement en physico-chimie. Ils servent également à formaliser des processus aussi divers que le front de diffusion des liquides de faible viscosité (eau ou gaz) dans des liquides de forte viscosité (huile) [59], la propagation des décharges électriques [60], ou encore les lignes de fracture de certains matériaux. Toutes ces structures, qui ne sont pas toujours strictement agrégatives, ont la particularité de posséder à peu près la même dimension fractale (en l'occurrence 1,70), qui semble posséder par là une sorte d'universalité [61].

La réhabilitation du monde sensible

Nous pourrions multiplier les exemples : tous confirmeraient cette orientation phénoménologique, ce retour au monde de la perception immédiate caractéristique des théories morphologiques. Ces théories donnent ou redonnent un statut scientifique à l'univers de la *doxa*, de l'opinion, au monde des apparences, au monde sensible en général. Il n'est pas trop fort de parler à ce propos de redécouverte ou de réhabilitation. En effet, la physique antique et médiévale avait pour objet la nature sensible elle-même, ce que Aristote appelait le monde sublunaire, monde de la contingence peuplé d'êtres toujours en mouvement. C'était ce qui la définissait en tant que telle et qui l'opposait en même temps à la théologie astrale ou à la métaphysique, considérée comme science des êtres suprasensibles ou intelligibles. La physique moderne, en revanche, bien qu'elle ne prétende s'appuyer que sur l'expérience et sur les données de la sensation, s'est en fait constituée contre le sensible. Pour Galilée et ses successeurs, « le réel physique, explique Koyré, n'est pas appréhendé par les sens, mais par la raison [62] ».

---

59. Cf. J. Feder, *Fractals*, p. 47.
60. Cf. la photographie de l'éclair obtenue dans une expérience de « claquage » d'un disque de verre dans L. Niemeyer, L. Pietronero et H. J. Wiesman, « Fractal dimension of dielectric breakdown », *Phys. Rev. Lett.*, *52*, 1033-1036 (1984).
61. Cette universalité, encore inexpliquée, paraît « très frappante » aux yeux de K. Falconer, *Fractal Geometry*, p. 272.
62. *Études galiléennes*, Paris, Hermann, 1966, p. 220.

« Galilée, comme Descartes un peu plus tard, dit-il encore, [...] fut obligé de supprimer la notion de qualité, de la déclarer subjective, de la bannir du domaine de la nature. Ce qui implique en même temps qu'il fut obligé de supprimer la perception des sens comme la source de connaissance et de déclarer que la connaissance intellectuelle, et même *a priori*, est notre seul et unique moyen d'appréhender le réel [63]. » La physique galiléenne est une physique quantitative et, à ce titre, beaucoup plus éloignée du monde de tous les jours que la physique aristotélicienne. Un exemple simple, mais très significatif, nous le fera comprendre : celui du mouvement. Pour Galilée et Newton, il n'y a qu'un seul type de mouvement, le changement de lieu. Le premier axiome ou la première loi de la mécanique newtonienne est le principe d'inertie que Newton énonçait en ces termes : « Tout corps persévère dans l'état de repos ou de mouvement uniforme en ligne droite dans lequel il se trouve, à moins que quelque force n'agisse sur lui, et ne le contraigne à changer d'état [64]. » Ce principe fonde, d'une certaine façon, toute notre physique. Or, et c'est ce qu'il y a de paradoxal, ce principe affirme quelque chose que nous ne rencontrons pas et que nous ne rencontrerons jamais dans le monde réel, à savoir l'existence d'un mouvement rectiligne uniforme éternel. Nous n'avons jamais affaire à des mouvements parfaitement rectilignes ni à des mouvements parfaitement uniformes. Les mouvements que nous percevons sont toujours accélérés ou retardés, le seul mouvement à peu près régulier étant celui de la voûte céleste, mais il n'est pas rectiligne. En outre, les mouvements qui nous entourent sont toujours interrompus, ils ne se poursuivent jamais indéfiniment. En fait, non seulement le mouvement rectiligne uniforme ne se rencontre jamais dans le monde réel mais il y est même impossible, et ceci en vertu des axiomes mêmes de la physique galiléo-newtonienne. « La physique de Galilée, dit Koyré dans une formule saisissante, explique ce qui est par ce qui n'est pas. Descartes et Newton vont plus loin : leurs physiques expliquent ce qui est par ce qui ne peut pas être ; elles expliquent le réel par ce qui est impossible [65]. » Pour Newton,

---

63. « Galilée et Platon », *op. cit.*, p. 190.
64. *Principes mathématiques de la philosophie naturelle*, t. I, p. 17.
65. *Études galiléennes*, p. 276.

un mouvement rectiligne uniforme ne peut pas exister parce qu'un corps est toujours soumis à l'action d'un autre. Sa trajectoire n'est donc jamais rectiligne, mais se trouve nécessairement déviée. Pour qu'un mouvement parfaitement uniforme se produise, il faudrait qu'il n'y ait qu'un seul corps dans l'univers, ce qui est exclu de fait [66]. Cet exemple est tout à fait révélateur du fossé existant entre la physique et le monde sensible, le monde phénoménal.

En réalité, la physique que nous connaissons n'a jamais été et ne s'est jamais voulue une science du donné immédiat, de ce qui se donne à percevoir ici et maintenant. Elle s'est même constituée, depuis son point de départ galiléo-newtonien, contre le sensible, en tant que science du non-sensible. Elle a cherché et cherche encore à découvrir des relations « intelligibles » entre objets eux-mêmes « intelligibles ». Ses corps n'ont jamais été ceux de l'expérience concrète, mais des entités abstraites se déplaçant dans un univers abstrait. « Ce ne sont pas les corps de notre expérience commune, dit Koyré, mais les corps abstraits, les particules et les atomes du monde newtonien qui sont les *relata*, ou les *fundamenta* des relations mathématiques établies par la science [67]. » En prenant le contre-pied de cette attitude, les théories morphologiques se veulent d'abord et avant tout une science du sens commun. « Pour ma part, dit R. Thom, je suis naïf : je crois qu'il faut partir de la réalité macroscopique usuelle, que nous connaissons tous : la réalité que vous avez, que j'ai, que cette boîte sur mon bureau a. Et si nous refusons *a priori* toute validité à cette réalité, nous sommes condamnés au solipsisme ou à des doctrines d'un subjectivisme réellement forcené [68]. » Les théories morphologiques contredisent le principe bachelardien selon lequel « l'esprit scientifique doit se former *contre* la Nature, contre ce qui est, en nous et hors de nous, l'impulsion et l'ins-

---

66. Comme le précise Koyré, l'impossibilité du mouvement rectiligne inertial, affirmée ou supposée par Newton, Descartes et Galilée, n'est pas la même pour chacun d'eux. Pour Newton, c'est une impossibilité de fait : ce mouvement est impossible, parce qu'il y a plusieurs corps dans l'univers. Pour Descartes, c'est une impossibilité d'essence : il est dans l'essence d'un corps qu'il ne soit pas unique, isolé. Pour Galilée, c'est encore différent : le corps ne se meut pas spontanément en ligne droite, parce que son poids l'entraîne vers le bas (cf. *Études galiléennes*, p. 276).

67. « De l'Influence des conceptions philosophiques sur l'évolution des théories scientifiques », *Études d'histoire de la pensée philosophique*, p. 265.

68. *Prédire n'est pas expliquer*, p. 103.

truction de la Nature, contre l'entraînement naturel, contre le fait coloré et divers [69] ». Elles ne cherchent pas à purifier la nature en la dépouillant de ces accidents, mais la prennent dans son immédiateté même. D'une façon générale, elles sont une phénoménologie de l'apparent.

---

69. *La Formation de l'esprit scientifique*, Paris, Vrin, 11ᵉ éd., 1980, p. 23.

Chapitre 3

La célébration de la diversité

La science moderne et l'unification du monde

Un des premiers actes, sinon le premier acte de la science moderne a correspondu à l'unification du monde astral et du monde sublunaire que l'ancienne physique aristotélicienne opposait : grâce à la loi de la gravitation, Newton parvenait à donner pour la première fois une explication commune des phénomènes célestes (mouvement des planètes) et des phénomènes terrestres (chute des corps) [1]. C'est en vertu d'une seule et même loi que les pierres tombent sur le sol et que les planètes tournent autour du Soleil. Depuis lors, l'unification du monde a été le principal moteur de l'histoire des sciences. Au début du XIXe siècle, Ampère et Faraday ont unifié l'électricité et le magnétisme, qu'on avait tendance à considérer – au moins depuis les travaux du physicien anglais William Gilbert [2] (1544-1603) – comme deux phénomènes distincts [3]. On savait qu'une particule chargée exerçait sur une autre une force, la force *électrique*. B. Franklin (1706-1790) avait montré qu'elle était attractive si les charges étaient de signes contraires, et répulsive si elles étaient de même signe. Les physiciens H. Cavendish (1731-1810) et C. Coulomb (1736-1806)

---

1. Newton n'a pas été le premier, à vrai dire, à identifier les phénomènes célestes et les phénomènes terrestres. Au Moyen Âge, le physicien afghan Al-Biruni (973-1048) avait déjà affirmé que les phénomènes physiques obéissaient aux mêmes lois sur le Soleil, sur la Terre et sur la Lune.

2. Auteur du premier traité sur le magnétisme (*De Magnete*, 1600).

3. W. Gilbert pensait que l'attraction électrique résultait de la « matière » du corps électrisé, et l'attraction magnétique de sa « forme ».

avaient cherché à la quantifier, et découvert, guidés en cela par la loi de Newton, qu'elle était inversement proportionnelle au carré de la distance entre les charges. On savait par ailleurs qu'un aimant exerçait sur un autre aimant ou sur un objet métallique une force *magnétique*. T. Mayer (1752-1830) et Coulomb avaient montré qu'elle était, comme la précédente, inversement proportionnelle au carré de la distance. Mais la mise au jour de cette analogie formelle n'autorisait pas pour autant qu'on les confonde, même s'il elle incitait à aller dans ce sens. La découverte majeure s'est produite en 1820, lorsque le physicien danois Christian Œrstedt (1777-1851) s'est aperçu, un peu par hasard, qu'un fil rectiligne parcouru par un courant électrique déviait l'aiguille aimantée d'une boussole placée à proximité. Cela voulait dire qu'une charge électrique en mouvement (les électrons se déplaçant dans le fil) produisait une force magnétique. Puisque le mouvement de la charge était relatif et pouvait être annulé par un simple changement de repère, la distinction entre force magnétique et force électrique devenait du même coup relative, ce qui voulait dire que les deux forces étaient, dans le fond, identiques. « La distinction, explique le physicien Abdus Salam [4], entre forces magnétique et électrique est affaire de point de vue : *la charge électrique est-elle en mouvement ou non* ? Là réside l'essence de l'unification entre l'électricité et le magnétisme [5]. » Sept ans après la découverte d'Œrstedt, Ampère formulait, dans un célèbre mémoire sur la *Théorie mathématique des phénomènes électro-dynamiques, uniquement déduite de l'expérience* [6], publié en 1827, la première théorie complète de l'électromagnétisme. Ce n'est cependant que cinquante ans plus tard (1878) que l'électromagnétisme devait prendre sa forme (provisoirement) définitive, avec J. C. Maxwell, qui écrira les équations du champ auxquelles son nom restera attaché. Dans la théorie de Maxwell, le champ électromagnétique se propage sous la forme d'ondes de fréquences variables. Cette théorie permet d'unifier non seulement l'électricité et le magnétisme, mais aussi l'électromagnétisme et l'optique. La lumière apparaît comme une onde élec-

4. Prix Nobel de physique en 1979 (avec S. Weinberg et S. Glashow) pour ses travaux sur l'unification des forces fondamentales.

5. *La Grande unification*, p. 21.

6. A.-M. Ampère, *Théorie mathématique des phénomènes électro-dynamiques uniquement déduite de l'expérience*, Paris, Éd. Jacques Gabay, 1990 (reproduction en fac-similé de l'édition de 1827).

tromagnétique d'un genre particulier, c'est-à-dire dont la fréquence reste comprise entre certaines limites. Les ondes radio, le rayonnement thermique, les rayons lumineux, les rayons X, les rayons gamma sont d'autres exemples d'ondes électromagnétiques. Einstein cherchera à aller plus loin sur la voie de l'unité en s'efforçant, après avoir élaboré la théorie de la relativité générale, d'unifier l'électromagnétisme et la théorie de la gravitation, ce qui semblait somme toute assez naturel puisque les forces électromagnétique et gravitationnelle étaient l'une et l'autre en raison inverse du carré de la distance. Il y consacrera les dernières années de sa vie, mais apparemment sans succès. D'autres s'y essaieront, comme Kaluza et Klein, mais tout aussi vainement [7].

La physique n'est pas la seule science, bien entendu, à être animée par cette quête de l'unité que l'on peut qualifier, avec Jacques Monod, de « platonicienne ». C'est une démarche semblable qui inspire les sciences de la vie (zoologie, biologie). Les naturalistes ont d'abord réalisé une première unification du monde animal, au XIXe siècle, en mettant en évidence des plans généraux d'organisation communs à différentes espèces, ce qu'on appelle des invariants anatomiques. Cuvier reconnaissait par exemple quatre formes principales, quatre plans généraux d'après lesquels étaient construits tous les animaux. Ces plans généraux correspondaient aux quatre embranchements des Vertébrés, des Mollusques, des Articulés et des Zoophytes. « Sous la stupéfiante variété des morphologies et des modes de vie des êtres vivants, [ces savants] ont su reconnaître, commente Jacques Monod, sinon une " forme unique ", du moins un nombre fini de plans anatomiques, chacun d'entre eux invariant au sein du groupe qu'il caractérise [8]. » Ils ont rapproché des espèces en apparence très diverses, comme les Tuniciers et les Vertébrés, les Chordés et les Échinodermes. Il s'agit là, selon J. Monod, d'un progrès consi-

7. Kaluza pensait que, pour unifier l'électromagnétisme avec la gravitation, il fallait envisager un espace à cinq dimensions. La force électromagnétique serait engendrée par la courbure de la cinquième dimension, exactement de la même manière que la force gravitationnelle résulte, dans la théorie de la relativité d'Einstein, de la courbure de l'espace-temps quadridimensionnel (cf. J. Kaluza, « Zum Unitätsproblem der Physik », *Sitz. Preuss. Akad. Wissen*, *37*, 1921, p. 966). Cette idée dut cependant être abandonnée. Elle semble aujourd'hui revivre à travers la théorie des super-cordes qui introduit *dix* dimensions, de façon à englober aussi bien l'électromagnétisme que les forces nucléaires (cf. A. Salam, *La Grande unification*, p. 29).

8. *Le Hasard et la nécessité*, p. 135.

dérable dont les biologistes modernes ne sont pas toujours conscients. Mais cette première tentative d'unification laissait subsister une diversité irréductible, et il fallut « reconnaître que de nombreux plans d'organisations macroscopiques coexistaient dans la biosphère [9] ». Ce n'est qu'avec les développements de la théorie cellulaire, et surtout de la biochimie au début du XXe siècle qu'on a pu mettre effectivement au jour « la profonde et rigoureuse unité, à l'échelle microscopique, du monde vivant tout entier. On sait aujourd'hui que, de la Bactérie à l'Homme, la machinerie chimique est essentiellement la même, dans sa structure comme par son fonctionnement [10] ». Tous les êtres vivants sont constitués des mêmes macromolécules, elles-mêmes formées par l'assemblage des mêmes radicaux en nombre fini. Tous les organismes mettent en œuvre les mêmes réactions chimiques essentielles.

D'une façon générale, la science moderne s'est développée avec la certitude que la nature était « homogène, et que l'expérimentation locale découvrait une vérité générale [11] ». La loi de la chute des corps est un cas particulier d'une loi plus générale, celle de la gravitation universelle. Les molécules des êtres vivants comportent, en dernière analyse, les mêmes éléments que ceux de la nature inanimée, et obéissent donc aux mêmes lois fondamentales. De ce point de vue, on peut dire avec Prigogine que la science « s'est constituée contre la nature puisqu'elle en niait la complexité et le devenir au nom d'un monde connaissable régi par un petit nombre de lois simples et immuables [12] ». La science s'efforce de réduire la multiplicité des phénomènes naturels à la manifestation d'une seule et même réalité physico-chimique dont il suffit de connaître les lois pour expliquer leur comportement. C'est la même matière, ce sont les mêmes atomes qui entrent dans la composition des êtres vivants et des étoiles les plus lointaines. « Les lois générales, dit Einstein, qui servent de base à la construction de la pensée du théoricien ont la prétention d'être valables pour tous les événements de la nature. Au moyen de ces lois, on devrait pouvoir trouver, par la seule voie de la déduction purement logique, l'image, c'est-à-dire la théorie de

---

9. *Ibid.*, p. 136.
10. *Ibid.*, p. 136.
11. *La Nouvelle alliance*, p. 81.
12. *Ibid.*, p. 35.

tous les phénomènes de la nature, y compris ceux de la vie, si ce processus de déduction ne dépassait pas de loin la capacité de la pensée humaine. Ce n'est donc pas par principe qu'on renonce à l'intégralité de l'image physique du monde [13]. » La nature parle un seul et même langage. Le réel est toujours semblable à lui-même, et ses lois peuvent se déduire, sinon en fait, du moins en droit de celles établies par la physique fondamentale.

Le philosophe Émile Meyerson (1859-1933) est certainement un de ceux à avoir mis le mieux en évidence, au début de ce siècle, cette tendance unificatrice caractéristique de la démarche scientifique. Il y voyait l'emprise d'un principe fondamental de la raison, le principe d'identité qui constitue « le vrai moule où l'homme coule sa pensée [14] ». « Le monde extérieur, la nature, dit-il, nous apparaît comme infiniment changeant, se modifiant sans trêve dans le temps. Cependant le principe de causalité postule le contraire : nous avons besoin de comprendre, et nous ne le pouvons qu'en supposant l'identité dans le temps. » Expliquer un phénomène, c'est l'identifier à celui qui le précède. L'explication scientifique est foncièrement tautologique ou répétitive : « Les choses sont ainsi, parce qu'elles étaient déjà ainsi antérieurement. » Tout l'effort de la science consiste à découvrir, sous les changements apparents des phénomènes, des identités réelles cachées, c'est-à-dire quelque chose qui subsiste dans le temps ou dans l'espace. L'atomisme, qui ramène la diversité à des arrangements de particules identiques dans l'espace, est, de ce point de vue, la pente naturelle de la pensée scientifique, ce que confirmerait du reste la permanence de cette doctrine dans l'histoire. Cherchant l'identité dans le temps, la science énonce des principes de conservation, comme le principe d'inertie (conservation du mouvement), celui de conservation de la masse (chimie) ou de l'énergie. Cherchant l'identité dans l'espace, elle postule l'unité de la matière, qu'elle réduit, en dernière instance, comme on le voit dans la relativité générale, à l'espace, et finalement au néant. « Obéissant aux deux tendances (identification dans le temps et dans l'espace), dit Meyerson, nous avons, de théorie en théorie et d'identification en identification, fait complètement disparaître le monde réel. Nous avons d'abord expliqué, c'est-à-dire nié le changement, identifiant l'antécédent et le

13. *Comment je vois le monde*, Paris, Flammarion, 1979, p. 141.
14. É. Meyerson, *Identité et réalité*, p. 37.

conséquent, et la marche du monde s'est arrêtée. Il nous restait un espace rempli de corps. Nous avons constitué les corps avec de l'espace, ramené les corps à l'espace, et les corps se sont évanouis à leur tour [15]. » Les développements récents de la science contemporaine, et notamment ceux de la physique fondamentale, n'infirmeraient pas, bien au contraire, l'analyse de Meyerson. Depuis le début de ce siècle, la physique a non seulement poursuivi sa recherche des invariants (PCT invariance, par exemple), mais a posé l'invariance elle-même en principe dans ce qu'on appelle les théories de jauge en physique des particules (invariance formelle des lois sous l'action de groupes de symétrie). Après avoir unifié la matière et les forces (théorie quantique des champs) et plus récemment l'électromagnétisme et l'interaction faible (théorie électro-faible), la physique est aujourd'hui à la recherche de la théorie dite « unitaire » qui unifierait les quatre forces fondamentales de la nature (électromagnétisme, gravitation, interaction faible, interaction forte). Dans un même mouvement, elle est engagée dans la quête des constituants ultimes de la matière (les quarks) dont l'association lui permettrait de reconstituer les particules qui entrent dans la composition de tous les noyaux atomiques (particules hadroniques). Étendant son champ d'investigation aux problèmes cosmologiques, elle nourrit l'ambition de remonter à cet état d'origine où la matière était encore totalement indifférenciée et d'où serait issu, par une brisure de symétrie, le monde que nous connaissons [16].

---

15. *Ibid.*, p. 285.

16. « Il s'avère généralement, dit F. J. Dyson, que les plus grands scientifiques dans toutes les disciplines sont des unificateurs. C'est particulièrement vrai en physique. Newton et Einstein ont été des unificateurs au suprême degré. Les grands triomphes de la physique ont été des triomphes de l'unification. Il nous apparaît presque comme allant de soi que le chemin du progrès en physique passe par une unification toujours plus vaste, rassemblant toujours plus de phénomènes dans le cadre d'un petit nombre de principes fondamentaux. À la fin de sa vie, Einstein était si confiant dans cette voie de l'unification qu'il ne s'intéressait presque plus aux découvertes expérimentales qui commençaient à rendre le monde de la physique plus compliqué. Il est difficile de trouver parmi les physiciens des voix sérieuses opposées à l'unification » (F. J. Dyson, *Infinite in all Directions*, New York, Harper and Row, 1988).

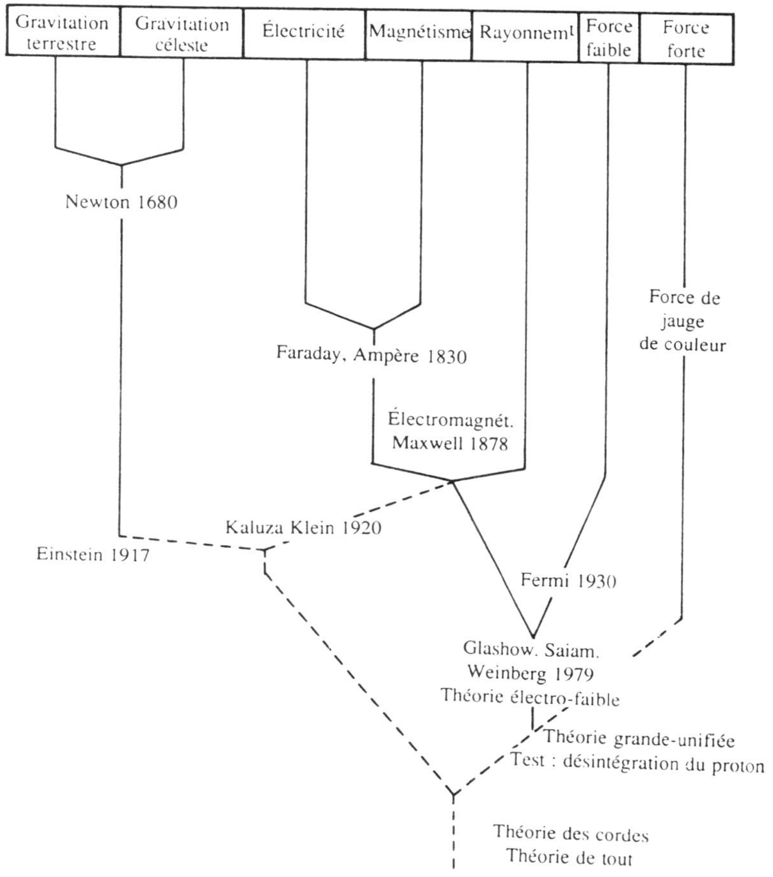

Les étapes de l'unification de la physique

La diversité retrouvée : l'exemple de la thermodynamique non linéaire

Au rebours de cette tendance unificatrice et uniformisatrice, les théories morphologiques font droit à la diversité qualitative du monde, qu'elles appréhendent comme telle, sans chercher à y déceler la manifestation de processus élémentaires sous-jacents soumis à des lois communes. Elles ne réduisent pas les formes ou les structures empiriques à un modèle unique qu'on retrouverait toujours et partout, mais explorent le donné de proche en proche, en respectant sa singularité. Leur but n'est pas de découvrir la formule générale de l'Univers, mais plus modestement de décrire et si possible d'expliquer l'apparition d'une forme déterminée dans un contexte déterminé. Ainsi, les modèles catastrophistes formalisent toujours *localement* la morphogenèse et « on ne peut espérer *a priori*, dit Thom, intégrer tous ces modèles locaux en une structure globale ; s'il était effectivement possible d'intégrer tous ces schémas locaux en une immense synthèse, l'homme serait fondé à dire qu'il connaît *la nature ultime de la réalité*, puisqu'il n'existerait pas d'autre modèle global meilleur que celui-là ; je crois personnellement que c'est là une exorbitante prétention ; très vraisemblablement, l'ère des grandes synthèses cosmiques s'est définitivement close avec la relativité générale, et il est bien douteux (et sans doute peu utile) qu'on tente de la rouvrir [17] ». Cela signifie négativement qu'il n'y a plus de modèle universel, plus de vérité unique dont on pourrait déduire toutes les autres, mais que l'exploration de la nature doit s'effectuer désormais localement.

La théorie des structures dissipatives de Prigogine est, de ce point de vue, tout à fait révélatrice. Les structures dissipatives ne peuvent apparaître, nous l'avons vu, que dans les systèmes satisfaisant à deux conditions bien précises : ils doivent être *ouverts* aux flux de matière et d'énergie qui les traversent d'une part et maintenus *loin* de l'équilibre thermodynamique d'autre part. Cette seconde contrainte a des implications épistémologiques très importantes. Lorsque les systèmes restent près de l'équilibre, c'est-à-dire lorsqu'ils évoluent dans le domaine où les lois de la thermodynamique *linéaire* sont applicables, ils obéissent à un principe variationnel simple : ils tendent à minimiser une fonction potentiel : la *production d'entropie* par unité de temps d_iS/dt qu'on note généralement P [18]. Lorsque cette quantité devient minimale, c'est-à-dire lorsque $dP/dt = 0$, ils cessent d'évoluer et se placent dans un état stationnaire. Ce résultat constitue le cœur

17. *Stabilité structurelle et morphogénèse*, p. 7.

18. La production d'entropie s'exprime simplement en fonction des courants des processus irréversibles ayant lieu à l'intérieur du système (notés J_α) et des forces généralisées conjuguées correspondantes (notées X_α). On peut en effet montrer que $P = \sum_\alpha X_\alpha J_\alpha$. (Cf. par exemple I. Prigogine, *Physique, temps et devenir*, p. 96.)

du *théorème du minimum de production d'entropie*, démontré par Prigogine dès 1945 [19]. « Lorsque les conditions aux limites données ne permettent pas, explique le physicien, au système d'atteindre l'équilibre thermodynamique (autrement dit une production nulle d'entropie), le système s'installe dans l'état de " moindre dissipation " [20]. » Le point décisif est que cet état de « moindre dissipation », tout comme l'état d'équilibre thermodynamique du reste, est stable. « Le théorème de production minimum d'entropie exprime une sorte de propriété d'inertie des systèmes en non-équilibre [21]. » Cela signifie qu'il ne peut pas y avoir, au voisinage de l'équilibre, création d'un ordre : toutes les fluctuations seront nécessairement amorties. Le système, initialement homogène, redeviendra fatalement homogène au bout d'un certain temps. La situation est semblable à celle rencontrée en mécanique, où un pendule pesant amorti, écarté de la verticale, finit toujours par y retourner (du fait des frottements). Les systèmes thermodynamiques maintenus au voisinage de l'équilibre tendent, comme le pendule, à minimiser une fonction potentielle. Ils sont régis par une loi de forme *universelle* : quelle que soit la valeur des conditions initiales, ils finissent inévitablement par atteindre un état dont les caractéristiques sont connues à l'avance dans leurs moindres détails.

Lorsque les systèmes sont maintenus loin de l'équilibre thermodynamique, leur comportement est tout autre. L'explication physique de cette différence est que le théorème du minimum de la production d'entropie n'est plus vérifié, et n'a pas d'équivalent, de telle sorte que la stabilité des systèmes cesse d'être assurée. « Ce fut en vérité, dit Prigogine, une grande surprise lorsque l'on démontra finalement que le comportement thermodynamique pouvait être tout à fait différent loin de l'équilibre, même *l'opposé* de celui observé et prévu dans le cadre du théorème du minimum de production d'entropie [22]. » L'évolution des systèmes maintenus loin de l'équilibre n'obéit plus à un principe variationnel. On peut encore établir un critère d'évolution, mais il n'exprime plus une tendance à minimiser une fonction potentielle. Un calcul d'analyse mathématique élémentaire peut nous

19. Lorsque le minimum de la production d'entropie est nul ($P = 0$), l'état stationnaire n'est autre que l'état d'équilibre.
20. *Physique, temps et devenir*, p. 99.
21. *Ibid.*, p. 99.
22. *Ibid.*, p. 99.

le faire comprendre. La dérivée de la production d'entropie par rapport au temps : $\frac{dP}{dt} = \frac{d\Sigma X_\alpha J_\alpha}{dt}$ est la somme de deux termes : $\frac{d_X P}{dt} + \frac{d_J P}{dt}$ où $\frac{d_X P}{dt} = \Sigma\ J_\alpha\ \frac{dX_\alpha}{dt}$ et $\frac{d_J P}{dt} = \Sigma\ X_\alpha\ \frac{dJ_\alpha}{dt}$. Loin de l'équilibre, les systèmes ouverts évoluent de façon à rendre la quantité $\frac{d_X P}{dt}$ négative et atteignent un état stationnaire lorsque cette quantité s'annule. Ce critère d'évolution veut dire que le changement des forces généralisées $\frac{dX_\alpha}{dt}$ s'effectue toujours de manière à favoriser une diminution de la production d'entropie. Mais ce critère *n'est pas un principe variationnel* car, dans le domaine *non linéaire*, la quantité $d_X P$ n'est pas ce qu'on appelle en mathématiques une *différentielle totale*. Autrement dit l'expression $\frac{d_X P}{dt}$ n'est pas la *dérivée* d'une fonction, et l'inégalité $\frac{d_X P}{dt} \leq 0$ n'exprime pas nécessairement un phénomène de décroissance [23]. À l'état stationnaire, on a bien, par définition, $\frac{d_X P}{dt} = 0$, mais cette condition ne traduit pas l'existence d'un minimum. L'état stationnaire n'est donc pas, et c'est là où nous voulions en venir, nécessairement stable. Il faut apprécier sa stabilité dans chaque cas. L'état sera stable si toute évolution du système à partir de cet état contredit le critère posé plus haut, autrement dit si $\delta_X P \geq 0$, ou encore si $\Sigma \delta X_\alpha \delta J_\alpha \geq 0$ quels que soient δX_α et δJ_α. On peut vérifier, par parenthèses, que cette condition de stabilité est identiquement satisfaite si l'état de référence est l'état d'équilibre, puisque alors $\delta X_\alpha = X_\alpha$ et $\delta J_\alpha = J_\alpha$, et donc $\delta_X P = P$, qui est nécessairement positif ou nul. La quantité $\delta_X P$ est ce que Prigogine appelle *la production d'entropie d'excès*, c'est-à-dire la production d'entropie de la perturbation (qu'il ne faut pas confondre avec l'accroissement de la production d'entropie). Le premier état stationnaire sur la branche thermodynamique pour lequel la production d'entropie d'excès change de signe (*i.e.* devient négative) est un « état critique » : un nouvel

23. Dans le domaine linéaire, $d_X P = d_J P = dP/2$ est une différentielle totale, et on retrouve bien évidemment le théorème de production minimum d'entropie.

état stable apparaît, qui supplante l'ancien, devenu instable. La branche thermodynamique bifurque. Ce nouvel état peut éventuellement bifurquer à son tour et céder la place à un autre, plus stable. On peut représenter cette succession de bifurcations sur le diagramme suivant:

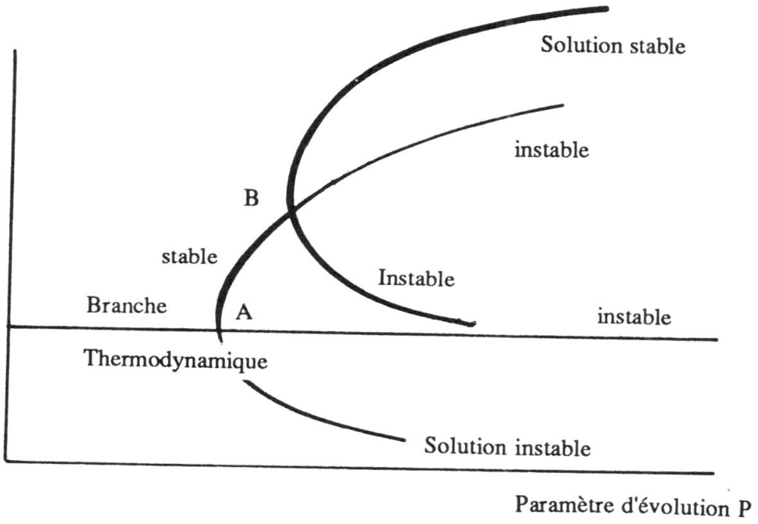

Sur la branche thermodynamique, c'est-à-dire au voisinage de l'équilibre, les systèmes sont stables par rapport aux petites perturbations. Ils sont en quelque sorte « garantis » contre les fluctuations et contre le désordre moléculaire par l'existence d'un principe universel : le théorème du minimum de la production d'entropie. Mais au-delà de la branche thermodynamique (en *A*, point critique), il n'y a plus de loi générale permettant de prévoir *a priori* leur comportement. « La stabilité n'est plus, dit Prigogine (loin de l'équilibre thermodynamique) l'attribut d'un état en tant que tel, mais le résultat d'un examen qui conclut à la régression de toutes les fluctuations possibles [24]. » Il faut déterminer, dans chaque cas, la manière dont le système réagit aux petites fluctuations dont il peut être le siège. Seule une analyse spécifique de son comportement peut permettre de prédire sa stabilité ou au contraire son instabilité et le type d'organisation qu'il peut éventuellement adopter. L'évolution n'est plus synonyme d'uni-

24. I. Prigogine et I. Stengers, *La Nouvelle alliance*, p. 213.

formisation, de suppression des différences. Elle s'effectue, au contraire, dans le sens d'une hétérogénéité croissante, correspondant à l'émergence de nouveaux états de la matière.

La formalisation des processus de différenciation émaillant la vie des systèmes est un trait commun à toutes les théories morphologiques. Celles-ci ne subordonnent pas le donné empirique à une loi unique, mais l'appréhendent dans sa foisonnante variété. Elles nous décrivent, chacune à leur manière, une Nature composée d'une multitude de formes irréductibles, aux évolutions parfois imprévisibles, entre lesquelles elles instaurent tout un jeu de correspondances et de rapports hiérarchiques. Elles constituent de ce point de vue un éloge de la diversité.

Chapitre 4

Le réapprentissage de la complexité

La simplicité classique

L'Univers de la science classique, c'est-à-dire l'Univers de la science galiléo-newtonienne, est non seulement uniforme, mais aussi *simple*, ou plutôt simplifié. Cette simplicité est obtenue par réduction du divers à l'homogène. Ainsi l'atomisme commence-t-il par résoudre et par dissoudre tous les corps du monde matériel en particules dites élémentaires censées fournir la clef de l'intelligibilité de la réalité macroscopique. Dans le même ordre d'idées, la physique newtonienne explique tous les mouvements du monde à l'aide de trois lois fondamentales qui sont en même temps les plus simples de toutes : le principe d'inertie, la loi de la proportionnalité de l'accélération et de la force ($F = ma$), et la loi de l'égalité de l'action et de la réaction. La thermodynamique classique établit les lois (simples) du comportement des gaz parfaits avant de déterminer celles (plus complexes) des gaz réels. La chimie recense quant à elle les éléments simples (la classification périodique de Mendeleiev) dont sont formés tous les corps de la nature. Cette attitude résulte en grande partie de la démarche analytique de l'esprit scientifique lui-même. Comprendre un phénomène, c'est toujours l'analyser, c'est-à-dire, au sens étymologique, le dissoudre et le décomposer en éléments simples. Souvenons-nous ici de la fameuse règle de Descartes qui commande, dans le *Discours de la méthode*, de conduire ses pensées par ordre, c'est-à-dire de commencer, en toutes choses, « par les objets les plus simples et les plus aisés à connaître, pour monter peu à peu, comme par degrés, jusques à la connaissance des plus composés [1]. » On voit ainsi s'opposer deux domaines de l'expérience, celui du simple et du fondamental d'une part, et celui du complexe et de l'accidentel d'autre part. Depuis lors, la science vit de cette opposition même : un comportement complexe ne peut résulter que de causes complexes, ou plutôt que d'un complexe de causes et, inversement, un système simple ne peut avoir qu'un comportement simple. Tout l'édifice scientifique classique repose, d'une certaine façon, sur ce double axiome. La théorie de Landau, qui décrit l'installation de la turbulence dans les fluides, phénomène complexe s'il en est, en constitue sans doute une des meilleures illustrations.

L'approche traditionnelle de la complexité

Landau a élaboré sa théorie dans le cadre conceptuel de la mécanique classique des fluides dont il a adopté les principes et utilisé les équations. En mécanique des fluides, la description complète d'un écoulement quelconque requiert la connaissance de la vitesse, de la pression et de la densité du fluide en chaque point. Pour connaître l'état d'un fluide à un instant quelconque, et par conséquent les courants dont il peut être le siège, il faut donc déterminer cinq fonctions inconnues dépendant des coordonnées spatiales et du temps, à savoir les trois composantes de la vitesse, la valeur de la pression et celle de la densité. On écrit pour cela cinq équations : les trois équations de Navier-Stokes, l'équation de continuité, et l'équation d'état du fluide. Les équations de Navier-Stokes étant non linéaires, le système différentiel ne peut malheureusement pas être résolu dans le cas général. On ne le peut que dans des situations tout à fait exceptionnelles pour lesquelles les équations se simplifient considérablement.

Le point de départ de la théorie de Landau est une situation simple de ce genre, en l'occurrence l'écoulement stationnaire d'un fluide visqueux avec un petit nombre de Reynolds. Rappelons que le nombre de Reynolds est un nombre sans dimension, inversement proportionnel à la viscosité du liquide, dépendant des caractéristiques géométriques de l'écoulement. Dans le cas élé-

1. *Discours de la méthode*, 2e partie.

mentaire envisagé par Landau, les équations de la mécanique des fluides ont une solution stationnaire (indépendante du temps) unique qu'on peut écrire explicitement. Soit $v_0(x, y, z)$ la distribution des vitesses correspondant à cette solution. Lorsque le nombre de Reynolds est très faible, cette solution est stable, ce qui veut dire que toutes les petites perturbations apparaissant dans le fluide seront amorties. Mais si le nombre de Reynolds croît et atteint un certain seuil, correspondant au nombre de Reynolds critique, la solution stationnaire cesse d'être stable. Landau montre alors, en étudiant la forme des solutions perturbées des équations de Navier-Stokes, qu'une solution périodique de fréquence ω_1, dépendante des conditions aux limites, et de phase arbitraire p_1 apparaît. Cela veut dire que la vitesse de l'écoulement n'est plus uniforme, mais oscille, en chaque point, autour d'une valeur moyenne v_1. Ce régime périodique est lui-même stable : les petites perturbations sont amorties. Remarquons que, alors que le régime stationnaire était complètement déterminé par les conditions extérieures et ne possédait de ce fait aucun degré de liberté, le régime périodique jouit au contraire d'*un* degré de liberté. Ce degré de liberté est la phase initiale des oscillations qui peut prendre une valeur quelconque [2]. Si le nombre de Reynolds continue d'augmenter, le régime périodique devient à son tour instable. Le même raisonnement que précédemment permet alors de montrer qu'un régime bipériodique fait son apparition.

Pour donner une idée de ce que recouvre un régime de ce type, considérons un pendule pesant sans frottement. Lorsqu'on écarte ce pendule de sa position d'équilibre (la verticale), il oscille indéfiniment avec une période déterminée. Le pendule adopte un régime périodique, c'est-à-dire qu'il repasse par les mêmes positions à intervalles réguliers. Cette période dépend uniquement des caractéristiques géométriques du pendule, en l'occurrence de la distance entre le centre de gravité et le point de suspension, et non pas de sa masse. Supposons maintenant qu'après avoir

2. Cf. L. Landau et E. Lifchitz, *Mécanique des fluides*, Moscou, Mir, 1971, p. 130-131 : « Le mouvement périodique [...] n'est pas déterminé d'une manière unique par les conditions extérieures stationnaires données dans lesquelles s'effectue le mouvement. Une grandeur – la phase initiale de la vitesse – reste arbitraire. C'est dire, en quelque sorte, que ce mouvement est à un degré de liberté, alors que le mouvement stationnaire, étant complètement déterminé par les conditions extérieures, n'en jouit pas. »

écarté le pendule de la verticale, on lui imprime une vitesse perpendiculaire au plan défini par le centre de gravité et la verticale passant par le point de suspension. Si le pendule oscillait de droite à gauche, poussons-le par exemple vers l'arrière juste avant de le lâcher. Le pendule ne décrit plus alors un arc de cercle, mais une trajectoire beaucoup plus compliquée : il oscille à la fois de droite à gauche, et d'avant en arrière. Son mouvement est la somme ou la superposition de deux mouvements périodiques indépendants : on dit que son régime est bipériodique. C'est un peu la même chose que l'on constate dans un écoulement dont le nombre de Reynolds augmente. La vitesse du fluide devient bipériodique : elle est la résultante de deux écoulements ayant chacun une vitesse périodique avec des fréquences respectives ω_1 et ω_2, et des phases initiales p_1 et p_2. Ces deux fréquences sont indépendantes l'une de l'autre. Le régime qui s'installe est stable, et possède deux degrés de liberté (les deux phases initiales).

Si l'on continue d'augmenter le nombre de Reynolds, le régime bipériodique finit par devenir à son tour instable. De nouvelles fréquences $\omega_3, \omega_4, \ldots, \omega_r$ font leur apparition, chacune se superposant aux précédentes. La théorie de Landau affirme, et c'est là le résultat essentiel, que lorsque le nombre de fréquences r devient suffisamment grand, la turbulence s'installe. D'après cette théorie, un écoulement turbulent ne serait donc rien d'autre qu'un écoulement quasipériodique avec un nombre de fréquences indépendantes suffisamment élevé. Ce qu'on appelle le spectre de Fourier d'un écoulement turbulent ne serait par conséquent continu qu'en apparence : il se composerait en réalité d'une multitude de raies voisines pratiquement indiscernables. Cela implique en particulier que l'évolution des vitesses serait de la forme $v(t) = f(\omega_1 t, \omega_2 t, \ldots, \omega_r t)$, où f est une fonction de période 2π pour chacun de ses arguments, et $\omega_1, \omega_2, \ldots, \omega_r$, r fréquences indépendantes.

La théorie de Landau a une valeur paradigmatique. Elle considère que la complexité d'un comportement (l'installation de la turbulence) résulte de l'action d'une multitude de facteurs indépendants (les fluctuations dans le liquide) perturbant l'évolution d'un système de façon incontrôlable. Cette analyse peut se généraliser aisément à toutes sortes de situations. Ainsi, en mécanique, on expliquera l'irrégularité des trajectoires par la diversité et la multiplicité des forces élémentaires agissant sur le mobile. Cette approche traditionnelle de la complexité met en jeu au moins deux présupposés :

– D'une part, un comportement complexe ne peut apparaître que dans des systèmes dotés d'un grand nombre, voire d'un nombre infini de degrés de liberté (les *r* phases arbitraires liées aux *r* fréquences indépendantes dans la théorie de Landau). Le corrélat de cette proposition est bien évidemment que les systèmes simples, n'ayant qu'un petit nombre de degrés de liberté, ne peuvent présenter de comportement turbulent. Ainsi le comportement d'un pendule oscillant, ou même de plusieurs pendules oscillants couplés, ne peut être que foncièrement régulier.

– D'autre part, la complexité d'un comportement n'est pas intrinsèque ou essentielle au système, mais extrinsèque ou accidentelle. Elle résulte de l'action d'éléments étrangers venant affecter, de l'extérieur, l'évolution du système. Cela veut dire qu'un système adopte un comportement irrégulier et chaotique lorsque son évolution « régulière », c'est-à-dire non perturbée, est compromise de manière non maîtrisable par l'action du milieu.

Les théories morphologiques, et notamment la théorie des attracteurs étranges de David Ruelle et la théorie des fractales de Mandelbrot, remettent en question chacun de ces présupposés, donnant du même coup une tout autre image de la complexité.

La découverte de la simplicité du complexe

L'ordre dans le chaos : exemple de l'équation logistique

La théorie des attracteurs étranges montre d'abord que, loin de s'opposer, simplicité et complexité peuvent aller de pair. Les attracteurs étranges, synonymes de turbulence, peuvent en effet apparaître dans des espaces de phases de faible dimension (en l'occurrence dès la dimension 3). Ce résultat signifie que des systèmes ayant un petit nombre de degrés de liberté peuvent être le théâtre, contrairement à ce qu'on croyait jusqu'à présent, de comportements très compliqués. Cette découverte de la complexité des systèmes simples est certainement un des résultats essentiels et un des traits les plus marquants de la chaologie moderne. « L'éventualité de systèmes structurellement stables à mouvements compliqués, dit Arnold, dont chacun est exponentiellement instable en soi, est à mettre au rang des plus importantes découvertes faites ces dernières années en théorie des équations différentielles [...]. Jadis on supposait que dans les systèmes d'équations différentielles génériques ne pouvaient exister que des régimes stables simples : des positions d'équilibre et des cycles. Si le système était plus compliqué (conservatif par exemple), on admettait que sous l'effet d'une faible modification des équations (par exemple si l'on tenait compte des petites perturbations non conservatives) les mouvements compliqués se " décomposaient " en mouvements simples. Maintenant nous savons qu'il en va autrement [3]. » Le modèle du météorologiste Edward Lorenz est l'exemple même de ces systèmes structurellement stables à mouvements compliqués dont parle Arnold. Il se compose de trois équations différentielles du premier ordre avec trois inconnues. Mais en dépit de sa simplicité formelle, ce système peut être le support, pour certaines valeurs de ses paramètres, d'une dynamique extrêmement complexe.

Un autre exemple de système simple à comportement complexe est l'équation aux différences étudiée par le biologiste et mathématicien américain Robert May. Une équation aux différences est une relation qui permet de déterminer de proche en proche les valeurs successives d'une variable. Il s'agit en quelque sorte d'une version discrète des équations différentielles ordinaires du premier ordre. Une équation aux différences peut se mettre sous la forme générale suivante : $X_{t+1} = F(X_t)$, où F désigne une certaine fonction mathématique. Connaissant X_0, on calcule $X_1 = F(X_0)$, puis $X_2 = F(X_1)$, et ainsi de suite.

Dans un article au titre révélateur : « Modèles mathématiques simples dotés de dynamiques très complexes [4] », Robert May analyse le comportement d'une équation aux différences particulièrement simple qui s'écrit $X_{t+1} = aX_t(1-X_t)$ où a désigne un paramètre qui peut être interprété comme un taux de croissance. Cette équation, qu'on appelle parfois *équation logistique*, est utilisée dans de nombreux domaines, et notamment en dynamique des populations, où elle permet de déterminer le nombre

3. V. Arnold, *Méthodes mathématiques de la mécanique classique*, Moscou, Mir, 1976, p. 314.

4. « Simple mathematical models with very complicated dynamics », *Nature*, *261*, 459-467 (1976).

d'individus composant une population l'année $t+1$ connaissant leur nombre l'année t. Pour étudier cette équation, Robert May analyse la suite des X_i pour différentes valeurs de X_0 lorsque le paramètre a varie entre 0 et 4. Il montre d'abord que lorsque le paramètre est inférieur à 1, toutes les trajectoires, c'est-à-dire tous les itérés de l'équation, tendent vers l'origine, ce qui veut dire que la population s'éteint. Mais si le paramètre dépasse 1, le comportement de l'équation se complique. Pour a compris entre 1 et 3, le régime est stationnaire. Cela veut dire que, quelle que soit la valeur des conditions initiales, les itérés tendent vers un point fixe unique dépendant de a. Lorsque a dépasse 3, le régime bifurque : il n'est plus stationnaire mais cyclique. Les cycles sont d'abord de période 2, c'est-à-dire que l'équation prend alternativement deux valeurs, puis, si le paramètre continue d'augmenter, les cycles sont de période 4, l'équation prenant quatre valeurs, puis de période 8, puis de période 2^n, avec n tendant vers l'infini lorsque a croît. Si le paramètre a dépasse le point d'accumulation des cycles de période 2^n (qui vaut approximativement 3,5699), le système devient chaotique, c'est-à-dire apériodique, les trajectoires restant malgré tout bornées (*i.e.* à une distance finie de l'origine). Les itérés de l'équation forment une série apparemment [5] aléatoire, dépendant sensitivement de la valeur de la condition initiale X_0. Cette série chaotique traduit l'émergence d'un attracteur étrange.

La complexité de la série des itérés de l'équation ne s'explique pas par l'action perturbatrice d'éléments étrangers au système, comme le voudrait l'approche traditionnelle, mais est inhérente au système lui-même. Elle est inscrite dans la forme ou la structure de l'équation. Elle tient au fait que X_{t+1} ne dépend pas « linéairement » de X_t, c'est-à-dire n'est pas proportionnel à X_t (selon un rapport constant). Il s'agit là d'un trait caractéristique des systèmes chaotiques : ce sont des systèmes non linéaires. Or la science traditionnelle est une science linéaire : les équations fondamentales de la mécanique newtonienne et même relativiste ou quantique sont linéaires, la thermodynamique classique est linéaire, etc. D'une façon générale, celle-ci ignore les non-linéarités, ou du moins cherche à les approcher par des équations linéaires. C'est la raison pour laquelle le comportement de ses

5. En réalité, la série est parfaitement déterministe, le hasard n'étant pour rien dans la distribution des valeurs successives de X.

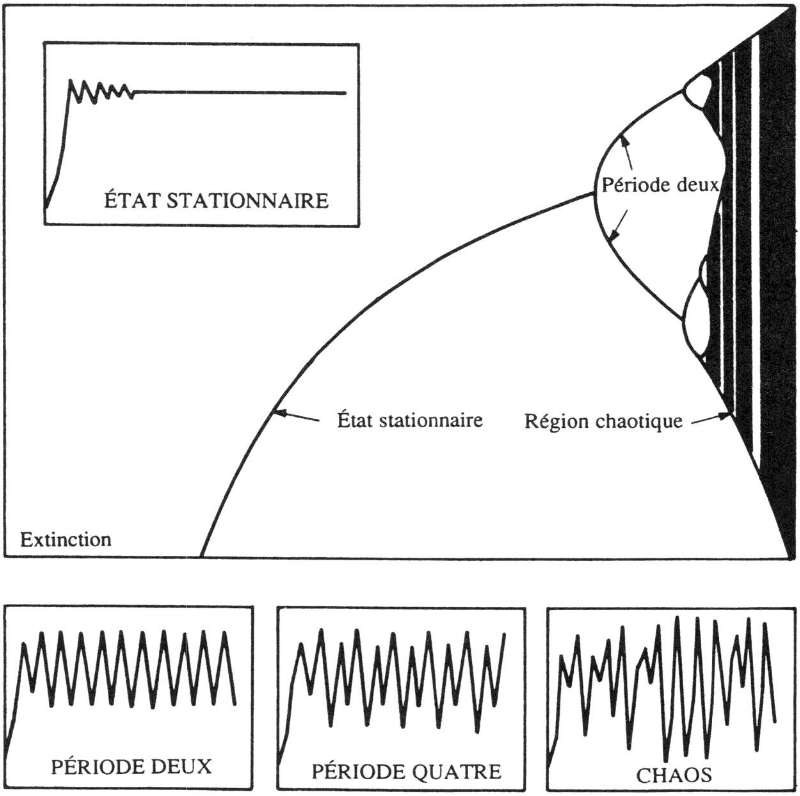

L'équation logistique et le mécanisme de doublement de période

systèmes, aussi compliqués soient-ils, reste fondamentalement simple. La théorie du chaos, en tant que science non linéaire, a pour effet de révéler le caractère fictif, car factice de la simplicité classique. Cette simplicité n'est au fond qu'une simplification obtenue au prix de la suppression des non-linéarités. Le rapport de la science non linéaire à la science linéaire serait ici analogue à celui de la géométrie non euclidienne à la géométrie euclidienne ou encore à celui de la mécanique non newtonienne à la mécanique newtonienne. Le « non » ne signifie pas ici « contradiction », mais, selon l'expression de Gaston Bachelard, « généralisation dialectique ». « La généralisation par le non, dit le philosophe, doit inclure ce qu'elle nie. En fait, tout l'essor de la pensée scientifique depuis un siècle provient de telles généralisations dialectiques avec enveloppement de ce qu'on nie. Ainsi la géométrie non euclidienne enveloppe la géométrie euclidienne ; la mécanique non newtonienne enveloppe la mécanique newtonienne ; la mécanique ondulatoire enveloppe la mécanique relativiste [6]. » De la même manière, la science non linéaire (la thermodynamique non linéaire, la chaologie, etc.) enveloppe aujourd'hui la science linéaire. Il en résulte une inversion de la relation communément admise entre le « normal » et le « pathologique » : la règle n'est plus le régulier, mais l'irrégulier ; l'ordre n'est plus la norme mais un îlot exceptionnel au milieu du désordre. Les scientifiques parlent du reste de « fenêtres de périodicité ».

La régularité dans l'irrégulier : le modèle économique de Mandelbrot

La théorie du chaos n'est pas la seule discipline morphologique à remettre en question de manière aussi radicale la représentation et l'analyse traditionnelles de la complexité. La théorie des fractales oblige en effet à opérer des révisions semblables. Le modèle économique élaboré par Mandelbrot au début des années 1960, modèle fractal avant la lettre puisque le mathématicien n'était pas encore en possession de sa théorie, est à cet égard exemplaire.

À cette époque, Mandelbrot étudiait les variations des cours de la bourse. Son but était de construire un modèle mathématique permettant de formaliser, et si possible de prévoir, ces variations. Ce modèle ne pouvait à l'évidence être que probabiliste, puisqu'elles dépendaient d'une multitude de facteurs exogènes, par nature incontrôlables. Les économistes avaient bien, à vrai dire, proposé un modèle statistique de ce type, mais, comme Mandelbrot allait le montrer, il ne reflétait pas correctement la réalité. D'après ce modèle standard, les variations des valeurs spéculatives sont distribuées selon une loi statistique extrêmement simple : la loi de Gauss, ou la loi normale. D'après cette loi, que les statisticiens utilisent dans un grand nombre de domaines, les valeurs d'une variable aléatoire sont concentrées autour d'une moyenne (zéro), et se dispersent de part et d'autre en nombre décroissant. Elles se répartissent selon une courbe qui a l'aspect

---

6. *La Philosophie du non*, Paris, PUF, 6e éd., 1973, p. 137.

d'une cloche (d'où le nom de courbe en cloche). Un des premiers à avoir proposé un modèle gaussien pour formaliser le comportement des cours de la bourse est un mathématicien français, quelque peu atypique, Louis Bachelier (1870-1946). Celui-ci avait soutenu, en 1900, une thèse de doctorat sur la théorie de la spéculation boursière [7]. Pour justifier son modèle, Bachelier utilisait un théorème bien connu des statisticiens : le théorème central limite d'après lequel la somme de n variables aléatoires indépendantes ayant la même distribution de probabilité et une variance finie tend, lorsque n tend vers l'infini, vers une variable gaussienne. Pour être applicable, ce théorème requiert un certain nombre de conditions : il faut d'abord que les variables aléatoires soient indépendantes ; il faut ensuite qu'elles aient la même distribution de probabilité ; il faut enfin que leur moyenne et leur variance existent et soient finies. Bachelier supposait que ces trois conditions étaient réunies. Les deux premières étaient à vrai dire assez naturelles. Il est clair en effet que la variation d'un cours sur une certaine période (un jour, une semaine, un mois, etc.) est la somme des variations élémentaires au cours de cette période. Il est par ailleurs légitime de supposer que ces variations élémentaires sont indépendantes entre elles, et ont la même distribution de probabilité. Si l'on admet de plus qu'elles ont une variance finie, on peut leur appliquer le théorème central limite. On en déduit que les écarts $Z(t+T) - Z(t)$ (où $Z(t)$ désigne la valeur du cours à l'instant t, et T une durée déterminée) obéissent à la loi de Gauss (avec une « espérance » (valeur moyenne) nulle, et une « variance » proportionnelle à T^2) [8].

Le modèle gaussien est certes séduisant, eu égard à sa simplicité formelle, mais il a malheureusement le défaut de ne pas s'accorder, ou très mal, avec les données empiriques. Comme l'a dit le prix Nobel d'économie Wassily Leontief [9] : « En aucun domaine de la recherche empirique, un arsenal statistique aussi massif et sophistiqué n'a été utilisé avec des résultats aussi médiocres [10]. » Les distributions empiriques des variations des

7. Cf. *Théorie de la spéculation*, Thèse pour le Doctorat ès Sciences Mathématiques, soutenue le 29 mars 1900, *Annales scientifiques de l'École normale supérieure*, *III-17*, p. 21-86.

8. Dans cette analyse, l'évolution des cours de la bourse est comparable à un mouvement brownien à une dimension.

9. W. Leontief est né à Leningrad en 1906. Prix Nobel d'économie en 1973.

10. Cité par B. Mandelbrot, *The Fractal Geometry of Nature*, p. 423.

cours de la bourse sont à la fois beaucoup trop concentrées (autour de la valeur moyenne) et beaucoup trop étalées (aux extrémités) « pour être relatives à des échantillons de populations gaussiennes [11] ». Mandelbrot rejette donc le modèle proposé par Bachelier. D'après lui, la variance de la distribution des variations des cours de la bourse est infinie, ce que montrent d'une part leur extrême dispersion, et d'autre part le fait que, calculée empiriquement, la variance ne tende pas vers une limite déterminée. Le mathématicien propose donc de modéliser l'évolution des valeurs boursières, non plus par une distribution gaussienne, mais par une distribution jusqu'alors inusitée en économie, « la distribution parétienne stable [12] ».

Mandelbrot a testé cette hypothèse sur les variations des cours du coton à la bourse de New York aux États-Unis, pour lesquelles il disposait d'un grand nombre de données s'étalant sur plus d'une centaine d'années. Il s'est avéré que la distribution parétienne reflétait très bien la distribution empirique des variations *journalières* sur des périodes de cinq ans (de 1900 à 1905) et de quatorze ans (1944-1958), et celle des variations *mensuelles* sur une période de soixante ans. Cela semblait indiquer, conformément avec ce qu'exigeait le modèle théorique, que les variations des cours gardaient la même distribution de probabilité quelle que soit la durée de l'analyse. Cette conclusion était *a priori* très étonnante, puisque au cours de cette période, l'économie avait connu différentes récessions, une dépression, et deux guerres mondiales. Elle obligeait en tout cas à remettre en cause la légitimité de la distinction bien établie entre le « court terme » et le « long terme ». D'après les économistes, les cours subissent à court terme des évolutions rapides et aléatoires. Celles-ci sont dues essentiellement à la spéculation, et dépendent par conséquent d'une multitude de facteurs non maîtrisables. À long terme, en revanche, les variations résultent de tendances lourdes fondées sur les lois générales de la macroéconomie. Elles sont donc, à l'inverse des précédentes, entièrement rationnelles. Dans cette perspective, les variations à court terme représentent une sorte de bruit, de fluctuation aléatoire, sans signification, autour d'une valeur moyenne qui évolue régulièrement. D'après Mandelbrot,

11. B. Mandelbrot, « The variation of certain speculative prices », *Journal of Business* (Chicago), *36*, 394-419 (1963).
12. Cf. *infra*, appendice 2.

au contraire, les variations à court terme et celles à long terme obéissent aux mêmes lois. « Dans l'étude des prix, explique-t-il, il n'y [a] aucune différence de nature entre les variations à court et à long terme [13]. » Leurs distributions sont identiques, à un facteur multiplicatif près. Le graphe des variations sur une courte période est le même, mais à une échelle plus réduite, que celui des variations sur une longue période. Grâce à son modèle statistique, Mandelbrot réussissait en définitive à mettre au jour, tout comme Robert May avec l'équation logistique, une régularité au sein de l'irrégularité. Derrière la complexité et l'incohérence apparente des données empiriques, il voyait à l'œuvre un ordre caché. Cet ordre était cependant d'une espèce tout à fait particulière, puisqu'il ne dépendait pas de l'échelle d'observation. Mandelbrot rencontrait ainsi une première forme du principe d'autosimilarité.

La complexité fractale et l'épaisseur du monde

Le modèle économique de Mandelbrot avait une autre vertu : il permettait de tracer des chroniques boursières, tout à fait fictives, mais ressemblant à s'y méprendre aux vraies. Elles étaient véridiques au point que « les experts ne pouvaient pas les distinguer des vraies [...]. Il y en avait même qui se risquaient à développer, à partir des cours fictifs que j'avais calculés, toute une série de commentaires complexes et de prévisions [14] ». Nous rencontrons ici un autre aspect fondamental de la théorie des fractales : l'illusion réaliste. La théorie des fractales restitue, peut-être plus et mieux que toute autre, l'épaisseur et l'opacité du monde qui nous entoure. Elle invalide l'idée d'une transparence totale de la nature, qui sous-tend plus ou moins explicitement la science galiléo-newtonienne tout entière.

Un des postulats de la science moderne est que tout observateur finira immanquablement, à condition qu'il accepte de pousser son investigation suffisamment loin – et qu'il le puisse –,

13. « Comment j'ai découvert les fractales », *La Recherche*, *17*, 420-424 (1986), p. 422.
14. « Comment j'ai découvert les fractales », *op. cit.*, p. 422.

par atteindre un élément ultime qui sera, par la force des choses, parfaitement homogène et parfaitement simple. On suppose toujours, comme le dit le physicien Jean Perrin, que « l'on peut décomposer un objet quelconque en petites parties homogènes. En d'autres termes, on admet que la *différenciation* de la matière contenue dans un certain contour devient de plus en plus faible quand ce contour va se resserrant de plus en plus [15] ». C'est cette idée qui inspire non seulement les sciences de la nature, mais aussi bon nombre de technologies modernes. Pensons par exemple à l'imagerie de synthèse, technique que l'on utilise tous les jours en informatique, télématique, ou tout simplement à la télévision. Pour obtenir une image – la reproduire ou la créer – les techniciens discrétisent ou « digitalisent » l'objet à représenter au moyen d'une sorte de quadrillage. Ses mailles définissent des petites régions de l'espace dont chacune est supposée être uniforme et indifférenciée (même couleur, même brillance). « Lorsque les informaticiens veulent représenter une surface extérieure, explique Thom, ils la décomposent en pixels : on fait un diagramme de petits carrés, chacun reçoit le signal " oui " ou " non ". Finalement, la forme se réduit à un agrégat de carrés. C'est bien entendu, ajoute le mathématicien, une façon très barbare de se représenter la forme [16]. » Cette « numérisation » a l'avantage de faciliter la manipulation des formes, d'autoriser la multiplication d'« effets spéciaux » de toutes sortes, mais elle ne rend pas du tout compte de la continuité de notre perception du monde. Son postulat implicite est que le réel devient uniforme dès lors qu'on l'observe de suffisamment près. Or ce postulat se trouve contredit par l'expérience perceptive la plus ordinaire. « Mon œil, dit Jean Perrin, cherche en vain une petite région " pratiquement homogène " sur ma main, sur la table où j'écris, sur les arbres ou sur le sol que j'aperçois de ma fenêtre. Et si, sans me montrer trop difficile, je délimite une région à peu près homogène, sur un tronc d'arbre par exemple, il suffira de m'approcher pour distinguer sur l'écorce rugueuse des détails que je soupçonnais seulement, et pour, de nouveau, en soupçonner d'autres. Puis quand mon œil tout seul deviendra impuissant, la loupe, le microscope, montrant chacune des parties successivement choisies à une échelle sans cesse plus grande, y révéleront de nouveaux détails, et encore

---

15. *Les Atomes*, p. 27.
16. *Prédire n'est pas expliquer*, p. 66.

de nouveaux, et quand j'aurai atteint la limite actuelle de notre pouvoir, l'image que je fixerai sera bien plus différenciée que ne l'était celle d'abord perçue. On sait bien, en effet, qu'une cellule vivante est loin d'être homogène, qu'on y saisit une organisation complexe de filaments et de granules plongés dans un plasma irrégulier, où l'œil devine des choses qu'il se fatigue inutilement à vouloir préciser. Ainsi le fragment de matière qu'on pouvait d'abord espérer à peu près homogène, apparaît indéfiniment spongieux, et nous n'avons absolument aucune présomption qu'en allant plus loin on atteindrait enfin " de l'homogène ", *ou du moins, de la matière où les propriétés varieraient régulièrement d'un point à l'autre.* Et ce n'est pas seulement la matière vivante, ajoute Perrin, qui se trouve ainsi indéfiniment spongieuse, indéfiniment différenciée. Le charbon de bois qu'on eût obtenu en calcinant l'écorce tout à l'heure observée, se fût montré de même indéfiniment caverneux. La terre végétale, la plupart des roches elles-mêmes ne semblent pas décomposables en petites parties homogènes [17]. » D'une façon générale, l'observation de plus en plus fine, de plus en plus poussée, d'un morceau de matière ne va pas dans le sens d'une simplicité croissante, mais bien au contraire d'une complexité toujours plus grande. Elle semble même nous inciter à penser que chaque région de l'univers, aussi petite soit-elle, enferme en elle-même un nouvel univers, au moins aussi complexe que le précédent. Que l'homme « recherche, disait à ce propos Pascal dans une pensée restée célèbre, dans ce qu'il connaît les choses les plus délicates. Qu'un ciron [18] lui offre dans la petitesse de son corps des parties incomparablement plus petites, des jambes avec des jointures, des veines dans ses jambes, du sang dans ses veines, des humeurs dans ce sang, des gouttes dans ces humeurs, des vapeurs dans ces gouttes ; que, divisant encore ces dernières choses, il épuise ses forces en ces conceptions, et que le dernier objet où il peut arriver soit maintenant celui de notre discours ; il pensera peut-être que c'est là l'extrême petitesse de la nature. Je veux lui faire voir là-dedans un abîme nouveau. Je veux lui peindre non seulement l'univers visible,

17. *Les Atomes*, p. 27-28.

18. Insecte minuscule, un des plus petits animaux visibles à l'œil nu. Au XVIIe siècle, avant l'usage des microscopes, le ciron symbolisait ce qu'il y avait de plus petit dans le monde.

mais l'immensité qu'on peut concevoir de la nature, dans l'enceinte de ce raccourci d'atome. Qu'il y voie une infinité d'univers, dont chacun a son firmament, ses planètes, sa terre, en la même proportion que le monde visible ; dans cette terre, des animaux, et enfin des cirons, dans lesquels il retrouvera ce que les premiers ont donné [19] ». En devenant plus précise, la perception ne tombe pas sur quelque chose qui serait enfin indifférencié et « indivisible », un « atome », mais opère, à la manière des peintres, une sorte de mise en abîme du réel dans lui-même. La théorie des fractales peut être interprétée comme la première tentative pour donner un statut mathématique rigoureux à ce phénomène. De toutes les structures fractales, l'ensemble de Mandelbrot est sans aucun doute celle qui en constitue l'illustration la plus spectaculaire et qui offre – ce qui après tout n'est pas à négliger – les perspectives esthétiques les plus intéressantes.

L'ensemble de Mandelbrot est une structure géométrique abstraite imaginée à l'origine, comme son nom l'indique, par Mandelbrot lui-même. Sa construction fait appel à la théorie mathématique de l'itération des fonctions complexes. Le point de départ de la construction est une famille particulière de fonctions complexes [20] dépendant d'un paramètre, la famille « quadratique » $f_c(z) = z^2 + c$, où z désigne un nombre complexe variable, et c un paramètre (complexe). L'ensemble de Mandelbrot est, par définition, l'ensemble des paramètres c pour lesquels les itérés successifs de l'origine, $f_c^k(0)$, restent à une distance finie de l'origine lorsque k tend vers l'infini. Choisissons par exemple un point P_1 d'affixe (de coordonnées) c_1, dans le plan complexe, et calculons les itérés de l'origine par l'application f_{c_1}. Le premier itéré n'est autre que le point P_1 lui-même. Le second est un point P_2 de coordonnées u_2, v_2, telles que $(u_2+iv_2) = (u_1+iv_1)^2 + c_1$, d'où $u_2 = u_1^2-v_1^2+u_1$, et $v_2 = 2u_1v_1+v_1$. Une troisième itération donne un point P_3, et ainsi de suite. La suite des points P_k constitue l'*orbite* de l'origine. L'ensemble de Mandelbrot est l'ensemble des paramètres c tels que $u_k^2+v_k^2$ reste fini lorsque k tend vers l'infini, ou, ce qui revient au même, l'ensemble des points du plan complexe dont

19. *Pensées*, n° 199.

20. Rappelons qu'on appelle nombre complexe un nombre qui se compose d'une partie réelle et d'une partie imaginaire : $z = a+ib$.

l'orbite reste à une distance finie de l'origine [21]. On peut montrer que c'est aussi l'ensemble des points d'affixe c tels que l'ensemble de Julia [22] de la fonction $f_c(z) = z^2 + c$ soit connexe. À chacun des points qui le constituent, correspond un ensemble de Julia de f_c de topologie variable.

En dépit de la simplicité – relative – de la procédure permettant de l'engendrer, l'ensemble de Mandelbrot est d'une complexité qui défie l'hyperbole. Il serait même, selon le mathématicien américain J.-H. Hubbard, « l'objet le plus compliqué des mathématiques [23] ». « Cet ensemble, dit Mandelbrot, est une étonnante combinaison d'une simplicité extrême et d'une complexité inimaginable. À première vue, c'est une " molécule " constituée d'" atomes " liés, l'un ressemblant à une cardioïde et l'autre presque circulaire. Mais lorsqu'on se rapproche, on découvre une infinité de molécules plus petites ressemblant à la première et unies par ce que j'ai proposé d'appeler un " polymère du diable ". Ne me laissez pas continuer à délirer sur la beauté de cet ensemble [24]. » L'ensemble de Mandelbrot ressemble extérieurement à une grosse toile d'araignée sur laquelle seraient greffés plusieurs bourgeons de tailles diverses. Au grossissement, on découvre que de nouveaux bourgeons sont greffés sur les premiers, et que de minuscules filaments, invisibles au premier abord, sont branchés sur ces bourgeons. En augmentant encore l'échelle, on s'aperçoit avec émerveillement que certains de ces filaments contiennent une image réduite de l'ensemble de Mandelbrot tout entier, qui, comme les cirons de Pascal, enferme donc lui-même « ce que le premier a déjà donné », et ainsi de suite.

---

21. Cf. B. Mandelbrot, *Les Objets fractals*, p. 232-236.

22. Gaston Julia est un mathématicien français. Ses travaux ont surtout porté sur la théorie des fonctions rationnelles. On appelle « ensemble de Julia » d'une fonction polynomiale f la frontière du bassin d'attraction de chaque point fixe attractant de f, y compris éventuellement l'infini. Considérons par exemple la fonction complexe élémentaire $f(z) = z^2$. Cette fonction présente deux points fixes attractants : l'origine et l'infini. Le bassin d'attraction de l'origine ($z = 0$) est l'intérieur du disque unité ($|z| < 1$), celui de l'infini le complémentaire ouvert de ce disque ($|z| > 1$) ; l'ensemble de Julia de f est la frontière commune à ces deux ensembles, c'est-à-dire le cercle unité $|z| = 1$. Dans ce cas, ce n'est bien évidemment pas un ensemble fractal. (Cf. G. Julia, « Sur l'itération des fonctions rationnelles », *J. Math. Pure Appl.*, *8*, 47-245 (1918)).

23. Cité par B. Mandelbrot, *ibid.*, p. 232.

24. Entretien avec A. Barcellos dans *Mathematical People*, éd. D. J. Albers et G. L. Alexanderson, Boston, Birkhauser, 1985, p. 220.

Des ensembles analogues peuvent être obtenus à partir d'autres processus itératifs dans le plan complexe, comme ceux qui servent à résoudre les équations polynomiales du type $p(z) = 0$, dans la méthode dite de Newton. D'après cette méthode, on forme, pour trouver les solutions d'une équation quelconque $p(z) = 0$, la fonction rationnelle : $f(z) = z - p(z)/p'(z)$, où p' désigne la dérivée de p. La suite des itérés $f^k(z)$ tend, sous certaines conditions de régularité, vers un zéro w de p. Le bassin d'at-

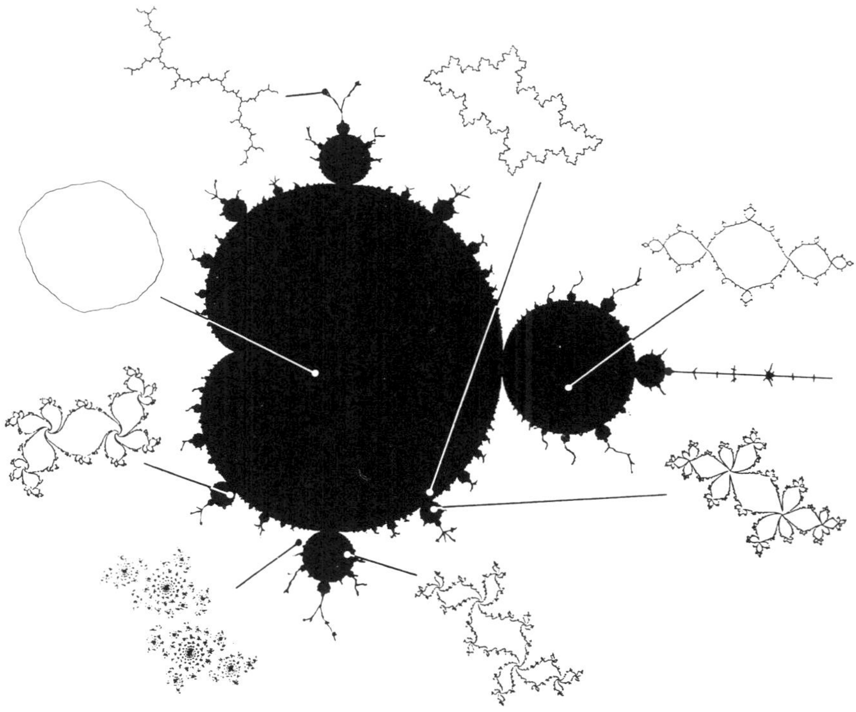

Ensemble de Mandelbrot et ensembles de Julia associés
(D'après K. Falconer, *Fractal Geometry*, p. 213)

traction $A(w)$ de w, c'est-à-dire l'ensemble des points z du plan complexe tels que $f^k(z)$ converge vers w lorsque k tend vers l'infini, définit un ensemble géométrique au moins aussi inextricable que celui de Mandelbrot, comme on peut en juger sur la figure ci-dessous.

L'ensemble de Mandelbrot, et tous les ensembles similaires, présentent une homothétie interne approchée à toutes les échelles d'observation. Ils contiennent, un peu à la manière des poupées russes, leur propre image en réduction, qui enferme elle-même sa propre image réduite, et ainsi de suite à l'infini. Loin d'être purement formel, ce principe d'homothétie interne a des implications phénoménologiques importantes. C'est grâce à lui que la théorie des fractales réussit à rendre aussi bien l'allure stratifiée du monde de la perception ordinaire. Les agrandissements de ses modèles révèlent toujours de nouveaux détails, qualitativement semblables aux détails antérieurs, mais comportant néanmoins des éléments imprévus (l'ensemble de Mandelbrot n'est pas, en

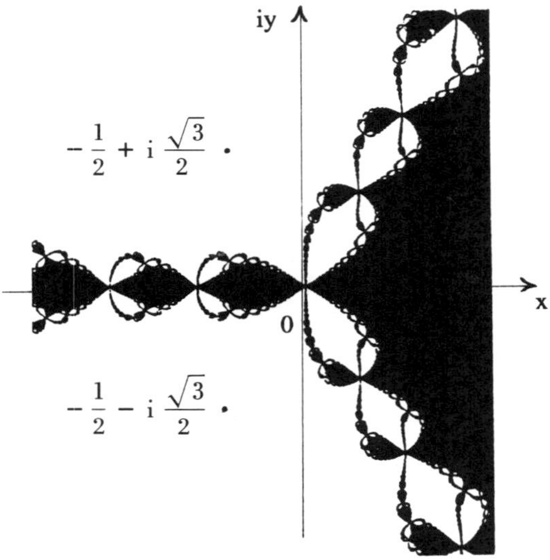

Résolution de l'équation $z^3-1 = 0$ par la méthode de Newton. En noir, le bassin d'attraction de la solution $w_1 = 1$
(D'après K. Falconer, *Fractal Geometry*, p. 221)

effet, *strictement* autosimilaire). C'est exactement ce que ressent un observateur ou un promeneur qui s'approche d'un mur de pierre ou d'un pic montagneux. « Au fur et à mesure de son grossissement apparent, le relief observé livre de nouveaux détails, relativement réguliers quant à leur structure (il s'agit de pierres, dont les formes, les angles, et les couleurs respectent un relatif principe de constance) et totalement imprévisibles quant à leur détail (car liés à une succession d'événements aléatoires : agents d'érosion, accidents géologiques, présence de couches tendres, etc.) [25]. »

25. « Comment j'ai découvert les fractales », *op. cit.*, p. 422.

L'univers de la science classique est un univers uniforme et isotrope. Même s'il a trois ou même quatre dimensions (théorie de la relativité), il est au fond sans épaisseur ni profondeur. Les choses y sont transparentes, au moins dans le principe ; il ne s'y trouve aucune complexité qui ne puisse céder à l'analyse et ne finisse par révéler sa simplicité fondamentale. Le monde de la théorie des fractales, et des théories morphologiques en général, est tout autre. C'est un monde à la fois beaucoup plus complexe et beaucoup plus simple, beaucoup plus simple dans sa complexité même. Cet autre monde n'est ni imaginaire, ni hypothétique, ni même lointain : c'est le nôtre. C'est celui dans lequel nous vivons et que nous percevons tous les jours, monde de chair dont la science galiléenne n'a vu et retenu que l'ossature géométrique et mécanique.

Chapitre 5

Le temps retrouvé

La science classique et l'élimination du temps

L'uniformité de l'univers de la science galiléo-newtonienne n'est pas seulement spatiale : elle est aussi temporelle. C'est un univers d'où le temps est chassé et où, aussi paradoxal que cela puisse paraître au premier abord, il ne se passe littéralement rien. Les choses suivent leur cours en se répétant identiques à elles-mêmes. Les mêmes causes produisent les mêmes effets, et ainsi en est-il depuis la nuit des temps. La physique, et plus généralement la science, est foncièrement parménidienne et « ne pénètre rien, disait déjà le philosophe A. Hannequin, du réel devenir [1] ». Recherchant l'identité sous la diversité, elle rejette la variabilité des phénomènes dans le domaine de l'apparence, de la *doxa*. Pour elle, selon l'expression de Bergson [2], « tout est donné [3] » : tout, c'est-à-dire toute l'évolution, future et passée, d'un système est contenue dans son état présent. « Le déterminisme rigoureux des phénomènes successifs dans le temps [exprime] simplement que le tout de l'être est donné dans l'éternel [4]. » Il suffit de connaître n'importe quel état particulier du système, par exemple son état initial, et la loi générale de son évolution, pour connaître la totalité de ses états. Comment ne

1. *Essai critique*, Paris, Alcan, 1895, p. 323.
2. « L'essence des explications mécaniques, dit Bergson, est [...] de considérer l'avenir et le passé comme calculables en fonction du présent, et de prétendre ainsi que *tout est donné* « (*L'Évolution créatrice*, *Œuvres*, p. 526).
3. Cf. I. Prigogine et I. Stengers, *La Nouvelle alliance*, p. 104.
4. *L'Évolution créatrice*, *Œuvres*, p. 789.

pas évoquer ici la fameuse déclaration où Laplace exposait, de la manière la plus concise et la plus grandiose qui soit, la doctrine du déterminisme universel ? « Nous devons, disait le savant, [...] envisager l'état présent de l'Univers comme l'effet de son état antérieur, et comme la cause de celui qui va suivre. Une intelligence qui pour un instant donné connaîtrait toutes les forces dont la nature est animée et la situation respective des êtres qui la composent, si d'ailleurs elle était assez vaste pour soumettre ces données à l'analyse, embrasserait dans la même formule les mouvements des plus grands corps et ceux du plus léger atome : rien ne serait incertain pour elle, et l'avenir, comme le passé, serait présent à ses yeux [5]. » La fiction laplacienne d'une intelligence universelle, qui saisirait dans un même regard la totalité passée, présente et à venir, de l'univers, a longtemps hanté et hante encore l'esprit scientifique moderne. On la retrouve par exemple au XIXe siècle chez le physiologiste allemand Du Bois-Reymond qui affirmait : « On peut imaginer la connaissance de la nature arrivée à un point où le processus universel du monde serait représenté par une formule mathématique unique, par un seul immense système d'équations différentielles simultanées d'où se tireraient, pour chaque moment, la position, la direction et la vitesse de chaque atome du monde [6]. » Le naturaliste Thomas Huxley exprimait, à la même époque, la même idée sous une forme plus concrète : « Si la proposition fondamentale de l'évolution est vraie, à savoir que le monde entier, animé et inanimé, est le résultat de l'interaction mutuelle, selon des lois définies, des forces possédées par les molécules dont la nébulosité primitive de l'univers était composée, alors il n'est pas moins certain que le monde actuel reposait potentiellement dans la vapeur cosmique, et qu'une intelligence suffisante aurait pu, connaissant les propriétés des molécules de cette vapeur, prédire par exemple l'état de la faune de la Grande-Bretagne en 1868, avec autant de certitude que lorsqu'on dit ce qui arrivera à la vapeur de la respiration pendant une froide journée d'hiver [7]. » Cet idéal d'une connaissance intégrale et exhaustive du réel n'a pas été abandonné depuis, bien au contraire. Au début de ce siècle, le phy-

---

5. *Essai philosophique sur les probabilités*, Paris, Bourgois, 1986, p. 32-33.
6. *Über die Grenzen des Naturerkennens*, Leipzig, 1892 (cité par H. Bergson dans *L'Évolution créatrice*, *Œuvres*, p. 527).
7. Cité par H. Bergson dans *L'Évolution créatrice*, *Œuvres*, p. 527.

sicien Werner Heisenberg considérait par exemple que le but ultime de la physique contemporaine était « d'écrire une équation fondamentale de laquelle découlent les propriétés de toutes les particules élémentaires et par là le comportement de la matière en général [8] ».

Cette quête d'une formule ou d'une équation unique repose, selon Bergson, sur « une métaphysique où la totalité du réel est posée en bloc, dans l'éternité, et où la durée apparente des choses exprime seulement l'infirmité d'un esprit qui ne peut pas tout connaître à la fois [9] ». Pour la science moderne en général, qui est essentiellement mécanique, le temps ne joue aucun rôle dans l'évolution des systèmes. Il n'est qu'un paramètre extérieur, sans efficace véritable, et, comme le dit Bergson, « du moment qu'il ne fait rien, il n'est rien [10] ». Tous les instants d'un système sont fondamentalement équivalents ; il n'en est aucun de privilégié. Einstein est peut-être un de ceux qui, dans la théorie de la relativité, a poursuivi le plus complètement cette élimination du temps en science : « Pour nous autres physiciens convaincus, écrivait Einstein dans une lettre à son ami Michel Besso, la distinction entre passé, présent et futur n'est qu'une illusion, même si elle est tenace [11]. » La meilleure preuve de l'inexistence du temps est le caractère réversible des équations. La plupart des lois de la physique restent invariantes lorsqu'on inverse le sens de la flèche temporelle, c'est-à-dire après changement du paramètre temporel t en $-t$. Cela est vrai pour les lois de la mécanique, les lois de l'électromagnétisme, et les théories de la relativité. Dans la mécanique rationnelle, « tous les mouvements, dit Meyerson, sont réversibles. Dès le début, à l'aide d'un postulat tacitement accepté, l'essence même du concept du temps se trouve complètement dénaturée. Le temps mécanique ne s'écoule plus, uniformément toujours dans la même direction ; on peut au contraire s'y mouvoir librement, dans la direction voulue, comme nous le faisons dans l'espace [12] ». Dans ce temps qui n'est plus vraiment le temps, dans ce temps qu'on peut parcourir en tous sens, dans ce temps spatialisé car conçu sur le

---

8. Cité par M. Heidegger, « Science et méditation », *Essais et conférences*, Paris, Gallimard, 1958, p. 67.
9. *L'Évolution créatrice*, *Œuvres*, p. 527.
10. *Ibid.*, p. 527.
11. *Correspondance Einstein – Michele Besso, 1903-1955*, Paris, Hermann, 1972.
12. *Identité et réalité*, p. 241.

modèle de l'espace, les systèmes évoluent sans pouvoir réserver de véritable surprise à celui qui les observe. Leur évolution est comparable au déroulement implacable d'un programme d'ordinateur. « La nature de la dynamique classique, dit Prigogine, est une nature à la fois amnésique, dépourvue d'histoire, et entièrement déterminée par son passé ; c'est une nature indifférente, pour laquelle tout état est équivalent, une nature sans relief, plate et homogène, le cauchemar d'une insignifiance universelle. Le temps de cette physique est le temps du déploiement progressif d'une loi éternelle, donnée une fois pour toutes, et totalement exprimée par n'importe quel état du monde [13]. » Chaque état de l'univers contient virtuellement tous les autres. L'univers tel qu'il existe aujourd'hui existait dès l'origine et continuera à exister dans l'avenir. Il existe de tout temps ou de toute éternité comme on voudra. L'état primitif de l'Univers, le fameux Big-Bang de la cosmologie moderne, par exemple, n'appartient nullement au passé. Il est encore présent et agissant, puisque ses caractéristiques déterminent dans ses moindres détails l'état actuel du monde. On sait, ou plutôt on suppose, que l'univers est apparu il y a quelque quinze milliards d'années, et on sait, ou plutôt on suppose, que notre soleil s'éteindra dans cinq milliards d'années. Pour la science, cet événement catastrophique s'est déjà produit ; il est déjà là, sous ses yeux, ou du moins sous ceux du physicien qui le calcule et le prédit, même si, et pour cause, il n'a encore été donné à personne de l'observer. La fin est inscrite dans le commencement, l'une et l'autre se rejoignent et se confondent ; ce ne sont que deux manifestations différentes, deux actualisations successives d'une même réalité. D'une façon générale, il n'y a, pour la science, rien de nouveau à attendre ni à espérer. D'où, par parenthèse, l'impression d'aridité qu'elle ne peut manquer d'engendrer. Nous sentons plus ou moins confusément que cette science mathématique de la nature, souvent présentée comme un modèle de rationalité, est bien éloignée du monde de l'existence concrète, monde en grande partie – fort heureusement – imprévisible. Nous soupçonnons déjà que cette science, en dépit ou peut-être même à cause de son exactitude, est bien loin d'approcher et encore moins d'épuiser la vérité et la richesse de ce monde.

---

13. *La Nouvelle alliance*, p. 130.

La vie des structures : exemple du Brusselator

Dénonçant la tendance parménidienne inhérente à la science moderne, les théories morphologiques redécouvrent le temps, ou plutôt la réalité du changement. Ainsi, la théorie des structures dissipatives ne réduit pas la temporalité d'un système au déploiement des virtualités impliquées dans son état initial, mais conçoit l'évolution comme une succession d'états hétérogènes, qualitativement différents les uns des autres. Il y a une solution de continuité lorsqu'on passe d'un état d'organisation à un autre, d'une structure à une autre. Le temps n'est plus la répétition indéfinie du même, mais devient synonyme de création et d'invention. La théorie de Prigogine nous donne en définitive une représentation du devenir voisine de celle de Bergson pour qui la « durée signifie invention, création de formes, élaboration continue de l'absolument nouveau [14] ».

Considérons par exemple les étapes qui rythment l'apparition d'une structure dissipative particulière, celle connue dans la littérature scientifique sous le nom de « Brusselator ». Cette structure, étudiée pour la première fois par Prigogine en 1968, prend naissance dans certains systèmes chimiques. Ces systèmes ont la particularité d'être le siège de plusieurs réactions qui peuvent, sous certaines conditions et dans certaines circonstances, engendrer un processus morphogénétique. La chaîne réactionnelle est la suivante : deux produits, notés A et B, se dégradent en donnant naissance à deux autres, notés D et E. Ces deux composés ne sont pas synthétisés directement, mais seulement après une série d'étapes réactionnelles faisant intervenir deux produits intermédiaires X et Y. Schématiquement, on peut représenter ce modèle de la façon suivante :

$$\begin{aligned} A &\rightarrow X \\ 2X + Y &\rightarrow 3X \\ B + X &\rightarrow Y + D \\ X &\rightarrow E \end{aligned}$$

14. *L'Évolution créatrice*, *Œuvres*, p. 502.

La réaction la plus importante du point de vue morphogénétique est la seconde. À la différence des trois autres, elle est à la fois autocatalytique (la réaction engendre son propre catalyseur : X) et trimoléculaire (elle fait intervenir trois molécules : $2X + Y$), deux conditions nécessaires (mais non suffisantes, on va le voir) à l'apparition d'une instabilité chimique. Le fait que la réaction soit autocatalytique entraîne la non-linéarité de l'équation cinétique régissant la formation du produit X. Mais la présence d'une non-linéarité ne suffit pas par elle-même à déstabiliser le système et donc à susciter l'apparition d'un ordre. Un théorème dit en effet qu'il est impossible d'obtenir une brisure de symétrie (temporelle) dans une chaîne réactionnelle impliquant deux variables intermédiaires si toutes ses étapes, bien que non linéaires, sont simplement uni- ou bimoléculaires [15]. En d'autres termes, cela signifie qu'une non-linéarité d'ordre au moins égal à *trois* est requise pour déstabiliser la branche thermodynamique. Le modèle trimoléculaire est un des systèmes chimiques les plus simples répondant à cette exigence. Ce modèle, précisons-le, décrit un processus fictif, qui n'a pas de correspondant exact dans la réalité. Il permet cependant de donner une image approchée et simplifiée d'un grand nombre de processus autocatalytiques réels (en physiologie notamment). L'autre intérêt de ce modèle est de mettre en évidence la grande variété des processus coopératifs compatibles avec les lois de la cinétique chimique. Il joue de ce point de vue un rôle heuristique comparable, par exemple, à celui que joue l'oscillateur harmonique en mécanique classique.

Pour étudier le comportement asymptotique du système, Prigogine écrit les équations régissant la variation des concentrations des produits X et Y au cours du temps. Il suppose que les concentrations des produits initiaux et finaux A, B, D, E sont maintenues constantes par un dispositif adéquat. Les concentrations des produits A et B sont des contraintes qui vont servir à définir l'état du système, et peuvent être interprétées comme des paramètres de contrôle. En vertu de la loi d'action de masse, et en notant A, B, etc., la concentration

15. Cf. G. Nicolis et I. Prigogine, *Self-Organization in Nonequilibrium Systems*, p. 90.

respective des produits A, B, etc., on peut écrire le système différentiel suivant :

$$\frac{dX}{dt} = A + X^2Y - BX - X$$
$$\frac{dY}{dt} = BX - X^2Y$$

Ce système admet une solution stationnaire (c'est-à-dire indépendante du temps, et donc telle que $dX/dt=dY/dt=0$) évidente, donnée par :

$$X_0 = A \text{ et } Y_0 = \frac{B}{A}$$

Si les contraintes imposées au système le permettent, les concentrations X et Y vont prendre au bout d'un certain temps les valeurs X_0 et Y_0, et le système n'évoluera plus. Il se placera dans un état uniforme, et y restera tant que l'état stationnaire restera stable. Pour tester la stabilité de l'état stationnaire, Prigogine le perturbe, c'est-à-dire étudie le comportement des solutions du système différentiel soumis à de petites fluctuations. Si l'on suppose que l'écart des solutions perturbées, notées $X(t)$ et $Y(t)$, reste faible par rapport à la solution stationnaire, c'est-à-dire si l'on admet que $x = X - X_0$ et $y = Y - Y_0$ sont négligeables devant X_0 et Y_0, on peut linéariser le système différentiel et procéder à ce qu'on appelle une analyse de la stabilité des solutions en modes normaux. Le système différentiel linéarisé s'écrit, en variables x et y :

$$\frac{dx}{dt} = (B - 1)\, x + A^2\, y$$
$$\frac{dy}{dt} = -\, B\, x - A^2 y$$

Les solutions de ce système sont des combinaisons linéaires de fonctions exponentielles du type $e^{\omega t}$, où ω est une valeur propre de la matrice :

$$\begin{pmatrix} B - 1 & A^2 \\ -B & -A^2 \end{pmatrix}$$

Si les deux valeurs propres de la matrice ont leur partie réelle négative, le système sera stable, puisque $e^{\omega t}$ tendra vers zéro lorsque t tendra vers l'infini. En revanche, si une au moins des valeurs propres a une partie réelle positive, l'état stationnaire sera instable. La fluctuation, au lieu d'être amortie, sera amplifiée au cours du temps.

Les valeurs propres de la matrice sont les solutions de l'équation du second degré suivante, dite équation de dispersion :

$$\omega^2 + (A^2 - B + 1)\,\omega + A^2 = 0$$

La partie réelle des solutions de cette équation sera positive si le coefficient de ω est négatif, c'est-à-dire si :

$$B > 1 + A^2$$

Cela signifie que dès que la concentration du produit B dépasse la valeur critique $B_c = 1 + A^2$, l'état stationnaire cesse d'être stable. Il bifurque, et donne naissance à un cycle limite (bifurcation de E. Hopf). Les concentrations de X et de Y, au lieu de rester fixes, se mettent à osciller autour des valeurs X_0 et Y_0 avec une période bien définie, qui dépend à la fois des vitesses des réactions et des concentrations des produits initiaux et finaux A, B, D et E. Il est à noter que ce cycle est lui-même stable. Quelles que soient les valeurs initiales de X et de Y, le système finira toujours par le rejoindre, en admettant, bien évidemment, que les conditions aux limites restent constantes. Cela suppose que la réaction soit réalimentée en permanence en produits A et B, et que les produits finaux D et E soient éliminés au fur et à mesure.

L'apparition du cycle a pour effet de briser la symétrie temporelle du système. À l'état stationnaire, le temps du système est homogène et parfaitement symétrique. Il est la succession d'instants identiques, ou la perpétuation d'un seul et même maintenant : le passé, le présent et le futur sont indiscernables. Avec l'apparition du cycle limite, le temps devient hétérogène, porteur de différences. Les instants cessent d'être équivalents, « la réaction chimique, dit Prigogine, a acquis une sorte de *phase*, analogue à celle qui caractérise une onde lumineuse [16] ». Le système se comporte comme une véritable « horloge chimique ». Un ordre temporel a pris naissance dans un système qui en était dépourvu, rythmant son évolution. Lors-

16. *La Nouvelle alliance*, p. 233.

qu'on tient compte des phénomènes de diffusion des produits *X* et *Y* dans le système, des structures dissipatives spatio-temporelles plus complexes peuvent apparaître. La complexité de ces structures croît naturellement avec la dimension de l'espace. En dimension 1, on peut obtenir, en fonction des conditions aux limites imposées, une structure spatiale semblable à celle apparaissant dans la réaction de Zhabotinsky, ou bien des ondes chimiques. En dimension 2, les structures susceptibles de se manifester sont beaucoup plus nombreuses. On peut obtenir par exemple, sur un domaine circulaire, une structure brisant la symétrie spatiale du système avec l'apparition d'un axe privilégié.

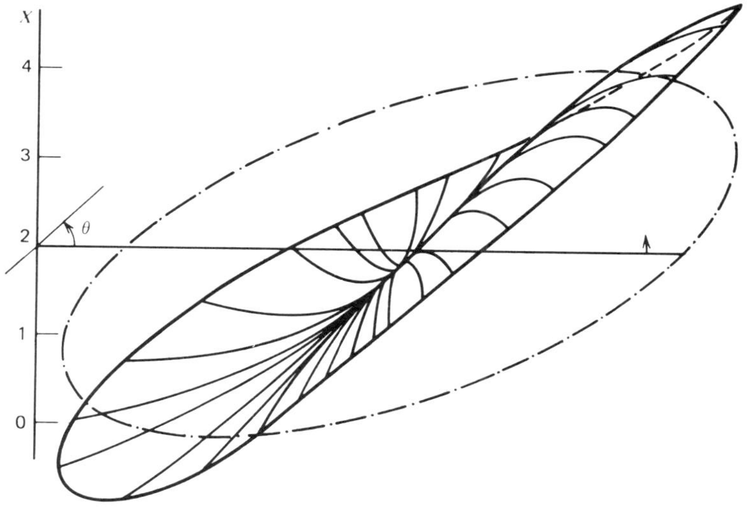

Structure dissipative stationnaire polarisée dans un domaine circulaire à deux dimensions, obtenue par simulation sur ordinateur
(D'après G. Nicolis et I. Prigogine, *Self-Organization in Nonequilibrium Systems*, p. 181)

L'exemple du Brusselator, et des modèles chimiques analogues, nous montre que et comment deux (ou plusieurs) états qualitativement différents peuvent se succéder dans un même système. Le temps ne signifie plus la répétition indéfinie du même. Il convient même de distinguer une pluralité de temps irréductibles, rythmés différemment, branchés les uns sur les autres, correspondant chacun à un type d'évolution particulier. « La physique aujourd'hui, dit Prigogine, ne nie plus le temps. Elle reconnaît le temps irréversible des évolutions vers l'équilibre, le temps rythmé des structures dont la pulsion se nourrit du monde qui les traverse, le temps bifurquant des évolutions par instabilité et amplification de fluctuations [...] [17]. » Chaque système intègre son histoire, si bien que le temps n'est plus un milieu neutre et universel mais devient une détermination ontologique, une propriété constitutive du réel lui-même. « La définition d'un état, dit le physicien, au-delà du seuil d'instabilité n'est plus intemporelle. Pour en rendre compte, il ne suffit plus d'invoquer la composition chimique, et les conditions aux limites. En effet, que le système soit dans *cet* état singulier n'en est plus déductible, d'autres états lui étaient également accessibles. La seule explication est donc historique, ou génétique : il faut décrire le chemin qui constitue le passé du système, énumérer les bifurcations traversées et la succession des fluctuations qui ont décidé de l'histoire réelle parmi toutes les histoires possibles [18]. » Dans la théorie des structures dissipatives, le temps devient, un peu comme la durée dans la philosophie bergsonienne, l'étoffe ou la substance même des choses.

Cette notion d'un devenir substantiel, scandant la vie des structures, leur apparition et leur disparition, n'est pas propre à la théorie de Prigogine. Elle est également présente, quoique sous une forme différente, dans les autres théories morphologiques, et d'abord dans la théorie des attracteurs étranges. Une des propriétés essentielles de ces attracteurs est la « non-périodicité » ou l'« apériodicité ». Cela signifie que les trajectoires qui les composent ne se referment jamais sur elles-mêmes, et donc que les systèmes qu'ils régissent ne repassent jamais deux fois par le même état. La non-périodicité fait que l'observation d'un régime chaotique, aussi longue soit-elle, ne permet pas d'anticiper son comportement ultérieur. On peut dire de ce point de vue que les systèmes chaotiques sont générateurs à chaque instant, comme les structures dissipatives de Prigogine, d'une « imprévisible nouveauté ». Ils réservent sans cesse des surprises nouvelles à qui suit leur évolution. Si elle n'a donc aucune utilité prospective, l'observation d'un régime chaotique a néanmoins une valeur rétrospective, puisqu'elle permet de distinguer *a posteriori* des conditions initiales pratiquement identiques. Elle enrichit sans cesse l'information que nous avons sur l'état

17. *Ibid.*, p. 366.
18. *Ibid.*, p. 231.

initial du système étudié [19]. Le chaos n'est plus pensable ici en termes de perte d'information ou de brouillage, mais devient lui-même une source de connaissance. La temporalité joue également un rôle important en théorie des catastrophes, même si Thom a beaucoup moins développé cet aspect des choses que Prigogine. Le devenir résulte, en théorie des catastrophes, de la bifurcation d'un attracteur, ou encore du conflit entre deux ou plusieurs attracteurs régnant sur un même substrat. La bifurcation implique un saut qualitatif, une succession de formes qui n'est pas une simple redite, une simple répétition, mais bien, là encore, « invention du nouveau ». La théorie des catastrophes nous proposerait même une vision dialectique du monde que Thom rapproche de celle d'Héraclite, « chantre du mobilisme universel », pour l'opposer à celle de Parménide, « héraut de l'identité absolue [20] », dominant la physique actuelle [21].

Cette idée, commune à toutes les théories morphologiques, d'un devenir qualitatif, inhérent aux systèmes eux-mêmes, nous ramène en fait dans les parages de la pensée aristotélicienne. Pour Aristote et l'aristotélisme médiéval, le mouvement n'était pas un état indifférent du mobile, équivalant, au fond, à l'état de repos, mais impliquait une modification en profondeur du mobile lui-même. « Toute la théorie physique d'Aristote, dit Pierre Aubenque, contredit [l'] idée que le mouvement serait une propriété accidentelle, dont il suffirait de faire abstraction pour retrouver l'essence de l'être dans sa pureté. En réalité [...] le mouvement affecte de part en part l'être en mouvement ; il est, sinon son essence, du moins une affection essentielle, celle qui l'empêche de coïncider avec son essence ; il n'est pas un accident parmi d'autres, mais ce qui fait que l'être en

---

19. P. Bergé, Y. Pomeau et C. Vidal, *L'Ordre dans le chaos*, p. 125, cf. aussi D. Ruelle, *Chaotic Evolution and Strange Attractors*, Cambridge, Cambridge University Press, 1989, p. 69 sq.

20. « La Physique et les formes », *La Pensée physique contemporaine*, p. 336. Attribuer un caractère intemporel à la théorie de Thom, comme le fait I. Ekeland, nous paraît de ce point de vue assez peu justifié. Le temps « est chassé, dit I. Ekeland, de la théorie des catastrophes dès la première minute, par la décision de ne retenir de l'évolution des systèmes dissipatifs que leur état d'équilibre » (*Le Calcul, l'imprévu*, p. 129). Thèse surprenante puisque Thom cherche justement à formaliser les situations de non-équilibre, d'instabilité d'une dynamique locale.

21. « La physique moderne, dit Thom, – indubitablement – se rattache à la tendance parménidienne (les catastrophistes, eux, se rattacheraient plutôt au courant héraclitéen) », « La Physique et les formes », *op. cit.*, p. 336.

général comporte des accidents [22]. » Pour Aristote, le mouvement n'est pas réductible au seul mouvement local, au changement selon le lieu (le transport), mais désigne aussi bien l'altération (le changement selon la qualité, le devenir autre), l'accroissement quantitatif (le changement selon la quantité, le devenir plus grand ou plus petit, etc.) que la naissance et la mort (le changement selon la substance). Sous chacun de ses aspects, le mouvement possède un pouvoir ou une efficace propres. Le mouvement local, par exemple, peut être destructeur (le plus souvent), ou au contraire réparateur. Exemple de mouvement destructeur : le mouvement violent. En lançant une pierre en l'air, on rompt un équilibre, on éloigne provisoirement la pierre de son lieu naturel, on l'empêche de coïncider avec sa forme propre, et donc avec son être. Exemple de mouvement réparateur : le mouvement naturel. Une pierre qui retombe rétablit l'équilibre compromis par son lancer. Elle regagne son lieu naturel et rejoint sa forme propre. Grâce au mouvement naturel, elle accède ou réaccède à l'être, reprend sa place dans l'ordre des choses. En formulant le principe de relativité, Galilée a extrait le mouvement et le devenir hors des choses. Le mouvement est devenu une propriété abstraite et accidentelle du mobile, et le temps un cadre indifférent sans prise sur le réel. Comme le dit très bien Maurice Clavelin : « Alors que la philosophie naturelle traditionnelle n'avait pu traiter du mouvement qu'en le considérant comme l'affection d'un sujet, enserré entre un *terminus a quo* et un *terminus ad quem*, Galilée pour sa part réussit à en faire un objet de même statut que les objets mathématiques, susceptible d'une reconstruction rationnelle, et à propos duquel un nombre indéfini de propositions pourront être établies par une voie strictement déductive [23]. » Par une sorte de contre-révolution, les théories morphologiques opèrent le mouvement inverse. Elles réinscrivent le mouvement et le devenir dans les choses elles-mêmes. Les formes naturelles naissent, durent un temps, puis disparaissent. Elles sont soumises à l'altération, à la génération et à la corruption. Leur temporalité n'est pas superficielle et acci-

---

22. *Le Problème de l'être chez Aristote*, Paris, PUF, p. 422-423.
23. Introduction à : Galilée, *Discours et démonstrations mathématiques concernant deux sciences nouvelles*, tr. fr. M. Clavelin, Paris, A. Colin, 1970, p. XVIII.

dentelle, mais profonde et essentielle. En durant, les formes évoluent, c'est-à-dire changent en passant par une série d'états qualitativement distincts, non déductibles les uns des autres. Nous voici ici redevenus très proches d'Aristote.

Chapitre 6

La part de la contingence

Les théories morphologiques redécouvrent la réalité du changement. Le temps n'équivaut plus au retour éternel de l'identique, mais devient porteur de différences. Cela signifie que la configuration d'un système à un instant quelconque n'est plus contenue (ne serait-ce qu'implicitement) dans sa configuration antérieure : il y a entre la première et la seconde un saut qualitatif. Ces transitions brusques, ces bifurcations « catastrophiques » ne se produisent pas, bien évidemment, de manière indéterminée. Elles résultent au contraire de la conjonction d'une multitude de facteurs locaux qui entraînent le système dans un sens plutôt que dans un autre. Néanmoins le nombre de ces éléments perturbateurs est tel qu'il rend l'évolution de la morphologie pratiquement imprévisible. Les théories morphologiques sont donc amenées à reconnaître une part irréductible de « contingence » sinon dans le monde lui-même, du moins dans la perception que nous en avons. Parmi elles, deux ont thématisé plus particulièrement cette contingence irrémédiable et l'ont intégrée dans leurs modèles : la théorie des fractales d'une part, qui fait jouer au *hasard* un rôle déterminant dans la description et l'explication des formes naturelles, et la théorie des structures dissipatives d'autre part, par le biais du concept de fluctuation déclenchante.

Le statut du hasard en théorie des fractales

Mandelbrot distingue de façon très générale, nous l'avons vu, deux types de fractales, les fractales déterministes et les fractales aléatoires. Les premières regroupent toutes celles dont la construction s'effectue selon des règles bien définies, parfaitement codifiées à chacune de leurs étapes. Ces fractales offrent déjà une vaste classe de structures mathématiques au « confecteur de modèles ». Elles souffrent cependant d'un défaut majeur : elles sont beaucoup trop régulières, beaucoup trop rigides pour prétendre modéliser correctement la plupart sinon la totalité des formes naturelles. On ne saurait considérer, par exemple, la courbe de von Koch comme une bonne formalisation des lignes côtières ou frontalières. « Quelque évocatrice qu'elle soit des vraies cartes, dit Mandelbrot, la courbe de von Koch a deux défauts [...] : ses parties sont identiques entre elles, et les rapports d'homothétie interne doivent faire partie d'une échelle stricte, à savoir : $1/3$, $1/3^2$, etc. [1]. » Les côtes réelles ne sont pas autosimilaires dans des rapports aussi précis. Pour améliorer le modèle, on pourrait certes chercher à compliquer l'algorithme de construction, mais « cette méthode, continue le mathématicien, serait non seulement fastidieuse, mais mal inspirée [2] ». Elle serait fastidieuse car la règle de construction devrait être spécifiée et modifiée à chaque étape, si bien que la description du modèle lui-même finirait par être aussi compliquée que celle de l'objet à décrire. « Toute côte, rappelle Mandelbrot, a été modelée, au cours des siècles, par des influences multiples, qu'il n'est pas question de suivre en détail [3]. » De ce point de vue, il serait parfaitement chimérique de vouloir la décrire intégralement. La seule solution envisageable ici est d'ordre statistique. La situation est comparable à celle rencontrée en physique, et notamment en théorie cinétique des gaz où seule une approche probabiliste

---

1. *Les Objets fractals*, p. 43.
2. *Ibid.*, p. 43.
3. *Ibid.*, p. 43. Cf aussi B. Mandelbrot, *The Fractal Geometry of Nature*, p. 200-201.

permet de déduire le comportement global du système de l'analyse du comportement local des atomes. « Lorsque la mécanique, dit Mandelbrot, traite des systèmes d'un nombre immense de molécules, les lois régissant celles-ci au niveau local sont connues dans leur plus extrême détail, et c'est leur interaction au niveau global qui est mal connue. La situation est pire, ajoute-t-il, en géomorphologie, car le local et le global sont également incertains. Donc, plus encore qu'en mécanique, la solution doit être statistique [4]. » Cette remarque a une portée tout à fait générale : les modèles naturels sont, en théorie des fractales, sauf exception, de type statistique ou probabiliste. Ils impliquent donc l'intervention du hasard, d'où le sous-titre de l'essai de Mandelbrot : « Forme, hasard et dimension » qui veut indiquer que « pour engendrer l'irrégularité fractale [l'accent est mis] sur des constructions que domine le *hasard* [5] ». Parmi les fractales aléatoires, les fractales browniennes sont sans aucun doute les plus utilisées en pratique.

Le mouvement brownien, qui a donné leur nom à ce genre de fractales, a été découvert empiriquement par le botaniste anglais Robert Brown en 1827. Celui-ci observait au microscope de fines particules en suspension dans un liquide (grains de pollen) et avait remarqué qu'elles étaient agitées de mouvements très vifs et désordonnés, sans pouvoir donner une explication satisfaisante du phénomène. Les mouvements semblaient seulement indépendants entre eux et ne pouvaient pas être rattachés à une cause extérieure, telle que les trépidations mécaniques du dispositif expérimental. Les observations ultérieures ont permis de mettre en évidence un certain nombre de propriétés caractéristiques. On s'est d'abord aperçu que l'agitation superficielle se retrouvait dans tous les liquides ; qu'elle était liée à la taille des particules (comme on pouvait s'y attendre, elles se mouvaient d'autant plus rapidement qu'elles étaient plus petites) ; qu'elle augmentait avec la température. On s'est ensuite rendu compte, et c'était peut-être ce qu'il y avait de plus étrange, que ce mouvement ne s'arrêtait jamais. Il durait des heures, des mois, des années. Il paraissait éternel et spontané. Cela semblait indiquer que « l'agitation [...] devait être attribuée à des mouvements

---

4. *Les Objets fractals*, p. 43.
5. *Ibid.*, p. 6.

internes, caractéristiques de l'état du fluide [6] », c'est-à-dire à l'agitation thermique des molécules qui le composent : les molécules du liquide impriment aux particules en suspension des impulsions qui ne s'équilibrent jamais exactement, et sont donc à l'origine de ces mouvements erratiques et perpétuels. Cette hypothèse, d'abord théorique, s'est trouvée confirmée par la suite, lorsque Einstein eut établi, en 1905, des lois quantitatives précises, vérifiées par l'expérience, mettant en relation le déplacement quadratique moyen d'une particule avec les paramètres physiques du liquide. Le mouvement brownien a ensuite été formalisé mathématiquement par le mathématicien Norbert Wiener, surtout connu pour ses travaux sur la cybernétique, en 1923. C'est cette formalisation qui entre dans la définition des fractales browniennes (élémentaires).

Dans cette approche, on suppose que la particule se déplace sur une droite, et on note $X(t)$ la position de la particule à l'instant t. On dira, par définition, que la particule est animée d'un mouvement brownien unidimensionnel si $X(t)$ est une variable aléatoire possédant les trois propriétés suivantes :

– Avec une probabilité 1, $X(0) = 0$ (c'est-à-dire que le processus part de l'origine), et $X(t)$ est une fonction continue de t (la particule peut se déplacer à tout moment).

– Pour tout t positif ou nul et pour tout h positif, l'accroissement $X(t+h)-X(t)$ [c'est-à-dire le déplacement de la particule de t à $t+h$] est distribué selon une loi normale de moyenne nulle et de variance h. En d'autres termes, le déplacement possède une distribution gaussienne de densité : $(2\pi h)^{-1/2} \exp(-u^2/2h)$. Cette distribution de probabilité étant indépendante du temps, les accroissements sont stationnaires.

– Si $0 \leq t_1 \leq t_2 \leq \ldots \leq t_{2m}$, les accroissements $X(t_2)-X(t_1)$, ... , $X(t_{2m})-X(t_{2m-1})$ sont indépendants (le passé ne détermine pas l'avenir).

Cette définition du mouvement brownien sur la droite (mouvement brownien *scalaire*) s'étend sans difficulté à un espace de dimension quelconque (mouvement brownien *vectoriel*). On dira qu'une particule, se déplaçant dans un espace à n dimensions, est agitée d'un mouvement brownien (vectoriel) si la projection de son mouvement sur chaque axe de coordonnées est un mouvement brownien (scalaire) indépendant.

---

6. Wiener 1863, cité par J. Perrin, *Les Atomes*, p. 136.

Le mouvement brownien, scalaire ou vectoriel, donne naissance à deux ensembles géométriques qu'il convient de bien distinguer : le *graphe* de la fonction $X(t) : [0, \infty) \rightarrow R^n$ d'une part, et la *traînée* du mouvement d'autre part. Ces ensembles possèdent chacun, comme on peut s'y attendre, une structure *fractale*.

Le graphe de la fonction $X(t)$ désigne l'ensemble des points de coordonnées $[t, X(t)]$ lorsque t varie de 0 à l'infini. C'est une courbe inscrite dans un espace de dimension $n+1$ (les n coordonnées de $X(t)$ ajoutées à la coordonnée temporelle). Si $X(t)$ est l'ordonnée d'un point dans le plan, ou encore la position d'un point sur une droite, le graphe de la fonction brownienne associée est une courbe plane. On peut montrer que, d'une façon générale, le graphe d'une fonction brownienne de R dans R^n a une dimension topologique égale à 1 (c'est une courbe) et une dimension de Hausdorff égale à $1+n/2$. Dans R^2, le graphe d'une fonction brownienne est une ligne dotée paradoxalement d'une certaine épaisseur. Cette courbe est par ailleurs, selon l'expression de Mandelbrot, auto-affine [7]. Cela signifie que le graphe de $X(rt)$ se déduit de celui de $X(t)$ par une affinité de rapport déterminé, en l'occurrence $r^{1/2}$. Autrement dit, si l'on multiplie l'échelle tem-

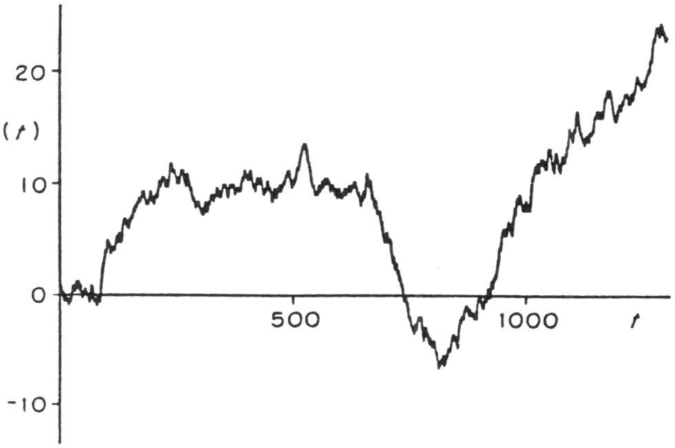

Graphe d'une fonction brownienne
(D'après K. Falconer, *Fractal Geometry*, p. 240)

porelle par un facteur r, il faut multiplier l'échelle spatiale par un facteur $r^{1/2}$ pour laisser le processus $X(t)$ inchangé. Un exemple

7. Cf. *The Fractal Geometry of Nature*, p. 237.

simple, facile à réaliser, de graphe de fonction brownienne de R dans R est le cumul des gains au jeu de pile ou face. Lançant une pièce, on ajoute 1 si la pièce tombe sur pile, et on retranche 1 dans le cas contraire [8].

La *traînée* d'un mouvement brownien est une fractale d'un genre un peu différent. Elle désigne la trace laissée par la particule lors de son mouvement, c'est-à-dire l'ensemble des points $X(t)$ lorsque t varie de 0 à l'infini. Contrairement au graphe, c'est une courbe située dans un espace de dimension n (les n coordonnées de $X(t)$) et non plus $n+1$. Sa dimension topologique vaut 1, et sa dimension de Hausdorff 2, quelle que soit la dimension de l'espace. Cela signifie, en particulier, que la traînée d'un mouvement brownien dans le plan (espace de dimension 2) passe par chaque point du plan. Elle couvre donc entièrement une surface. La trace d'une particule en suspension dans un liquide, où Jean Perrin voyait déjà un exemple de courbe continue sans dérivée, en fournit une illustration concrète : « Mettant l'œil au microscope, disait le physicien, observons le mouvement brownien qui agite une toute petite particule en suspension dans un fluide. Pour fixer une tangente à sa trajectoire, nous devrions trouver une limite au moins approximative à la direction de la droite qui joint les positions

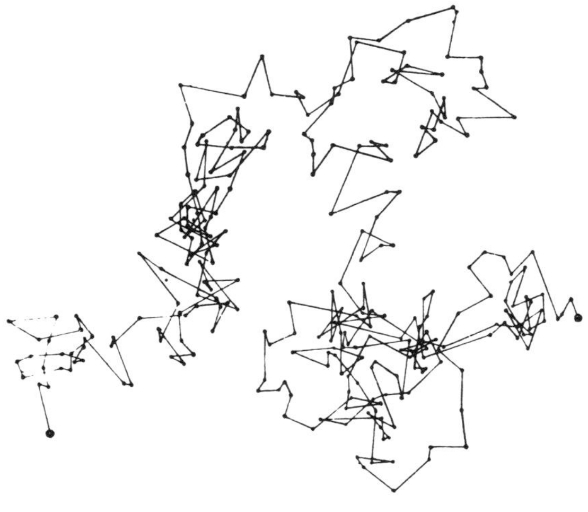

Traînée d'un mouvement brownien
(D'après B. Mandelbrot, *Les Objets fractals*, p. 49)

8. Cf. B. Mandelbrot, *Les Objets fractals*, p. 61.

de cette particule en deux instants successifs très rapprochés. Or, tant que l'on peut faire l'expérience, cette direction varie follement lorsqu'on fait décroître la durée qui sépare ces deux instants. En sorte que ce qui est suggéré par cette étude à l'observateur sans préjugé, c'est encore la fonction sans dérivée, et pas du tout la courbe avec tangente [9]. »

Les fractales browniennes que nous venons de décrire sont en réalité trop irrégulières pour formaliser les processus naturels (hormis, bien évidemment, le mouvement brownien lui-même). Une traînée brownienne plane, par exemple, ferait un bien mauvais modèle de ligne frontalière ou côtière. C'est une courbe qui comporte une multitude de points doubles, « ce qui est inacceptable, dit Mandelbrot, pour une côte [10] ». Pour modéliser ce genre de morphologie, et des phénomènes semblables, il faut avoir recours à d'autres types de fractales, plus régulières que les précédentes, que Mandelbrot appelle « les fractales browniennes généralisées », et dont nous donnons quelques échantillons en appendice [11].

L'utilisation des fractales aléatoires pour formaliser le réel ne doit pas nous faire croire que Mandelbrot soutiendrait que les phénomènes naturels se produiraient par hasard, c'est-à-dire sans cause. Sa théorie ne se prononce pas, en fait, sur la question de savoir si, selon le mot célèbre d'Einstein, Dieu joue aux dés ou non. Elle « n'invoque le hasard, tel que le calcul des probabilités nous apprend à le manier, que parce que c'est le seul modèle mathématique dont dispose celui qui cherche à saisir l'inconnu et l'incontrôlable [12] ». L'appel au hasard n'a donc pas une signification métaphysique, mais plutôt pragmatique ou méthodologique. Les agents à l'origine des morphologies empiriques étant trop nombreux pour être comptabilisés et *a fortiori* maîtrisés, il n'y a pas d'autre solution, pour qui veut les décrire, que d'utiliser le calcul des probabilités. Le hasard n'est pas synonyme ici d'*indétermination*, mais bien plutôt de *surdétermination*. Mandelbrot explique du reste qu'il emploie l'expression « *at random* » (au hasard) dans son sens intuitif qui est aussi son sens originel, celui qu'elle avait au Moyen Âge lorsque l'anglais l'a

9. *Les Atomes*, p. 27.
10. *Les Objets fractals*, p. 46. Bien plus, elle finit par occuper tout le plan.
11. Cf. *infra* appendice 2.
12. *Les Objets fractals*, p. 44.

empruntée au français. Le *random* anglais vient en effet du français « randon », qui se retrouve dans le mot « randonnée ». En vieux français, « un cheval à randon », est un cheval dont le cavalier a perdu le contrôle, donc un cheval dont les mouvements sont imprévisibles, mais restent par ailleurs parfaitement déterminés [13].

Le rôle de la fluctuation déclenchante en théorie des structures dissipatives

La théorie des structures dissipatives accorde, comme la théorie des fractales, une place prépondérante au hasard, mais pour d'autres raisons. Les structures dissipatives prennent naissance, nous l'avons dit, dans les systèmes ouverts maintenus loin de l'équilibre. Étant instables, ceux-ci ne sont pas préservés contre le désordre moléculaire, contre les petites fluctuations qui apparaissent constamment en leur sein. Ces fluctuations, qui se trouveraient amorties et n'auraient aucun effet sur la branche thermodynamique, vont donc se trouver amplifiées de manière brutale ou catastrophique. Une structure dissipative n'est rien d'autre en définitive qu'une fluctuation géante, nourrie par un flux de matière et d'énergie, qui, au lieu de régresser, a brusquement envahi tout le système. « Loin de l'équilibre, dit Prigogine, un régime de fonctionnement peut ressembler à une *organisation* parce qu'il résulte de l'amplification d'une déviation microscopique qui, au " bon moment ", a privilégié une voie réactionnelle au détriment d'autres voies également possibles. Les comportements individuels peuvent donc, en certaines circonstances, jouer un rôle décisif [14]. » Une petite fluctuation survenant par hasard, c'est-à-dire là encore de manière surdéterminée et non pas indéterminée, peut décider, pourvu qu'elle se produise en temps opportun, de l'avenir du système. C'est ce genre de phénomène que Prigogine appelle la fluctuation déclenchante. L'exemple des

---

13. Poincaré développe une conception voisine dans son article sur « Le Hasard » repris dans *L'Analyse et la recherche*.
14. *La Nouvelle alliance*, p. 237.

cellules de convection en hydrodynamique est ici particulièrement éclairant. Ces cellules apparaissent dans un liquide placé entre deux plaques parallèles horizontales, et chauffé par le bas. Les molécules du liquide décrivent des trajectoires circulaires suivant des cylindres d'axes horizontaux. Intéressons-nous au sens de rotation des cellules. L'expérience nous apprend que deux cellules voisines tournent toujours en sens inverse l'une de l'autre, et qu'une fois établi, le sens de rotation ne change pas. La situation est comparable à celle d'un engrenage mécanique (cf. schéma).

Mais en répétant l'expérience, on constate que la même cellule, c'est-à-dire celle située au même endroit dans le dispositif expérimental, tournera, sous des conditions apparemment identiques, ou bien dans un sens, ou bien dans un autre. « Le sens de rotation des cellules, dit Prigogine, ne peut être ni prédit ni contrôlé : seul le hasard sous forme d'une perturbation particulière qui peut avoir prévalu au moment de l'expérience décidera si une cellule donnée devra tourner à droite ou à gauche [...]. Nous arrivons ainsi à une remarquable coopération entre le hasard et le déterminisme, laquelle se manifeste [...] comme une réminiscence de la dualité familière en biologie depuis l'ère de Darwin

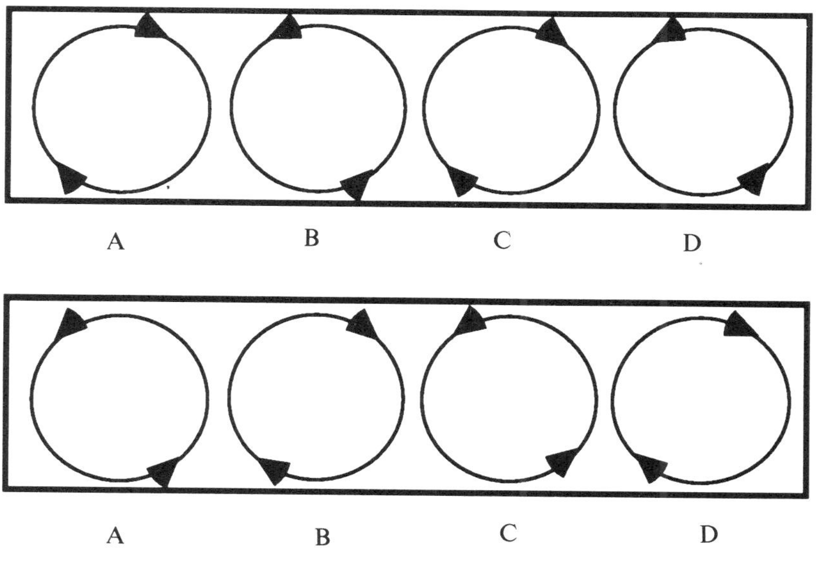

Solutions multiples se manifestant au-delà du seuil d'instabilité. Une même cellule peut tourner à droite ou à gauche sous des conditions expérimentales pratiquement identiques

(mutation – sélection naturelle) [15]. » Prigogine estime avoir ainsi réussi, dans sa théorie, à dépasser ce qu'il appelle « le très ancien conflit entre réductionnistes et antiréductionnistes [16] » qui représente la trace laissée par la rupture de la science et de la philosophie [17]. Son analyse thermodynamique des processus coopératifs débouche sur une conception plus équilibrée des rapports entre le réductionnisme et le « holisme ». Si, en règle générale, le comportement du tout régit celui de la partie, dans des situations exceptionnelles, aux points de bifurcation, la partie parvient à l'emporter sur le tout.

La redécouverte de la contingence sublunaire

En reconnaissant ainsi, chacune à leur manière, un rôle déterminant au « hasard », en affirmant la contingence et l'imprévisibilité de l'évolution de certains systèmes, les théories morphologiques redécouvrent un des aspects essentiels du monde sublunaire aristotélicien. « Toutes choses, disait Aristote, sont ordonnées ensemble d'une certaine façon, mais non de la même manière, poissons, volatiles, plantes ; et les choses ne sont pas arrangées de façon telle que l'une n'ait aucun rapport avec l'autre, mais elles sont en relations mutuelles : car toutes sont ordonnées à une seule fin. Mais il en est de l'Univers comme dans une famille où il est le moins loisible aux hommes libres d'agir par caprice, mais où toutes leurs actions, ou la plus grande partie, sont réglées ; pour les esclaves et les bêtes, au contraire, peu de leurs actions ont rapport à l'ensemble, et la plupart d'entre elles sont laissées au hasard [18]. » Comme l'ont bien vu les commentateurs [19], cette opposition entre les hommes libres et les esclaves symbolise la grande opposition cosmique entre le monde astral d'une part et le monde sublunaire d'autre part. Alors que le monde astral est dominé par l'ordre, le monde sublunaire est

15. G. Nicolis et I. Prigogine, *À la Rencontre du complexe*, Paris, PUF, 1992, p. 19-20.
16. *La Nouvelle alliance*, p. 234.
17. Cf. *ibid.*, p. 149.
18. *Métaphysique* Λ, 10, 1075 *a* 15-23.
19. Cf. P. Aubenque, *Le Problème de l'être chez Aristote*, p. 347.

régi, en grande partie, par le hasard. Le monde sublunaire est le théâtre d'une contingence irrémédiable, et nous offre même le spectacle de l'impuissance du dieu ordonnateur [20]. C'est précisément ce monde de la contingence, monde lacunaire, le « monde, dit Prigogine, peuplé d'êtres capables d'évoluer et d'innover [21] », monde dont nous faisons partie, que la physique moderne a occulté en soumettant toutes choses à la loi d'airain du déterminisme universel. C'est lui que les théories morphologiques s'efforcent au contraire de décrire et de penser dans sa spécificité. Leur univers n'est pas le monde mécanique de la science newtonienne, ce n'est pas un ensemble de particules matérielles indestructibles soumises à des lois universelles et rigides, mais il se compose d'une multitude d'êtres contingents dotés de formes relativement stables à l'intérieur du devenir.

20. Cf. P. Aubenque, *ibid.*, p. 347.
21. *La Nouvelle alliance*, p. 360.

Chapitre 7

Aristote revisité

L'univers des théories morphologiques n'est pas celui, froid et sans surprise, de Newton et de Laplace, mais un monde de formes diverses et changeantes. Les morphologistes reprendraient certainement à leur compte de ce point de vue le vieil adage : *forma dat esse rei*, la forme donne l'être à la chose. Pour eux, comme pour Aristote, la forme n'est pas un épiphénomène inconsistant, mais constitue l'essence même du réel. « D'un être – ou objet –, dit Thom, on distingue classiquement son existence, son *Dasein*, le fait que l'être occupe une certaine portion d'espace-temps, et son essence, c'est-à-dire la totalité de ses aspects, de ses qualités. L'attitude matérialiste, traditionnelle en Science, consiste à dire que l'existence précède l'essence (en fait l'existence implique l'essence) ; le modèle de la théorie des catastrophes en Morphogenèse va à l'encontre de cet axiome, car il présuppose que, dans une certaine mesure, l'existence est déterminée par l'essence, l'ensemble des qualités de l'être. On peut y voir une résurgence du schème aristotélicien de l'*hylémorphisme* : la matière aspirant à la forme [1]. » L'essence détermine l'existence, la forme mathématique détermine la matière sensible, mais ni l'essence ni la forme ne sont des réalités transcendantes, comme chez Platon. La forme n'est pas séparée de la matière et ne s'impose pas du dehors, mais la matière s'informe d'elle-même et par elle-même. L'information, autrement dit, est un processus immanent. Cela ne veut pas dire, bien évidemment, que la matière puisse prendre n'importe quelle forme. Elle est soumise en effet

1. *Modèles mathématiques de la morphogénèse*, 2e éd., p. 87.

à des contraintes d'ordre géométrique et topologique qui bornent la complexité des morphologies qui peuvent s'y déployer. Ainsi, en théorie des catastrophes élémentaires, les morphologies les plus complexes qui puissent se rencontrer dans l'espace-temps usuel sont, typiquement, des « papillons » ou des « ombilics ». Mais le schéma hylémorphique n'est pas le seul thème par lequel la théorie des catastrophes, et les théories morphologiques en général, se rattachent à l'aristotélisme. Il y a aussi la pensée de l'analogie, la formalisation de l'acte et de la puissance, le primat accordé au continu.

Une pensée de l'analogie

Les théories morphologiques ont une visée encyclopédique ou universelle. Mais cette universalité n'a rien à voir avec celle de la science classique, et notamment de la physique newtonienne. L'universalité classique était acquise au prix d'une uniformisation de la nature, c'est-à-dire d'une réduction de tous les phénomènes à l'identique. Son postulat de base était l'homogénéité de l'Univers : les corps terrestres obéissent aux même lois que les corps célestes et réciproquement. La démarche des théories morphologiques est tout autre. Celles-ci ne déduisent pas la diversité phénoménale d'un principe unique qu'on retrouverait toujours et partout, mais tissent des analogies, des correspondances entre des secteurs parfois très éloignés de la réalité. « Le principe de l'indépendance du substrat, dit Jean Largeault, libère les analogies [2]. » La théorie des catastrophes, en particulier, peut même être entendue comme « la première systématisation assez générale de l'analogie [3] » depuis Aristote.

« L'analogie, explique Thom, c'est une opération mentale qui, en principe, n'a rien à faire avec un substrat. On peut appliquer la pensée analogique à des situations très différentes, sans se préoccuper d'avoir à faire de la physique, de la chimie, de la biologie, de la sociologie [4]. » Au sens courant, l'analogie

2. J. Largeault, *Principes de philosophie réaliste*, Paris, Klincksieck, 1985, p. 254.
3. *Paraboles et catastrophes*, p. 135.
4. *Prédire n'est pas expliquer*, p. 46.

désigne une vague ressemblance entre deux ou plusieurs choses par ailleurs dissemblables. Elle « consiste, a-t-on pu dire, dans le rapport entre deux objets, qui, tout en étant différents, ont une certaine ressemblance. Ce rapport présente par suite comme une double face : il y a la face ressemblance, et il y a la face différence [5] ». Ainsi nous dirons que deux situations sont analogues lorsque des éléments de la première se retrouvent dans la seconde, alors que tout les oppose néanmoins. L'analogie est donc une identité dans la différence. Mais à côté de ce sens commun et vague, l'analogie possède une signification mathématique bien précise. Au sens mathématique, qui est en même temps le sens premier du terme, l'analogie désigne une égalité entre deux rapports : on dira par exemple qu'il y a analogie entre les fractions 2/3 et 4/6, car $2/3 = 4/6$. Le mot analogie vient du reste du grec *analogia*, composé du préfixe *ana*, qui veut dire « même », « de nouveau », et du radical *logos*, qui signifie « rapport ». « L'analogie, dit Aristote, est une égalité de rapports entre quatre termes au moins [6]. » Il y a analogie lorsque, quatre termes étant donnés, « le second est au premier comme le quatrième est au troisième [7] ». L'analogie est, d'une façon générale, une proposition de la forme $A/B = C/D$. Ainsi comprise, l'analogie n'est pas nécessairement mathématique, puisque les termes reliés peuvent être autre chose que des nombres ou des grandeurs. Thom prend souvent, pour illustrer cette vieille notion, un exemple emprunté à *La Poétique* d'Aristote : « La vieillesse est à la vie ce que le soir est au jour [8]. » Il y a analogie, car quatre termes sont mis en correspondance : la vieillesse, la vie, le soir, le jour. Ces termes appartiennent à deux séries hétérogènes, une série biologique (vieillesse, vie), et une série cosmologique (soir, jour). L'analogie est utilisée en poésie, car elle autorise la formulation, selon Aristote, de plusieurs métaphores. On pourra dire par exemple avec Empédocle que « la vieillesse est le soir de la vie », ou à l'inverse que « le soir est la vieillesse du jour ». Il y a métaphore [9], car on transporte *(pherein)* à chaque fois un mot

---

5. Mgr Bruno de Solages, *Dialogue sur l'analogie*, Paris, Aubier, 1946, p. 15 (cité par P. Grenet, *Les Origines de l'analogie philosophique dans les Dialogues de Platon*, Paris, Boivin, 1948, p. 9).
6. *Éthique à Nicomaque* V, 6, 1131 *a* 31-32.
7. Aristote, *Poétique*, 21, 1457 *b*.
8. Cf. *Poétique*, 21, 1457 *b* 22 sq.
9. Aristote distingue en réalité quatre sortes de métaphores selon la nature

hors (*meta* : au-delà) du domaine dans lequel il prend normalement sa signification. Ainsi, lorsqu'on dit que le soir est la vieillesse du jour, on transfère un mot du registre biologique (vieillesse) au registre cosmologique. Les métaphores fondées sur une même analogie ne sont certes pas toutes également acceptables. Ainsi il vaut sans doute mieux dire : « la vieillesse est le soir de la vie » que « le soir est la vieillesse du jour ». La raison en est probablement que la « vieillesse » n'a pas l'ample signification du « soir », la biologie étant un domaine plus restreint que celui de la cosmologie. En qualifiant le soir de « vieillesse du jour », on appauvrirait donc la notion au lieu de l'enrichir.

Les théories morphologiques – et notamment la théorie des catastrophes – reprennent à leur compte ce concept mathématique d'analogie en lui donnant un sens original. « Selon moi, dit Thom, une vaste classe d'analogies peut être représentée ainsi : un être géométrico-algébrique – un *logos*, un " archétype " [...] est placé sur deux substrats différents ; il définit ainsi une répartition des substrats en domaines qui définissent linguistiquement des actants : les dispositions respectives de ces actants sur deux substrats s'avèrent alors géométriquement isomorphes. C'est ce dernier fait qu'exprime justement l'analogie [10]. » L'analogie s'exprime géométriquement en termes d'isomorphisme – isomorphisme signifie identité (*isos* : semblable, égal) de forme (*morphê*)). On dira par exemple qu'une transition de phase est, dans le domaine thermodynamique, ce qu'un krach boursier est dans le domaine économique. L'une et l'autre sont modélisés par une même forme, par un même *logos*, en l'occurrence une fronce. Le fondement de l'analogie est le rapport à une structure unique. L'analyse thomienne oblige à distinguer en réalité, dans toute analogie, non pas quatre, mais plutôt cinq termes : les deux substrats matériels (dans le cas présent la thermodynamique et l'économie), les deux formes empiriques (la transition de phase et le krach boursier) et une forme géométrique (la fronce). L'ana-

---

du rapport entre le terme métaphorique et le terme « propre » : 1. la métaphore générique, comme lorsqu'on dit « le navire est arrêté » au lieu de « est ancré » (« être arrêté » représente un genre dont « être ancré » est une des espèces) ; 2. la métaphore spécifique, comme : « Ulysse a accompli des milliers d'actions » au lieu de : « a accompli beaucoup d'actions » ; 3. la métaphore d'espèce à espèce : « ayant, au moyen de son glaive de bronze, épuisé sa vie », au lieu de « ayant, au moyen de son impérissable urne de bronze coupé [...] » ; 4. et enfin la métaphore selon le rapport d'analogie (cf. *Poétique*, 21, 1457 *b* 6 sq.).

10. *Paraboles et catastrophes*, p. 139-140.

logie d'Aristote dans *La Poétique* : « la vieillesse est à la vie ce que le soir est au jour » peut sans difficulté être interprétée suivant le schéma thomien (c'est-à-dire de manière isomorphique). Parmi les quatre termes, deux sont matériels : la vie et le jour, et deux sont formels : la vieillesse et le soir. La vieillesse est une forme (empirique) sur un substrat matériel : la vie. De même le soir est une forme (empirique) sur un (autre) substrat matériel : le jour. Il y a analogie, dirait Thom, parce que ces deux formes empiriques, la vieillesse et le soir, participent à une même forme (intelligible) : à savoir la fin, ou le bord. En effet, si la vieillesse est à la vie ce que le soir est au jour, c'est parce que la vieillesse est la *fin* de la vie comme le soir est la *fin* du jour. Le fondement de l'analogie est donc la participation à une même forme, en l'occurrence celle de la *fin* qui joue, dans cet exemple, le rôle de la fronce dans l'exemple précédent. On peut même donner à l'analogie aristotélicienne un fondement catastrophiste en remarquant que la fin ou le bord correspondent à une catastrophe élémentaire particulière : celle du pli, engendrée par le potentiel cubique $V(x) = x^3/3+ux$. La vieillesse et le soir sont assimilables, chacun à leur manière, à un « pli ». La vieillesse est le « pliement » ou le « repliement » de la vie sur elle-même, alors que le soir est le « pliement » ou le « repliement » du jour. Cette interprétation catastrophiste du soir, c'est-à-dire de la tombée de la nuit comme pli, a du reste une justification géographique. En effet, le jour est séparé de la nuit, sur la Terre, par une ligne, au moins en première approximation. Cette ligne est un grand cercle (un méridien) constitué par l'intersection du cylindre formé par les rayons du Soleil tangents à la Terre, et de la surface de la Terre elle-même. Ce méridien, qui se déplace continuellement à la surface du globe, est un pli au sens de la théorie des catastrophes.

Pour cerner plus précisément le statut exact de l'analogie dans les théories morphologiques, on peut s'aider de la distinction que les philosophes de l'Antiquité établissaient entre l'analogie *discontinue* d'une part, et l'analogie *continue* d'autre part. L'analogie *discontinue* est celle où les quatre termes mis en rapport sont tous différents ; l'analogie *continue* est au contraire celle où deux des quatre termes, en l'occurrence les moyens, sont égaux : par exemple $A/B = B/C$. Les analogies des théories morphologiques sont toujours au fond *continues*. Une même forme mathématique, un même système dynamique, un même *logos* gouverne deux morphologies empiriques appartenant à des secteurs différents de la réalité. Ce *logos* unique constitue l'intermédiaire ou le médiateur qui met en relation des domaines hétérogènes de l'expérience (par exemple en théorie des catastrophes, les transitions de phase en thermodynamique et l'agressivité du chien en éthologie sont médiatisées par la fronce, etc.). Les théories morphologiques célèbrent ainsi à leur manière le pouvoir unifiant ou unificateur de l'analogie, celui-là même que Platon invoquait dans *Le Timée* pour décrire la mise en ordre démiurgique du Monde. « Dieu, dit Platon, commençant la construction du corps du Monde, a débuté, pour le former, par prendre du feu et de la terre. Mais que deux termes forment seuls une belle composition, cela n'est pas possible, sans un troisième. Car il faut qu'au milieu d'eux, il y ait quelque lien *(desmos)* qui les rapproche tous les deux. Or de tous les liens, le plus beau est celui qui se donne à lui-même, et aux termes qu'il unit, l'unité la plus complète. Et cela, c'est l'analogie *(analogia)* qui naturellement le réalise de la façon la plus belle. Car lorsque de trois nombres, soit linéaires, soit plans quelconques, celui du milieu est tel que, ce que le premier est par rapport à lui, ce moyen lui-même le soit par rapport au dernier ; et inversement, quand il est tel que, ce que ce dernier est par rapport au moyen, le moyen le soit par rapport au premier, le moyen devenant à la fois premier et dernier, le premier et le dernier devenant tous deux moyens à leur tour, il arrive ainsi nécessairement que tous les termes aient la même fonction, que tous jouent les uns par rapport aux autres le même rôle, et dans ce cas, tous forment une unité parfaite. Si donc le corps du Monde avait dû être un plan n'ayant aucune épaisseur, une médiété unique eût suffi à la fois à se donner l'unité et à la donner aux termes qui l'accompagnent. Mais en fait il convenait que le corps fût solide, et pour harmoniser des solides, une seule médiété n'a jamais suffi : il en faut toujours deux. Ainsi le Dieu a placé l'air et l'eau au milieu [...]. Par ces procédés et à l'aide de ces corps ainsi définis et au nombre de quatre, a été engendré le corps du Monde. Accordé par l'analogie, il tient de ces conditions, l'amitié, si bien que revenant sur lui-même en un seul et même Tout, il a pu naître indissoluble par toute autre puissance que par celle qui l'a uni [11]. » Par la vertu de l'analogie, les théories morphologiques tissent, un peu comme

11. *Timée*, 31 *c*.

le dieu-démiurge de Platon, des liens qui donnent et redonnent au monde moderne une unité compromise par l'éclatement du savoir scientifique. Elles assemblent les structures empiriques, mais sans pour autant les confondre dans une totalité systématique. Les liens de l'analogie sont en effet beaucoup plus lâches, beaucoup moins sévères que ceux de la nécessité, c'est-à-dire du déterminisme universel, mais ne sont pas pour autant moins rigoureux. Il n'y a pas détermination réciproque des formes, mais plutôt écho, consonance, correspondance mutuelle. L'analogie est un moyen d'identifier sans confondre, d'unifier le réel sans pour autant l'uniformiser. Elle sauvegarde l'autonomie, l'identité et la singularité de chaque forme. En instaurant des analogies, les théories morphologiques décrivent en fin de compte un univers à la fois différencié et harmonieux, un univers kaléidoscopique, au sein duquel les formes renvoient les unes aux autres, se reflètent les unes dans les autres dans un jeu de miroirs multiplié à l'infini, sans jamais se déduire les unes des autres.

L'acte et la puissance

Les théories morphologiques réhabilitent un autre thème cher à Aristote, la distinction de l'être en acte et de l'être en puissance. Cette distinction permettait au philosophe de résoudre les apories alors classiques sur le mouvement : Comment l'être peut-il provenir du non-être ? Comment le même peut-il devenir autre ? La réponse aristotélicienne consistera, comme l'indique P. Aubenque, à « distinguer les significations. Il est à la fois vrai de dire que l'être provient du non-être et qu'il provient de l'être, à condition de n'entendre pas deux fois le mot *être* dans le même sens ; l'être en acte ne vient pas de l'être en acte, mais de l'être en puissance, lequel est un non-être en acte [12] ». De la même façon, le même peut devenir autre sans absurdité dès lors que l'on admet que « les contraires coexistent en puissance, mais pas en acte. Il y a un sujet du devenir, qui est en puissance les formes qui lui adviennent : identique en puissance, il est cependant à

12. *Le Problème de l'être chez Aristote*, p. 444-445.

chaque fois différent [13] ». Cette solution était à l'origine de la fameuse définition aristotélicienne du mouvement comme « acte de ce qui est en puissance en tant que tel [14] », c'est-à-dire en tant qu'en puissance. Thom interprète pour sa part la distinction de l'acte et de la puissance à l'aide de la notion mathématique de déploiement universel d'une singularité dégénérée. Cette notion « réhabilite et réactualise, dit-il, d'une certaine manière le couple aristotélicien puissance/acte. Toute situation instable est source d'indétermination : (le déploiement universel permet de) paramétrer toutes les " actualisations " possibles des virtualités contenues dans une situation instable, que nous représentons mathématiquement avec une singularité [15] ».

Une singularité désigne, en mathématiques, une fonction qui présente la particularité d'avoir toutes ses dérivées premières nulles en un point. Un exemple très simple de singularité est la fonction quadratique $f(x) = x^2$. La dérivée première de $f(x)$ est $2x$, qui s'annule à l'origine ($x = 0$) (la fonction présente un minimum en ce point et possède une tangente horizontale). Un autre exemple est la fonction quadratique dépendant de deux variables $f(x, y) = x^2+y^2$. Les dérivées premières $2x$ et $2y$ s'annulent à l'origine (la fonction présente un minimum). Une fonction est une *singularité dégénérée* si non seulement toutes ses dérivées premières, mais aussi toutes ses dérivées jusqu'à un certain ordre sont nulles (en un même point). Ainsi la fonction $f(x) = x^3$ est une singularité dégénérée d'ordre deux : sa dérivée première ($3x^2$) et sa dérivée seconde ($6x$) sont toutes deux nulles à l'origine. L'origine est ce qu'on appelle un point d'inflexion. Plus généralement, la fonction $f(x) = x^k$ est une singularité dégénérée d'ordre $k-1$.

Une singularité possède la propriété remarquable de concentrer une forme globale en un point (donc localement). Considérons par exemple la singularité cubique $f(x) = x^3$ qui présente, on vient de le voir, un point d'inflexion à l'origine. Un point de ce type n'est pas, en dépit des apparences, quelque chose de simple. Il résulte de la collision d'un maximum et d'un minimum, et recèle donc en lui-même une complexité cachée. Le déploiement de la singularité, c'est-à-dire sa déformation sous

---

13. P. Aubenque, *ibid.*, p. 450.
14. *Physique* III, 1, 201 *a* 10.
15. *Paraboles et catastrophes*, p. 70.

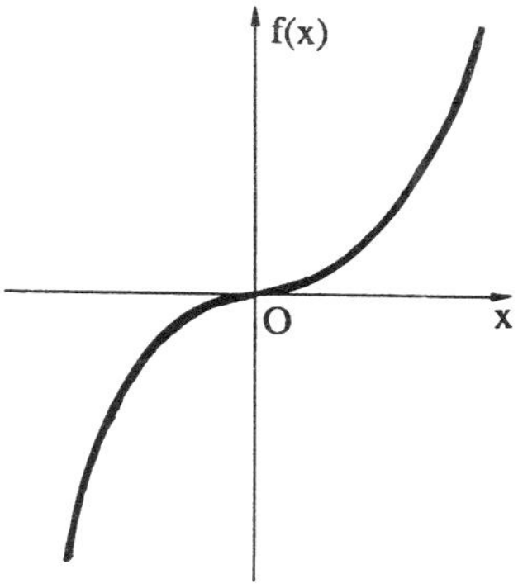

$f(x) = x^3$ est une singularité dégénérée d'ordre 2 : elle présente un point d'inflexion pour $x = 0$

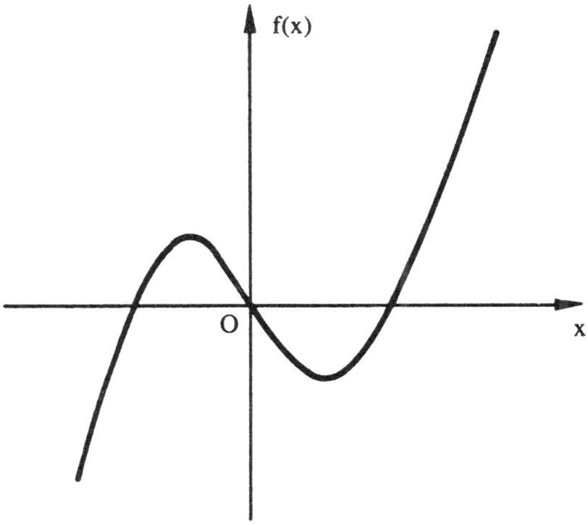

Déploiement de x^3 en x^3-a^2x : un minimum et un maximum apparaissent de part et d'autre de l'origine

l'effet de petites perturbations, permet précisément de mettre en évidence cette structure latente. En déformant la singularité cubique x^3 en x^3-a^2x, on fait apparaître, de part et d'autre de l'origine, un maximum et un minimum locaux, initialement confondus et donc inapparents. Ce maximum et ce minimum sont dit locaux, car ils ne sont pas le point le plus haut ni le plus bas de la courbe, mais seulement le plus haut et le plus bas par rapport aux points voisins.

Le déploiement est donc une technique pour rendre apparent le latent, pour actualiser le virtuel contenu dans une singularité. C'est aussi une méthode pour faire surgir des différences qualitatives entre fonctions apparemment identiques. Ainsi, les singularités dégénérées $f(x) = x^4$ et $g(x) = x^6$ ont un aspect semblable au voisinage de l'origine. Les deux fonctions décroissent, passent par un minimum (à l'origine) puis croissent. Cette similitude est trompeuse, car elles sont d'un ordre différent, et par conséquent d'une nature différente. Un moyen pour mettre en lumière cette différence consiste à étudier leur comportement sous l'effet de petites perturbations, c'est-à-dire à les déployer ou à les désingulariser. En transformant f en x^4+ax^2+bx on obtiendra de nouvelles fonctions ayant au plus *trois* extrêmums locaux au voisinage de l'origine. En déployant g en $x^6+ax^4+bx^3+cx^2+dx$ on pourra observer jusqu'à cinq extrêmums distincts.

Il y a plusieurs manières à vrai dire de déployer une singularité, c'est-à-dire de la déformer. On est en effet libre dans le choix des termes perturbateurs. Rien n'interdit, par exemple, de déployer la singularité en lui ajoutant dix termes, cent termes, voire davantage. Le déploiement universel a ceci de particulier qu'il *ne* retient *que* les déformations topologiquement pertinentes

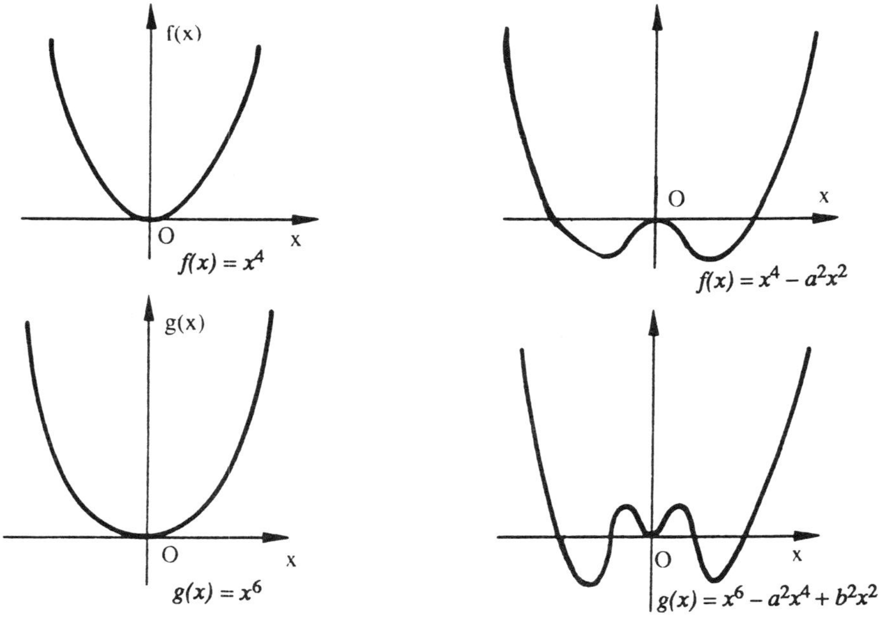

Déploiements de $f(x) = x^4$ et de $g(x) = x^6$

et qu'il les retient *toutes* [16]. Il est constitué par la famille minimale de toutes les déformations possibles d'une fonction donnée. Il paramétrise « toutes les " actualisations " possibles, dit Thom, des virtualités contenues dans une situation instable [17] » représentée mathématiquement par une singularité. Ainsi, le déploiement universel de la singularité cubique $f(x) = x^3$ est une famille de fonctions à un paramètre, $F_u(x) = x^3+ux$. Toutes les déformations de $f(x)$ sont topologiquement équivalentes, au voisinage de l'origine, à une des fonctions appartenant à cette famille. Elles sont de trois types différents, selon que u est positif, négatif ou nul. On peut montrer que, d'une façon générale, le déploiement universel de la singularité dégénérée x^n est l'ensemble des fonctions qui présentent $n-1$ points critiques, distincts ou confondus, au voisinage de l'origine.

La théorie du déploiement universel est une des pièces maîtresses de la théorie des catastrophes, puisque c'est elle qui permet de faire le lien avec la morphogénèse [18]. Le déploie-

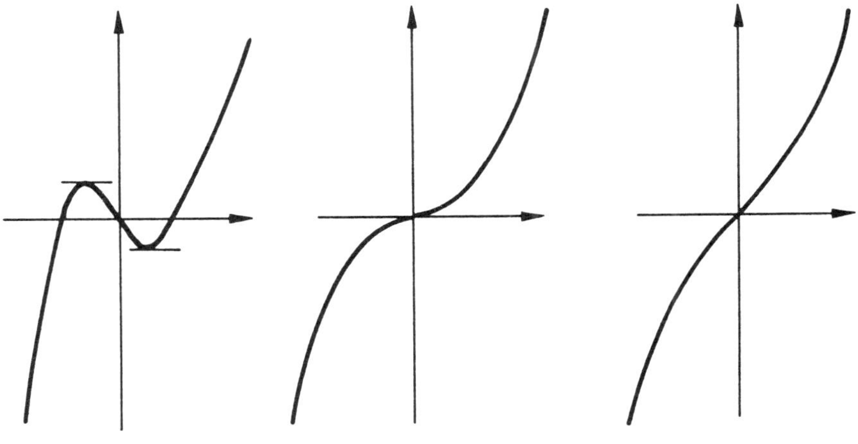

Déploiement universel de $x^3 = x^3+ux$

16. On peut formaliser cette notion de la façon suivante. Appelons r-déploiement d'une fonction $f : R^n \rightarrow R$, une famille de fonctions à r paramètres $F_{u1,u2,\ldots,ur}$ telle que $F_{o,o,\ldots,o} = f$. Cette condition signifie que la famille de fonctions comprend la fonction f elle-même. Lorsqu'un r-déploiement permet d'engendrer *tous* les autres déploiements, c'est-à-dire toutes les autres déformations de f, on dit qu'il est *versel*. Lorsqu'en outre, il est le plus petit possible, on dit qu'il est *universel*.

17. *Paraboles et catastrophes*, p. 70.

18. Le nombre de paramètres q dont dépendent les fonctions du déploiement

ment universel n'est rien d'autre en définitive que l'actualisation de toutes virtualités contenues dans une singularité dégénérée. Une fronce est par exemple le déploiement universel de la singularité biquadratique $x^4/4$, l'actualisation de tout ce qu'elle contient en puissance. Cette analyse nous conduit à effectuer

---

universel se nomme la *dimension* du déploiement universel de *f*. On l'appelle aussi la *codimension* de la fonction. Ce nombre a une interprétation très simple : il mesure le degré d'instabilité de la fonction, ou, ce qui revient au même, sa complexité topologique. La fonction constante est, paradoxalement, d'une complexité ou d'une instabilité infinie, et donc d'une codimension infinie puisqu'on peut obtenir, en la déformant, une infinité de fonctions ayant chacune un type topologique différent. En revanche, une fonction sans point singulier dégénéré est de complexité et donc de codimension nulles. C'est une fonction stable qui présente cette particularité d'être à elle-même son propre déploiement. Un exemple de fonction de ce type est la singularité quadratique x^2. Toutes les déformations de cette fonction au voisinage de l'origine sont de même nature que la fonction initiale. Si l'on perturbe x^2 en x^2+ax, on obtient une fonction d'un type topologique équivalent, qui se déduit de la fonction initiale par une simple translation.

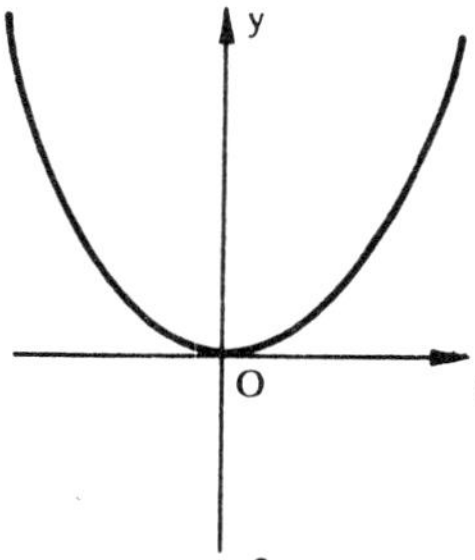

$y = x^2$

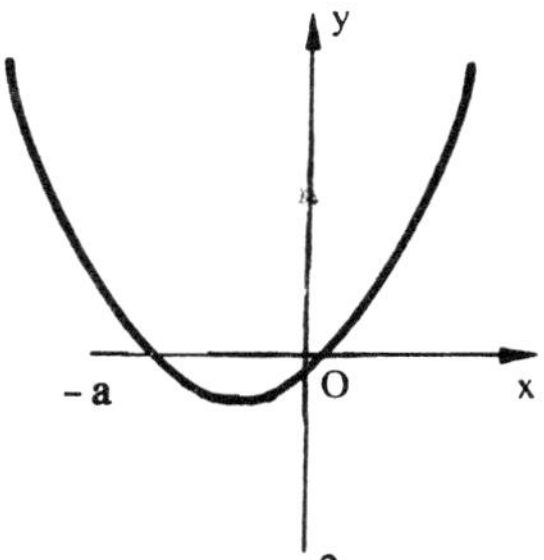

$y = x^2 + ax$

Dans la pratique, la notion de déploiement universel n'a d'intérêt que pour les fonctions de codimension finie non nulle. Le déploiement universel permet dans ce cas de ramener l'étude des déformations de la fonction à celle d'une famille de fonctions de dimension *finie* (la codimension de la fonction), ce qui simplifie considérablement le problème. Le déploiement universel possède plusieurs propriétés remarquables. Tout d'abord, il est unique, à un isomorphisme stratifié près. Cela revient à dire que toute singularité détermine son propre déploiement. Ensuite et surtout, il est stable. Toute déformation d'une fonction *g* appartenant au déploiement d'une fonction *f* appartient elle-même au déploiement de la fonction *f*. En fait, la stabilité du déploiement universel est une conséquence immédiate de sa définition, puisqu'il se compose de toutes les déformations d'une fonction donnée et donc aussi de toutes les déformations de ces déformations.

Il existe une relation fondamentale, sur laquelle repose en dernière instance la théorie des catastrophes élémentaires, entre la codimension d'une singularité (c'est-à-dire la dimension du déploiement universel, qui est aussi la dimension de l'espace-substrat, égale au nombre de paramètres de contrôle dans la terminologie de C. Zeeman), et ce qu'on appelle son *corang*. Le *corang* d'une singularité correspond au nombre de variables pertinentes du point de vue morphogénétique. Ce nombre équivaut à la dimension de l'espace des états internes ou de comporle rapprochement suivant avec la doctrine aristotélicienne : la singularité, à laquelle Thom donne du reste le nom évocateur de *potentiel* organisateur, est l'équivalent catastrophiste de la *puissance* ; la *forme* obtenue par déploiement universel de la singularité, celui de l'*acte*.

Le primat du continu

Dans son *Esquisse d'une sémiophysique*, Thom, qui procède à une relecture « catastrophiste » de la physique aristotélicienne, avoue avoir été fasciné par la lecture des traités du philosophe. « Je savais certes que le schéma hylémorphiste – que je mets à l'œuvre dans le formalisme des catastrophes – trouvait son origine dans l'œuvre du Stagirite. Mais j'ignorais l'essentiel : à savoir qu'Aristote avait tenté, dans sa *Physique*, de construire une théorie du monde fondée non sur le nombre, mais sur le continu. Il avait ainsi réalisé (au moins partiellement) le rêve que j'ai toujours entretenu de développer une " mathématique du continu ", qui prenne le continu comme notion de départ, sans aucun appel (si possible) à la générativité intrinsèque du nombre [19]. » « Aristote, ajoute-t-il, a été pendant des siècles (et peut-être pendant des millénaires) le *seul penseur du continu* ; c'est là à mes yeux son mérite essentiel [20]. » La continuité est omniprésente dans la philosophie aristotélicienne. Pour Aristote, la matière, par exemple, est continue, alors que pour les atomistes anciens, comme Démocrite, ou pour les physiciens modernes, elle ne l'est pas. Sa géométrie est elle aussi fondée sur l'intuition du continu. Un segment de droite n'est pas composé de points, mais

tement. On peut montrer que si le corang d'une singularité est égal à k, alors sa codimension est nécessairement supérieure ou égale à $k(k+1)/2$. Cette inégalité fonde le théorème de classification de Thom. Elle limite le nombre des singularités qui peuvent être à l'origine de morphologies structurellement stables sur un espace de dimension inférieure ou égale à 4 (dimension de l'espace-temps ordinaire). En effet, d'après cette inégalité le corang d'une singularité de codimension inférieure où égale à 4, est nécessairement inférieur ou égal à 2. Il en résulte que seules les singularités de corang inférieur ou égal à 2 et de codimension inférieure ou égale à 4 peuvent avoir, typiquement, un effet morphogénétique dans R^4.

19. *Esquisse d'une sémiophysique*, Paris, InterÉditions, 1988, p. 12.
20. *Ibid.*, p. 12.

d'intervalles. Le point n'existe qu'en puissance, en tant que limite d'un ou de deux segments. Le temps est également continu. La vie elle-même est continue. Aristote « a reconnu, dit en ce sens David Ross, la continuité de la vie. Il a vu qu'il y avait des plantes qui n'ont qu'un minimum de vie, ou qui ne se distinguent qu'à peine de la matière inanimée ; qu'il y a des êtres qui forment une transition entre les plantes et les animaux, qu'il existe des animaux reliant entre eux les différents genres d'animaux et que l'homme, à tous points de vue, sauf celui de la raison, ne fait que continuer les quadripèdes supérieurs [21] ». La continuité est si essentielle chez Aristote que c'est même elle qui sous-tend et donne un sens, selon René Thom, à l'opposition du Stagirite à la philosophie de Platon. Ce qu'Aristote combat dans la philosophie de Platon, ou plutôt dans le platonisme de l'Académie, c'est moins au fond la doctrine des Idées en tant que telle, que la numérologie, c'est-à-dire l'assimilation et la réduction des Idées à des Nombres Idéaux. Or le nombre est une notion foncièrement discontinue, et c'est pourquoi l'ontologie platonicienne est foncièrement discrète. La physique platonicienne est également discontinue. Le démiurge engendre le monde, dans *Le Timée*, à partir de polyèdres réguliers composés de surfaces planes en nombre variable. Ces surfaces résultent de l'assemblage de triangles élémentaires, qui sont à leur tour engendrés par des lignes [22]. Mais ces lignes elles-mêmes, d'où viennent-elles ? Elles ne peuvent être engendrées, de toute évidence, par des points. Ceux-ci en effet sont inétendus, et leur juxtaposition ne saurait suffire à produire une longueur. Les lignes ne peuvent donc résulter, selon Platon [23], que de la répétition d'une « longueur insécable », infinitésimale dirions-nous aujourd'hui. Platon discrétise ainsi le monde, qu'il compose de segments atomiques, anticipant, d'une certaine manière, les thèses de la physique fondamentale la plus contemporaine. Comme l'explique Thom, les physiciens considèrent aujourd'hui qu'il existe une longueur élémentaire (10^{-33} cm) au-dessous de laquelle l'espace perd tout

21. *Aristote*, Paris, Gordon & Breach, 1971, p. 178.
22. Il s'agit là d'une thèse que Platon ne développe pas dans *Le Timée*, mais qui sera soutenue par ses successeurs.
23. Selon le témoignage d'Aristote dans *Métaphysique* A, 992 *a* : « Platon lui-même combattait la notion de point comme n'étant qu'une conception géométrique, mais il l'appelait *principe de la ligne*, et il se servait souvent de l'expression *ligne insécable (atomos grammê)* ».

sens physique. Aristote refuse, quant à lui, d'admettre l'existence d'une longueur discrète, c'est-à-dire d'une ligne indivisible. Pourquoi ? « Parce qu'au fond, écrit René Thom, Aristote n'a que faire de la générativité du nombre. Sa révolte à l'égard de Platon, c'est celle du topologue contre l'impérialisme de l'arithméticien, celle de l'apôtre du qualitatif contre le quantitatif [...]. Aristote postule à la base la notion de *continu* [...], et c'est au nom de la divisibilité du continu qu'il va refuser les " lignes insécables " [24]. »

Cette idée aristotélicienne d'une continuité fondamentale de la Nature, à tous les niveaux et dans tous les domaines, inspire les théories morphologiques. Elle est manifeste dans la théorie des catastrophes, qui repose tout entière sur la mathématique du continu, en l'occurrence la géométrie et la topologie, même si elle est par ailleurs une théorie des discontinuités (des formes). La théorie de Thom est de ce point de vue une *théorie continuiste des discontinuités*. La continuité joue également un rôle déterminant en théorie des fractales. Cette affirmation peut paraître paradoxale, à vrai dire, puisque la théorie de Mandelbrot se présente d'abord et avant tout comme une modélisation du brisé, de l'interrompu, et donc du discontinu. Pour dissiper ce paradoxe, un bref rappel des conditions ayant permis l'éclosion du concept de dimension fractionnaire est nécessaire.

Avant la constitution de la théorie des ensembles à la fin du XIXe siècle par Cantor, la dimension était définie très simplement de la façon suivante : la dimension d'une figure ou d'un volume géométrique est le nombre *minimum* de paramètres indépendants nécessaires pour déterminer sans ambiguïté la position de chacun de ses points. Ainsi, une ligne a *une* dimension et une seule puisque chaque point de la ligne peut être décrit par un nombre unique : la distance par rapport à une origine fixée arbitrairement sur la droite. Une surface a *deux* dimensions, puisque chacun de ses points peut être déterminé par deux nombres indépendants (les coordonnées cartésiennes, c'est-à-dire les distances aux deux axes) ; enfin un volume a, pour la même raison, *trois* dimensions (distances aux trois axes). Si cette définition classique de la dimension [25] convenait parfaitement pour décrire la structure des objets géométriques ordinaires (ligne, carré, cube, etc.), elle s'est en revanche avérée totalement ina-

---

24. *Esquisse d'une sémiophysique*, p. 173.
25. Elle correspond à ce qu'on appelle quelquefois la « dimension analytique ».

déquate lorsqu'on a cherché à l'appliquer aux ensembles de plus en plus complexes imaginés à cette époque. Parmi ces ensembles, il y avait celui du mathématicien italien Giuseppe Peano (1858-1932). Peano avait décrit, en 1890, une suite de polygones inscrits dans un carré, formant un maillage de plus en plus serré et dont la limite formait une courbe passant par tout point du carré. Cette figure était très étrange puisqu'elle semblait posséder une certaine épaisseur, alors qu'on ne pouvait manifestement lui en attribuer aucune. Elle montrait qu'une ligne comportait autant de points qu'une surface, ce qui était en soi un défi au bon sens. Il est à noter que ce résultat ne constituait pas, en lui-même, une découverte puisque Cantor avait déjà réussi à mettre en correspondance biunivoque (*i.e.* terme à terme), dès 1877, les ensembles R (droite) et R^2 (plan).

Quoi qu'il en soit, la courbe de Peano prouvait très clairement, en contradiction totale avec les enseignements de la géométrie classique, qu'un seul nombre suffisait pour déterminer la position d'un point à l'intérieur du carré. Le nombre de paramètres indépendants ne pouvait donc plus caractériser à lui seul la dimension d'un ensemble, puisqu'il était manifeste, par ailleurs, qu'une surface (par exemple un carré) était un ensemble qualitativement différent d'une ligne, et ne pouvait pas, par conséquent, avoir la même « dimension » qu'elle. Pour résoudre ce paradoxe, les mathématiciens ont proposé une nouvelle définition de la dimension, fondée sur la notion de structure. Cela impliquait du même coup que la dimension cessait d'être une notion univoque puisqu'un même ensemble pouvait être doté de structures différentes ; ce n'était plus un nombre attaché une fois pour toutes à l'ensemble et défini intrinsèquement mais variable selon la structure considérée. « Lorsqu'un ensemble, dit le mathématicien Jean Dieudonné, est muni de plusieurs structures, il n'y a pas de raison pour que les " dimensions " attachées à ces structures coïncident [26]. » Bien plus, on pouvait très bien imaginer que la dimension prenne, pour certaines structures, des valeurs fractionnaires. La dimension n'était plus nécessairement un nombre entier. C'est cette découverte de la possibilité de dimensions non entières qui est à l'origine, d'une certaine façon, de la géométrie fractale tout entière.

26. *Pour l'honneur de l'esprit humain*, Paris, Hachette, 1987, p. 233.

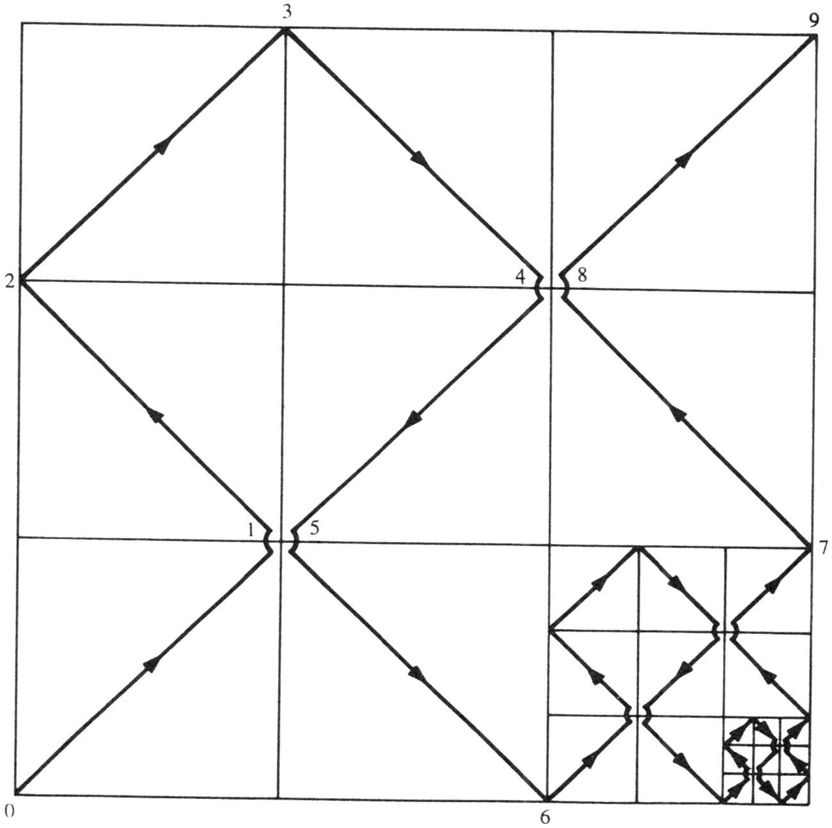

Construction de la courbe de Peano. Cette courbe se construit par étapes successives. On commence par substituer à la diagonale du carré le polygone passant par les points marqués de 1 à 9. Puis on répète l'opération sur chaque côté du polygone. En poursuivant indéfiniment cette opération, on obtient la courbe désirée.

L'intérêt de cette découverte, outre sa fécondité propre, est qu'elle permet d'établir des liens entre les dimensions euclidiennes traditionnelles (par définition entières). Elle montre qu'il est possible de passer progressivement et continûment de la dimension 1 (ligne), par exemple, à la dimension 2 (plan). C'est ce domaine médian et médiateur que Mandelbrot explore systématiquement dans sa théorie. Les objets fractals sont des êtres géométriques intermédiaires entre le point et la ligne (l'ensemble de Cantor), ou bien entre la ligne et le plan, ou encore entre le plan et le volume, etc. Ils permettent de jeter des ponts entre des figures de la géométrie euclidienne que tout sépare *a priori.* Mandelbrot reprendrait certainement à son compte, de ce point de vue, le fameux adage *Natura non facit saltus*, la Nature ne fait pas de sauts. « Leibniz, dit-il, croyait profondément dans ce qu'il appelait " le principe de continuité " ou de " plénitude ". Aristote croyait déjà que le fossé entre les espèces vivantes pouvait être comblé continûment par d'autres espèces. Il était pour cette raison fasciné par les animaux " intermédiaires ", qu'il désignait par un terme spécial, *epamphoterizein*. Ce principe de continuité reflétait (ou justifiait) la croyance dans les " chaînons manquants " de toutes sortes, y compris dans les chimères au sens que ce terme avait dans la mythologie grecque : des bêtes avec une tête de lion et un corps de chèvre – ainsi qu'une queue de dragon et crachant du feu [27]. » Les objets fractals ne sont rien d'autre, en définitive, que la transposition mathématique de ces étonnantes chimères de l'Antiquité, ou encore de ces fameux *epamphoterizonta* dont parlait Aristote. Ils reposent sur le même principe de continuité, et sont animés par le même souci de trouver des intermédiaires, de combler les lacunes de la Nature.

27. *The Fractal Geometry of Nature*, p. 406.

Chapitre 8

Une nouvelle éthique

Les théories morphologiques, qui rompent radicalement avec les présupposés et les orientations de la techno-science, non seulement modifient de fond en comble l'image scientifique du monde, mais inaugurent un nouveau type de rapport de l'homme aux choses et à la Nature. Elles correspondent à l'émergence d'une nouvelle éthique, par où nous entendons non seulement un nouveau système de valeurs, mais d'abord et avant tout une nouvelle manière d'être au monde. Avant d'être une morale, c'est-à-dire un ensemble de règles transcendantes, immuables et universelles, s'imposant à tous toujours et partout, l'éthique a en effet désigné plus modestement, et peut-être plus profondément, la science de l'*éthos*, du séjour de l'homme dans le monde. C'est cette dimension éthique des théories morphologiques, qui va à l'encontre de ce qu'il faut bien appeler, nous allons le voir, l'« an-éthicité » de la techno-science, que nous voudrions maintenant explorer.

L'an-éthicité de la techno-science

Dans son entreprise de transformation du monde, la techno-science moderne ne cherche nullement à achever l'œuvre de la Nature, à mener à bien ce que celle-ci est incapable d'accomplir – ce qui constituait la fonction propre de l'art selon Aristote –, mais est inspirée par une volonté de maîtrise qui s'exerce dans toutes les directions, et qui a atteint un niveau de puissance sans précédent dans l'histoire de l'humanité. La techno-science réalise au-delà de toute espérance le rêve de Descartes d'une science qui nous permettrait de devenir « comme maîtres et possesseurs de la nature ». Toute la techno-science est animée par cet idéal de domination et de domestication du monde. Dans cette course frénétique à la puissance, deux disciplines occupent sans aucun doute l'avant-scène : la physique fondamentale d'une part, et la biologie d'autre part, qui se partagent les deux domaines de la matière inanimée et animée. Un des objectifs essentiels de la physique fondamentale est le contrôle des forces fondamentales de la nature. Sa motivation principale, et en même temps sa justification sociale, est de dompter l'énergie nucléaire sous toutes ses formes pour la rendre utilisable par l'homme, ce qui suppose, soit dit en passant, la construction d'appareils de plus en plus coûteux et sophistiqués. Que l'on songe par exemple aux installations qui ont été nécessaires pour produire, il y a peu, de l'énergie de fusion pendant quelques secondes grâce au confinement de noyaux atomiques. Les installations prévues dans le futur pour libérer cette énergie à grande échelle sont tellement gigantesques qu'elles excèdent les moyens d'un pays isolé, et que seule une collaboration internationale et même planétaire peut permettre d'envisager leur construction. Mais l'enjeu est à la mesure de l'effort technologique et financier à consentir, puisque la maîtrise de cette source d'énergie est supposée mettre l'humanité définitivement à l'abri de la pénurie, ou du moins lui permettre de satisfaire tous ses besoins prévisibles. La biologie vise, quant à elle, à s'assurer la maîtrise de la vie ou plutôt des vivants, et d'abord de l'homme lui-même. C'est à quoi tend en particulier le programme de recherches destiné à décrypter, à l'échelon moléculaire, le génome humain, c'est-à-dire à analyser les séquences d'ADN contenues dans les chromosomes pour dresser la cartographie chimique de notre espèce. Cette entreprise est tout aussi démesurée que la précédente, et ne peut être menée à bien, comme elle, que dans un cadre planétaire. La maîtrise du vivant prend également la forme des manipulations génétiques, aujourd'hui au centre d'une multitude de débats. On pourrait multiplier, dans ce domaine et dans d'autres, les exemples. Mais demandons-nous plutôt quelles sont les motivations, avouées ou non, de cette volonté de maîtrise sans précédent qui anime la physique, la biologie et la techno-science tout entière ? Pourquoi la science cherche-t-elle ainsi à s'assurer de manière aussi radicale et totale le contrôle de la nature ? Voilà des questions qui paraîtront au premier abord bien étranges. La techno-science ne cherche-t-elle pas, tout simplement, à améliorer la condition humaine, ce qu'on appelle le progrès ? Ne permet-elle pas à l'homme d'accomplir dans des temps toujours plus brefs ce qui était autrefois hors de sa portée ou demandait de longs efforts ? N'est-ce pas par exemple grâce aux progrès techno-scientifiques que l'homme peut aujourd'hui sillonner en tous sens la planète ou recevoir des images de ce qui se passe au même moment à l'autre bout du monde ? Et la médecine n'a-t-elle pas accru l'espérance de vie dans des proportions considérables ? Les maladies qui autrefois décimaient des populations entières ne sont-elles pas devenues aujourd'hui un mauvais souvenir ? Cela est incontestable et nous ne le contestons pas. Mais il est tout aussi certain que la techno-science moderne a mis à la disposition de l'homme des moyens de destruction comme il ne s'en était jamais trouvé auparavant. Nous pensons d'abord bien sûr à l'arme nucléaire, mais il en est d'autres qui, pour être moins visibles, n'en sont pas moins redoutables. Les prouesses de la génétique contemporaine, par exemple, que nous saluons généralement comme une avancée formidable, pourraient si l'on n'y prend pas garde, se retourner contre l'homme lui-même, au point de devenir, selon le biologiste J. Testart, l'outil d'une gigantesque régression dans l'évolution. « Au début, explique le chercheur, était le clonage [1] », c'est-à-dire la reproduction de la cellule à l'identique. « Au cours des deux derniers siècles, et surtout depuis vingt ans, l'espèce humaine s'est efforcée de modifier la condition physiologique et biologique selon laquelle ses générations se succédaient depuis toujours [...]. Et si la logique, demande-t-il, qui nous échappe en tout cela était de revenir au point de départ ? Si les exploits contemporains n'étaient qu'une façon de nous ressourcer en effeuillant une à une les branches de l'arbre de création pour mieux remonter à la souche ? L'humanité est comme sidérée par sa faculté d'exercer ses fantasmes de maîtrise ; la déshominisation pourrait être l'histoire de cette maîtrise, pas à pas, jusqu'au bouturage, jusqu'à exaucer Narcisse en imitant la paramécie [2]. » L'ambiguïté du « progrès » de la technique, qui n'est nullement quelque chose d'accidentel mais fait corps avec le développement de la technique elle-même, jette du même coup un doute sur sa

1. *Le Désir du gène*, Paris, F. Bourin, 1992, p. 12.
2. *Ibid.*, p. 16-17.

finalité profonde [3]. Il n'est pas sûr que l'amélioration de la condition humaine en soit le seul ni même au fond le véritable objectif. Il est plus probable, même si cela paraît à première vue paradoxal, que cette volonté de maîtrise n'ait finalement pas de but assignable, ou plutôt qu'elle soit à elle-même sa propre fin et son propre moteur. Nous rejoignons ici les thèses de Heidegger et d'autres penseurs qui ont mis en question ce qu'on peut appeler la conception « instrumentale » de la technique. « La technique, dit par exemple Jacques Ellul, ne se développe pas en fonction de fins à poursuivre, mais en fonction des possibilités existantes de croissance [4]. » « N'ayant aucune fin, ajoute-t-il, la technique n'a pas non plus de sens : chercher à découvrir un sens inclus, c'est d'avance s'interdire de faire une analyse correcte du phénomène. Quant à vouloir lui attribuer un sens, c'est faire une véritable opération mythologique [...]. Les philosophes qui veulent donner une fin ou un sens à la technique font, inconsciemment, ce chemin. Ils " anthropologisent " et " mythologisent " le phénomène technique [5]. » Heidegger forge, pour caractériser le règne de la technique et de la techno-science moderne, le concept de volonté de volonté, qui n'est que la figure achevée de la volonté de puissance de Nietzsche. La volonté de maîtrise, loin de poursuivre une fin transcendante, se veut d'abord et avant tout elle-même, et veut les moyens requis pour accroître son emprise sur le monde. « La volonté de volonté, dit le philosophe, nie toute fin en soi et ne tolère aucune fin si ce n'est comme moyen, afin de se vaincre elle-même au jeu, délibérément, et d'organiser un nouvel espace pour ce jeu [6]. » C'est une volonté circulaire qui se veut elle-même. La maîtrise de la nature n'est pas un moyen au

3. « La science, écrit D. Ruelle dans une formule plutôt provocante, est totalement amorale, et complètement irresponsable [...]. Pour de nombreuses tâches techniques, nos cerveaux paléolithiques obsolescents seront remplacés par des machines plus rapides, plus puissantes et plus fiables. Et la science viendra à l'aide de nos antiques mécanismes de copie génétique, permettant d'éviter toutes sortes d'horribles maladies. Et nous ne pouvons pas dire NON. Pour des raisons sociologiques nous n'avons pas l'option de refuser toutes ces magnifiques améliorations. Mais l'humanité pourra-t-elle survivre aux changements que nous ne pouvons éviter de faire subir à notre environnement physique et culturel ? Nous n'en savons rien. Maintenant comme jadis, l'obscurité de notre futur reste insondable, et nous ne savons pas si l'humanité marche vers un futur plus noble, ou vers une autodestruction totale » (D. Ruelle, *Hasard et chaos*, p. 216-217).

4. *Le Système technicien*, p. 280.

5. *Ibid.*, p. 310.

6. « Dépassement de la métaphysique », *Essais et conférences*, p. 103.

service d'une fin (le bonheur social ou le bien-être matériel, par exemple), mais est à elle-même sa propre fin. Deux présupposés au moins sous-tendent cette attitude foncièrement dominatrice : la plasticité infinie de la nature d'une part, et le pouvoir démiurgique de l'homme et de la techno-science d'autre part.

La Nature à laquelle la science moderne se trouve confrontée n'est plus, comme dans l'Antiquité, un système d'essences ou de formes immuables qu'il s'agirait de connaître et qui serviraient de norme ou de référence à l'action technique et morale, mais se réduit, ce qui n'est pas du tout la même chose, à un ensemble de lois. « La nature des philosophes païens, disait déjà Malebranche en contraste avec l'aristotélisme, est une chimère ; à proprement parler, ce qu'on appelle Nature n'est rien d'autre que les lois générales que Dieu a établies pour construire ou conserver son ouvrage par des voies très simples, par une action toujours uniforme, constante, parfaitement digne d'une sagesse infinie, et d'une cause universelle [7]. » Le pouvoir de légiférer que Malebranche réservait à Dieu et à lui seul, a été transféré depuis, par les philosophes qui se sont succédé, à l'homme et à l'esprit de l'homme. Ainsi pour Kant, la nature consiste dans « l'ensemble des phénomènes, en tant que ceux-ci, en vertu d'un principe interne de la causalité, s'enchaînent universellement [8] », principe qui se fonde sur l'entendement humain. Réduite à la légalité universelle, la nature n'a plus ni susbtance, ni subsistance, ni même de sens. Elle devient une « réalité » infiniment malléable, incapable de s'opposer aux transformations que la techno-science veut lui faire subir. Les « productions naturelles », si l'on peut encore employer cette expression, cessent d'être régies par un principe immanent, mais dépendent des conditions fixées plus ou moins arbitrairement par l'expérimentateur. N'ayant plus aucune efficace propre, la Nature peut désormais se prêter à toutes sortes de manipulations. « “ Tout est possible ”. Telle est, résume Gilbert Hottois, la très singulière idée directrice ou règle de croissance de l'univers technicien [9]. » Cette règle s'accompagne d'une autre, où s'exprime l'éthique singulière de la techno-science moderne, une éthique qu'il faut bien qualifier de « non-éthique » ou d'« an-éthique » : Il faut faire tout ce qu'il est possible de

---

7. *Traité de la Nature et de la Grâce*, 1er Écl., § 3.
8. *Critique de la raison pure*, Paris, PUF, 8e éd., 1975, p. 334 note.
9. *Le Signe et la technique*, p. 145.

faire. La norme du possible n'est plus la Nature, mais la technique elle-même. Ainsi Jacques Ellul peut-il consigner l'impératif du progrès techno-scientifique dans cette formule plutôt terrifiante : « Tout ce qu'il est possible techniquement de faire, il faut le faire [10]. » H.-J. Meyer dit dans le même sens : « Conformément à l'opinion admise, *aucune frontière éthique* n'est imposée à la recherche. Sa liberté est un fait incontesté [11]. » On pourrait ici multiplier les citations. « Si aucune contre-mesure précise n'est adoptée, dès que quelque chose sera possible, il y aura quelqu'un quelque part pour exploiter cette possibilité », ou encore : « Aux limites de l'impossible et de l'inutile, tout se fera au moins une fois. Je pense que tout ce qui peut être fait sera fait [12]. » Les seuls obstacles au développement techno-scientifique ne sont pas d'ordre éthique ou axiologique, mais exclusivement technique. La techno-science, et elle seule, détermine la frontière du possible et de l'impossible : est impossible non pas ce qui est contraire à la Nature, mais seulement ce qui ne peut pas être réalisé compte tenu des moyens techniques actuellement disponibles. Les bornes sont donc toujours pratiques et factuelles, et jamais théoriques ni morales. Elles ne sont jamais absolues ni définitives, mais toujours relatives et provisoires. Cela vaut aussi pour l'homme lui-même, la plus importante des matières premières : « Les êtres humains, a-t-on pu dire, sont des créatures d'une plasticité quasi infinie [13]. » De ce point de vue, la question n'est plus pour les biologistes « qu'est-ce que l'homme ? », mais finalement « quelle espèce d'homme allons-nous construire [14] ? ».

Le corrélat de cette malléabilité pratiquement infinie de la nature est le caractère quasi démiurgique de la techno-science. Celle-ci œuvre un peu comme le dieu démiurge de Platon qui construisait le monde en mettant en ordre une matière informe, celle de la *chôra*. Elle façonne la nature, non pas certes en se conformant à un modèle idéal (qui n'existe pas), mais en lui imposant ses propres catégories. « C'est [...] nous-mêmes, dit Kant, qui introduisons l'ordre et la régularité dans les phénomènes

---

10. *Le Système technicien*, p. 336.
11. *Die Technisierung der Welt*, Tübingen, Niemeyer, 1961, p. 207.
12. A. Töffler, *Future Shock*, New York, Random House, 1970, p. 234.
13. V. Packard, *The people Shapers*, Londres, Futura, 1978, cité par G. Hottois, *Le Signe et la technique*, p. 146.
14. G. Delgado, *Physical Control of the Mind*, New York, Harper and Row, 1971, cité par G. Hottois, *Le Signe et la technique*, p. 146.

que nous appelons Nature, et nous ne pourrions les y trouver s'ils n'y avaient pas été mis originairement par nous ou par la nature de notre esprit [15]. » Et Nietzsche affirme, de manière plus radicale, que « l'homme, en dernière analyse, ne retrouve dans les choses que ce qu'il y a mis lui-même ; l'acte de retrouver s'appelle science, celui d'introduire art, religion, amour, orgueil [16] ». La techno-science affirme le primat de l'esprit sur les choses, de l'homme sur la nature, du sujet connaissant sur l'objet connu, au point qu'il n'est pas exagéré de dire que « dans l'impérialisme planétaire de l'homme organisé techniquement, le subjectivisme atteint son point culminant [17] ». La techno-science place de ce fait l'homme dans une situation assez particulière, et pour tout dire plutôt inconfortable, puisqu'il se trouve à la fois *dans* le monde, en tant qu'objet de connaissance, et en même temps, à l'instar du démon de Laplace ou du sujet transcendantal kantien, en *dehors*, dans une sorte de lieu idéal d'où il survole ou surplombe le monde qu'il connaît.

Le réapprentissage du respect à l'égard de la Nature

Les théories morphologiques remettent en question chacun de ces deux présupposés. Elles attribuent d'abord une autonomie fondamentale à la Nature et affirment ensuite et corrélativement le primat de l'objet connu sur le sujet connaissant, de la nature sur l'esprit. « Pour les " catastrophistes " héraclitéens, dit par exemple Thom, un monde existe " a priori ", celui des objets macroscopiques que nous rencontrons tous les jours [18]. » Les théo-

15. *Critique de la raison pure*, p. 140.

16. *Der Wille zur Macht*, Stuttgart, Kröner, Taschenausgabe Bd. 78, 12e éd., 1980, § 606. « Toute la beauté et la munificence que nous avons prêtées aux choses réelles ou imaginaires, je veux, dit encore Nietzsche, les revendiquer comme la propriété et le produit de l'homme : comme sa plus belle apologie. L'homme en tant que poète, penseur, dieu, amour, puissance : oh ! avec quelle libéralité royale il a doté les choses pour *s'appauvrir* et se sentir misérable ! Sa plus grande abnégation, jusqu'à présent, a été, lorsqu'il admirait ou adorait, de savoir se dissimuler qu'il avait créé lui-même ce qu'il admirait. »

17. M. Heidegger, « L'Époque des conceptions du monde », *op. cit.*, p. 99.

18. « La Physique et les formes », *op. cit.*, p. 337.

ries morphologiques parlent du monde « sans en passer par le tribunal kantien, sans mettre au centre... le sujet humain défini par ses catégories intellectuelles, sans soumettre leur propos au critère de ce que peut penser, légitimement, un tel sujet [19] ». Elles mettent fin au long monologue de la science classique, qui veut que *les conditions de possibilité de l'expérience soient aussi les conditions de possibilité des objets de l'expérience.* L'homme n'impose plus sa loi au réel, il ne survole plus la nature du haut d'une position idéale et quelque peu mythique, mais fait désormais partie de la nature qu'il connaît. « La nature n'est pas faite pour nous, elle n'est pas livrée à notre volonté [20]. » Rien n'est plus étranger à Thom ou à Prigogine que le subjectivisme ou l'anthropocentrisme. L'homme se trouve irrémédiablement inscrit dans une nature dont il n'est ni le maître, ni la fin. L'apparition de la vie et de l'homme n'est après tout, rappelle Prigogine, que le résultat d'une multitude de bifurcations que rien ne rendait nécessaires *a priori.* « Aucune nécessité logique n'imposait que, dans la nature, des structures dissipatives existent effectivement ; il a fallu le " fait cosmologique " d'un Univers capable de maintenir certains systèmes loin de l'équilibre pour que le monde macroscopique soit un monde peuplé d'" observateurs ", c'est-à-dire une *nature* [21]. » L'homme et les formes vivantes en général sont des « tourbillons au sein d'une nature turbulente », des îlots de stabilité relative au sein d'un monde plus ou moins chaotique et en tout cas largement imprévisible.

Dans cette nature complexe, les formes, entendons les formes stables, sont dotées d'une signification, d'une individualité et d'une consistance propres. Elles ne résultent pas d'un enchaînement mécanique « de causes et d'effets », mais renvoient à autre chose qu'à elles-mêmes (elles ont un sens). Elles constituent des « natures » bien individualisées, et ont quelque chose d'analogue aux formes substantielles des scolastiques. Elles ne se réduisent pas à des épiphénomènes, à des efflorescences évanescentes se jouant à la surface des choses, mais font partie de l'être lui-même. Les formes naturelles reçoivent ce triple caractère (signification, individualité, consistance) de leur appartenance à une

19. Cf. I. Prigogine et I. Stengers, *La Nouvelle alliance*, p. 387.
20. *Ibid.*, p. 392.
21. *Ibid.*, p. 372.

ou plusieurs structures mathématiques idéales ou plutôt idéelles. Ce sont, selon les théories, des ensembles de catastrophe (un pli, une fronce, un ombilic, etc.), ou bien des formes fractales, ou bien des attracteurs de systèmes dynamiques (Prigogine et Ruelle). Ces structures sont un facteur d'intelligibilité, d'identité et de réalité.

Même s'ils confèrent par conséquent une consistance et une autonomie fondamentales aux formations naturelles, les « morphologistes » ne méconnaissent pas pour autant, ce qui n'est contradictoire qu'en apparence, leur « fragilité » essentielle. La stabilité des formes naturelles ne doit pas prêter, en effet, à malentendu. Les morphologistes ne soutiennent pas que les formes empiriques seraient immuables ou indestructibles, ce que l'expérience la plus banale contredit. La stabilité des formes naturelles est de nature mathématique avant d'être physique. Et surtout cette stabilité n'est jamais acquise définitivement. Elle se développe sur le fond d'une instabilité primordiale qui la menace en permanence. Elle n'est jamais garantie une fois pour toutes, mais demeure toujours sujette à caution. « Là où la science, dit Prigogine, nous avait montré une stabilité immuable et pacifiée, nous comprenons que nulle organisation, nulle stabilité n'est, en tant que telle, garantie ou légitime, aucune ne s'impose en droit, toutes sont produits des circonstances et à la merci des circonstances [22]. » Les structures dissipatives cessent d'être stables lorsque les paramètres qui les gouvernent franchissent certains seuils. Une petite fluctuation peut suffire pour les détruire, et donner naissance à des phénomènes irréguliers et chaotiques. « Nous sommes plus proches désormais, ajoute le physicien, de cette nature à propos de laquelle, selon les rares échos qui nous en sont parvenus, s'interrogeaient les présocratiques, et aussi de cette nature sublunaire dont Aristote décrivait les puissances de croissance et de corruption, dont il disait l'intelligibilité et l'incertitude inséparables. Les chemins de la nature ne peuvent être prévus avec certitude, la part d'accident y est irréductible, et bien plus décisive qu'Aristote lui-même ne l'entendait : la nature bifurquante est celle où de petites différences, des fluctuations insignifiantes, peuvent, si elles se produisent dans des circonstances opportunes, envahir tout le système, engendrer un régime

22. *Ibid.*, p. 392.

de fonctionnement nouveau [23]. » La nature dont il est ici question n'est pas un système de lois rigides, mais un ensemble de formes qualitatives sur lequel nous n'avons, au fond, que très peu de prise. Cette nature n'est plus le réservoir d'énergie inépuisable de la techno-science contemporaine, mais une nature précaire semblable à celle que connaissaient les premiers penseurs de la Grèce. Averties de la fragilité de la nature, les théories morphologiques imposent des bornes *a priori* à la manipulation du monde. Elles substituent à l'arrogant « tout est possible » de la techno-science ce que Prigogine appelle une « écoute poétique de la nature ». Elles opposent à l'idéal de maîtrise et de domination qui inspire la science moderne depuis près de trois siècles, la nécessité de « réapprendre le respect » à l'égard de ce monde que l'on ne peut transformer, sous peine d'échec, qu'en s'y conformant.

Cet impératif du respect à l'égard de la nature ne s'adresse pas seulement aux théories morphologiques, à vrai dire, qui le mettent en pratique spontanément, mais doit investir, selon Prigogine, tous les domaines de la science contemporaine et plus généralement tous les secteurs de la culture. Il doit fonder une nouvelle règle de vie et inspirer une nouvelle manière d'être au monde, une nouvelle éthique. « Qu'il s'agisse de musique, de peinture, de littérature ou de mœurs, dit le physicien, nul modèle ne peut plus prétendre à la légitimité, aucun n'est plus exclusif. Partout nous voyons une expérimentation multiple, plus ou moins risquée, éphémère ou réussie [24]. » « Au moment, ajoute-t-il, où nous apprenons le " respect " que la théorie physique nous impose à l'égard de la nature, nous devons apprendre également à respecter les autres approches intellectuelles, que ce soient les approches traditionnelles, des marins et des paysans, ou les approches créées par les autres sciences. Nous devons apprendre, non plus à juger la population des savoirs, des pratiques, des cultures produites par les sociétés humaines, mais à les croiser, à établir entre eux des communications inédites qui nous mettent en mesure de faire face aux exigences sans précédent de notre époque [25]. » Au-delà de la fragilité des formes naturelles, les théories morphologiques mathématiques nous apprennent en fait à

23. *Ibid.*, p. 361.
24. *Ibid.*, p. 391.
25. *Ibid.*, p. 391.

respecter l'altérité en général, c'est-à-dire au fond la différence comme telle, source vive de la richesse de notre monde. « Aujourd'hui [...] les sciences " exactes " ont pour tâche de sortir des laboratoires où elles ont peu appris la nécessité de résister à la fascination d'une quête de la vérité générale de la nature. Les situations idéalisées, elles le savent désormais, ne leur livreront pas de clef universelle, elles doivent donc redevenir enfin " sciences de la nature ", confrontées à la richesse multiple qu'elles se sont longtemps donné le droit d'oublier. Dès lors se posera pour elles le problème à propos duquel certains ont voulu asseoir la singularité des sciences humaines, [...] le dialogue nécessaire avec des savoirs préexistants au sujet de situations familières à chacun [26]. » Le respect de l'Autre signifie d'abord, pour la science exacte, la reconnaissance de la vérité du monde concret et familier dans lequel l'homme déroule son existence quotidienne. On peut percevoir dans cette attitude, qui s'efforce de réconcilier la science avec le monde de la vie, l'écho, sinon l'influence, d'un courant majeur de la pensée contemporaine apparu à la fin du siècle dernier, la phénoménologie, qui soulignait, lui aussi, la nécessité d'un nouvel enracinement du savoir et s'opposait, un peu de la même façon, au réductionnisme (à l'atomisme psychologique) et à l'idéalisme. Les morphologistes d'aujourd'hui sont peut-être, de ce point de vue, les premiers représentants d'une tradition scientifique qui, ayant rompu tout lien avec le positivisme et l'idéalisme, aurait trouvé dans ce courant de pensée les moyens, non seulement de libérer la science de l'emprise de la technique, mais aussi de la rapprocher du réel tel qu'il nous est donné dans la série infinie de ses métamorphoses.

---

26. *Ibid.*, p. 372-373.

Chapitre 9

L'héritage de la dynamique qualitative

La réconciliation de la science avec le monde de la vie, non seulement au sens biologique, mais aussi et surtout existentiel et phénoménologique du terme [1], à laquelle nous convient, chacune à leur manière, les théories morphologiques, n'aurait pas été possible, en fait, sans les progrès réalisés en topologie et en analyse différentielles ces dernières années. C'est grâce à ces progrès mathématiques que « l'accès à une pensée qualitative rigoureuse est désormais possible [2] ». Cela est manifeste pour la théorie des catastrophes et la théorie du chaos qui font largement appel à la théorie mathématique des systèmes dynamiques. Mais c'est aussi vrai pour la théorie des structures dissipatives dont les principes débordent en réalité le seul cadre de la thermodynamique non linéaire. La thermodynamique non linéaire fournit certes une méthode qui permet « de préciser quels systèmes sont susceptibles d'échapper au type d'ordre qui régit l'équilibre, et à partir de quel seuil, de quelle distance de l'équilibre, de quelle valeur de la contrainte imposée, les fluctuations deviennent capables d'entraîner le système vers un comportement tout différent du comportement usuel des systèmes thermodynamiques [3] ». La thermodynamique non linéaire permet d'affirmer qu'une nouvelle configuration se manifestera dans un système dès lors qu'il cessera d'être régi par un principe de minimum. Mais cette méthode ne permet pas de savoir quel est, précisément, le type d'ordre qui va prévaloir, quelle est la configuration spatio-

1. La *Lebenswelt* de Husserl.
2. R. Thom, *Stabilité structurelle et morphogénèse*, p. 6.
3. I. Prigogine et I. Stengers, *La Nouvelle alliance*, p. 213.

temporelle que le système va adopter. En d'autres termes, la thermodynamique permet bien de prévoir qu'une instabilité va se manifester et une structure nouvelle apparaître, mais elle est incapable d'en préciser la nature. Pour connaître l'allure de la (ou des) structure(s) susceptible(s) d'apparaître à l'état critique, il faut examiner la manière dont les systèmes réagissent « aux différents types de fluctuations qui peuvent le(s) perturber [4] ». C'est la raison pour laquelle l'approche thermodynamique doit être complétée par une analyse plus fine fondée sur l'étude de la stabilité des solutions des systèmes différentiels qui leur sont associés. Comme telle, la théorie de Prigogine s'inscrit, avec celle de Thom et de Ruelle, dans le sillage des travaux de plusieurs mathématiciens comme Birkhoff, Hopf, Arnold, Anosov, Sinaï, Smale et surtout Poincaré qui, au tournant de ce siècle, avait mis au point une nouvelle méthode pour appréhender le mouvement des corps matériels : la dynamique qualitative.

Henri Poincaré [5] était un savant d'une fécondité exceptionnelle, un des rares hommes à avoir apporté aux mathématiques des contributions vraiment essentielles et qui ont laissé des empreintes durables. Il fut, a-t-on pu dire, un artisan de génie, « fabriquant lui-même les outils nécessaires à la résolution des problèmes qui s'imposaient à son esprit : les problèmes qui se posent, et non pas qu'on se pose ». Un de ses nombreux titres de gloire est d'avoir formulé, avant Einstein, les fameuses équations de la relativité restreinte, mais sans malheureusement en avoir aperçu toutes les conséquences physiques. L'eût-il fait que la théorie de la relativité se fût appelée théorie de Poincaré. Son génie mathématique s'est exprimé dans de multiples domaines, et notamment en mécanique céleste, où il a laissé quantité de travaux, comme le célèbre mémoire de 1889 *Sur le Problème des trois corps et les équations de la dynamique*, qui lui valut de recevoir la même année le prix du roi Oscar II de Suède [6], et ses trois tomes des *Méthodes nouvelles de la mécanique céleste*,

4. I. Prigogine et I. Stengers, *ibid.*, p. 213.

5. Né à Nancy en 1854, mort à Paris en 1912. Normalien, polytechnicien, ingénieur des Mines, Poincaré a été professeur de mathématiques et de physique mathématique à l'université de Paris.

6. Prix institué par le mathématicien suédois M. G. Mittag-Leffler (1846-1927), fondateur de la revue *Acta Mathematica*. Sur le problème des trois corps, cf. l'article de Poincaré, « Le problème des trois corps », *Revue générale des sciences pures et appliquées*, *2*, 1-5 (1891) (repris dans *L'Analyse et la recherche*, p. 31-42).

publiés de 1892 à 1899. Ces *Méthodes nouvelles* sont encore aujourd'hui, cent ans après leur parution, « un livre toujours d'actualité dont l'étude est obligatoire, non seulement pour tout débutant en Mécanique Céleste, mais aussi pour les chercheurs confirmés dans ce domaine, comme dans de nombreuses autres branches de la Mécanique ou de l'étude des systèmes dynamiques [7] », ce qui est plutôt rare, il faut bien en convenir, pour un traité scientifique. C'est dans le cadre de la mécanique céleste, et plus précisément à l'occasion du traitement de ce qu'on appelle le « problème des trois corps » que Henri Poincaré a été amené à développer sa nouvelle dynamique.

Le problème des trois corps est un problème classique sur lequel des générations de mathématiciens (Clairaut, d'Alembert, Euler, Lagrange, Laplace, etc.) sont venus exercer leur sagacité. Sa formulation est d'une simplicité redoutable car éminemment trompeuse. Pour l'énoncer, on se donne trois corps, ou, ce qui revient au même, trois points matériels se mouvant librement dans un espace à trois dimensions. Ces trois corps s'attirent mutuellement selon la loi de Newton, c'est-à-dire proportionnellement à leur masse et en raison inverse du carré de leur distance. Les positions et les vitesses de chacun de ces trois corps à l'instant initial sont supposées connues avec précision. Le problème des trois corps consiste à déterminer les positions et les vitesses de chacun de ces corps à un instant (ultérieur ou antérieur) quelconque. Ce problème est sans doute un des plus simples que l'on puisse imaginer. Il revient à calculer l'évolution d'un système solaire rudimentaire dans lequel il n'y aurait que le Soleil et deux planètes. Sa transcription mathématique ne soulève aucune difficulté. Il est l'exemple même de ce que les mathématiciens appellent un problème bien posé. Les équations différentielles qui régissent le mouvement de chaque corps sont parfaitement connues et ne font intervenir que des fonctions régulières élémentaires. Les conditions aux limites (conditions initiales) sont également connues. En vertu d'un théorème général d'analyse, le problème ainsi formulé admet une solution et une seule. Mais en dépit de sa simplicité formelle, ce problème est d'une complexité inextricable. Il est un peu l'analogue phy-

---

7. J. Kovalesky, « Avertissement à la réédition des méthodes nouvelles de la mécanique céleste d'Henri Poincaré », dans H. Poincaré, *Les Méthodes nouvelles de la mécanique céleste*, t. I, Paris, Blanchard, 1987.

sique des fameuses conjectures des mathématiciens dont la simplicité de l'énoncé ne laisse nullement présager les abîmes de difficulté qu'elles enferment.

Le premier résultat de Poincaré est négatif. Le mathématicien commence par montrer que le système différentiel ne peut pas être résolu analytiquement dans le cas général, bien que sa solution existe et soit unique. Résoudre analytiquement ce système consisterait à trouver une relation fonctionnelle entre les positions x et les vitesses v de chaque corps d'une part, et la variable temporelle t d'autre part. L'idéal serait bien évidemment d'exprimer cette relation fonctionnelle à l'aide d'une ou de plusieurs fonctions mathématiques usuelles (c'est-à-dire essentiellement les fonctions puissance (t^2, t^3, etc.), trigonométriques, logarithmiques et hyperboliques). Mais Poincaré montre qu'il n'y a pas, dans le cas général, de solution de ce genre : les positions et les vitesses ne sont pas des fonctions usuelles du temps. Ce résultat n'est pas, à vrai dire, absolument décisif, car il existe bien d'autres fonctions. Pour les définir, on utilise la technique du développement en série entière (développement de Taylor) qui remplace une fonction par une somme infinie des puissances croissantes de la variable. Toutes les fonctions usuelles peuvent s'écrire de cette façon. La fonction $f(t) = \sin t$, par exemple, est égale à la limite de la somme : $t-t^3/6+t^5/120+...+(-1)^n t^{(2n+1)}/(2n+1)!$ lorsque le nombre entier n tend vers l'infini. D'une façon générale, et sous certaines conditions de régularité, une fonction quelconque $f(t)$ peut se mettre sous la forme $f(t) = a_0+a_1t+a_2t^2+...a_nt^n+...$ Résoudre le problème des trois corps, revient donc à chercher des coefficients a_0, a_1, a_n, tels que la fonction correspondante satisfasse les équations du système différentiel. Poincaré montre là encore qu'une telle solution n'existe pas, car la série obtenue ne tend pas, sauf dans des cas tout à fait exceptionnels, vers une limite précise. La somme $a_1t+a_2t^2+...a_nt^n$ croît généralement indéfiniment avec n. « La plupart de ces développements, dit le mathématicien, ne sont pas convergents au sens que les géomètres donnent à ce mot. Sans doute cela importe peu pour le moment, puisque l'on est assuré que le calcul des premiers termes donne une approximation très satisfaisante ; mais il n'en est pas moins vrai que ces séries ne sont pas susceptibles de donner une approximation indéfinie. Il viendra donc un moment où elles deviendront insuffisantes. D'ailleurs, certaines conséquences théoriques que l'on pourrait être tenté de tirer de la forme de ces séries ne sont pas légitimes à cause de leur divergence. C'est ainsi qu'elles ne peuvent servir à résoudre la question de la stabilité du système solaire [8]. » Poincaré souligne en fait ici les limites de l'analyse quantitative ordinaire. Celle-ci s'avère impuissante à calculer les trajectoires d'un système aussi simple que celui des trois corps, problème qui aurait paru bien « enfantin » au démon de Laplace qui se faisait fort de résoudre l'équation de l'Univers en un clin d'œil.

Le mathématicien ne se borne pas, bien évidemment, à ce constat d'échec. Pour avancer malgré tout dans la solution du problème des trois corps, il développe de nouvelles méthodes, qualitatives et non point quantitatives, qui vont lui permettre de déterminer la forme générale des trajectoires, c'est-à-dire l'allure des courbes intégrales du système différentiel en fonction des paramètres du système. Il mesure alors l'extraordinaire complexité dont celui-ci est capable. Il montre d'abord que le problème des trois corps possède, pour certaines valeurs des conditions initiales, des solutions *périodiques* ; ensuite que ces solutions périodiques sont quelquefois *instables* ; et enfin qu'il existe, au voisinage de ces solutions périodiques instables, des couples de solutions que Poincaré appelle *doublement asymptotiques* ou plus précisément *homoclines*, correspondant à des trajectoires ou à des courbes intégrales extrêmement complexes. « Que l'on cherche, écrit-il par exemple, à se représenter la figure formée par ces deux courbes [*i. e.* les deux courbes formant un couple de solutions asymptotiques] et leurs intersections en nombre infini dont chacune correspond à une solution doublement asymptotique, ces intersections forment une sorte de treillis, de tissu, de réseau à mailles infiniment serrées ; chacune de ces deux courbes ne doit jamais se recouper elle-même, mais elle doit se replier sur elle-même d'une manière très complexe pour venir recouper une infinité de fois toutes les mailles du réseau. On sera frappé de la complexité de cette figure, ajoute-t-il, que je ne cherche même pas à tracer. Rien n'est plus propre à nous donner une idée de la complication du problème des trois corps et en général de tous les problèmes de Dynamique où il n'y a pas d'intégrale uniforme et où les séries de Bohlin sont divergentes [9]. » Poincaré avait ainsi découvert et

8. *Les Méthodes nouvelles de la mécanique céleste*, t. I, p. 3-4.

9. *Les Méthodes nouvelles de la mécanique céleste*, t. III, p. 389 (cf. aussi « Le Problème des trois corps », *op. cit.*, p. 35).

même démontré que « les équations de la dynamique pouvaient recouvrir des mouvements extrêmement irréguliers, ceux-ci étant d'ailleurs la règle plutôt que l'exception. Sous la régularité apparente, macroscopique de l'approximation keplérienne, [il] avait mis en évidence un foisonnement d'accidents microscopiques, comme une particule qui nous paraît au repos se révèle sous le microscope agitée par le mouvement brownien [10] ». Le point essentiel est qu'il n'y était pas parvenu par le calcul effectif, mais par une approche géométrique et même topologique avant la lettre. Les théories morphologiques contemporaines, qui substituent aux méthodes quantitatives traditionnelles de la physique, des méthodes qualitatives, peuvent être considérées à bon droit comme les héritières de ses travaux. Ces théories sont à la science de la nature en général, et à la physique en particulier ce que la dynamique qualitative de Poincaré était à la dynamique classique de Newton.

10. I. Ekeland, *Le Calcul, l'imprévu*, p. 55.

Conclusion

Les théories morphologiques sont doublement et profondément novatrices ; d'abord par leur objet même : le monde des formes, ensuite par leur méthode : structurale, qualitative et non réductionniste. Elles prétendent décrire et expliquer « scientifiquement », c'est-à-dire rigoureusement les formes empiriques en ignorant tout ou presque du comportement de la matière sous-jacente, des lois qui la régissent, et des particules qui la composent. Leur monde n'est pas celui de la physique fondamentale, celui de la mécanique quantique, ni celui de la relativité générale, monde inhumain à bien des égards. Elles ne sont pas tributaires de la puissance des accélérateurs de particules, machines mystérieuses et fascinantes sans doute, mais d'une énormité presque irréelle ; elles ne sondent pas non plus le monde inquiétant des trous noirs dans lesquels des galaxies entières viennent s'abîmer. Leur univers n'est pas celui de la précision, mais le monde, toujours incertain, de l'existence quotidienne. Elles ne participent pas à cette course à la démesure qui semble être une des caractéristiques, sinon la caractéristique de l'époque présente tout entière : « Partout, dit à ce propos Heidegger, et sous les formes et les travestissements les plus divers, le gigantesque fait son apparition [...]. Le gigantesque s'annonce aussi bien dans la direction du toujours plus petit : nous n'avons qu'à songer aux chiffres de la physique nucléaire. Avec cela, le gigantesque s'impose sous une forme qui semble précisément vouloir le faire disparaître : ainsi l'annihilation des grandes distances par l'avion, la représentation produisible à loisir de mondes inconnus et lointains dans leur quotidienneté, par une simple manipulation du poste de radio. Cependant c'est penser d'une façon trop superficielle que de voir dans le gigantesque la seule vacuité interminablement étendue du quantitatif pur ; on pense trop court quand on croit que le gigantesque, sous la forme du continuel " cela ne s'est jamais vu ", est engendré par la fièvre aveugle de l'exagération et du surpassement [...]. Car le gigantesque est bien plutôt ce par quoi le quantitatif devient une qualité propre [1] », en l'occurrence celle qui définit l'essence même des Temps modernes. Le monde des théories morphologiques est tout autre. C'est celui tout proche, si proche même que nous finissons par l'oublier, des objets qui nous entourent. Elles appréhendent la rationalité du monde dans lequel nous vivons, du monde sublunaire d'Aristote, monde contingent que la physique classique a voulu ignorer. Celle-ci a certes unifié la Terre et le Ciel, mais cette unification s'est faite, ne nous y trompons pas, au profit du Ciel et au détriment de la Terre. Cela est si vrai que le premier modèle de l'atome, celui de Niels Bohr (1913), n'était autre qu'un système solaire en miniature : l'électron gravite autour du noyau comme les planètes autour du Soleil. Analogie fausse, sans doute, mais hautement significative. La rationalité de la physique classique est la rationalité cosmique ou astrale, ce n'est pas celle de la nature sensible. La croissance d'un arbre, la naissance des branches, l'éclosion des bourgeons, la formation des feuilles, etc., tout cela relève d'une rationalité propre, qui échappe à la raison calculante. C'est cette rationalité du monde à notre échelle que les théories morphologiques redécouvrent et appréhendent en substituant au calcul infinitésimal, des disciplines qualitatives, comme la topologie et la géométrie. Tout se passe en quelque sorte comme si les sciences de la nature avait enfin trouvé, dans ces branches des mathématiques, l'instrument qui leur manquait pour appréhender, dans sa spécificité, le monde mouvant des formes, que sa complexité rend inaccessible à l'analyse quantitative ordinaire. Celles-ci leur permettent de s'affranchir de l'interdit aristotélicien selon lequel les mathématiques s'arrêtent là où commence la nature, et que les fondateurs de la physique mathématique moderne n'avaient réussi à surmonter qu'en niant la diversité de la nature elle-même.

Des commentateurs ont vu dans l'avènement de la science

---

1. « L'Époque des conceptions du monde », *op. cit.*, p. 85-86. Le physicien américain E. Wigner parle pour sa part de l'« exactitude déraisonnable des lois de la physique ».

moderne, avec Galilée puis Newton, la revanche de Platon sur Aristote ou plutôt sur l'aristotélisme médiéval. « Aux contemporains et élèves de Galilée, dit ainsi Alexandre Koyré, autant qu'à Galilée lui-même, la science galiléenne, la philosophie galiléenne de la nature, apparaissait comme un retour vers Platon, comme une victoire de Platon sur Aristote [2]. » Les théories morphologiques peuvent être regardées comme une sorte de revanche d'Aristote sur Platon, et au-delà de Platon sur « l'*ubris*, comme dit Thom, de la science réductionniste contemporaine [3] ». Cette revanche est celle de la « géométrie » et de la topologie sur l'arithmétique et l'algèbre, du qualitatif sur le quantitatif, c'est-à-dire au fond de l'intelligibilité sur le calcul et l'efficacité. Parler de revanche est peut-être exagéré, car il n'y a pas à proprement parler de combat, ni même de compétition, et donc ni victoire ni défaite. Les théories morphologiques ne se déploient pas *contre* la techno-science, qu'elles abandonnent au mirage de ses certitudes. Elles ne rivalisent pas avec elle – comment le pourraient-elles du reste ? – mais se situent résolument sur un autre terrain. Elles rappellent seulement, mais ce seulement est tout, la science à sa vocation fondamentale, qui est de nous faire comprendre le réel, et pas seulement de le prédire. Elles nous montrent en tout cas que la technique n'est pas la fatalité de l'esprit scientifique.

---

2. « Galilée et la révolution scientifique », *Études d'histoire de la pensée scientifique*, p. 212.
3. « Matière, forme et catastrophes », *Penser avec Aristote*, éd. M. A. Sinaceur, p. 398.

Appendice 1

Sur les différentes définitions de la dimension en théorie des fractales

La théorie des fractales fait intervenir deux définitions bien différentes de la dimension : la dimension topologique d'une part, et la dimension fractale d'autre part. Elle repose en grande partie sur cette distinction, et il n'est pas inutile de préciser ce que recouvre chacune de ces deux notions.

La dimension topologique

La dimension topologique correspond, en gros, à la dimension analytique traditionnelle. Un des premiers à l'avoir thématisée, sans toutefois la nommer ainsi, ni même en donner une définition mathématique rigoureuse, est Poincaré en 1912 dans un article fameux : « Pourquoi l'espace a trois dimensions [1]. » Dans cette étude, le mathématicien mettait en rapport la notion de dimension d'un ensemble avec celle, topologique, de continuité. « La question du nombre des dimensions est intimement liée à la notion de continuité, et elle n'aurait aucun sens pour celui qui voudrait faire abstraction de cette notion [2]. » « Je fonderai, ajoute-t-il, la détermination du nombre des dimensions sur la notion de *coupure*. Envisageons d'abord une courbe fermée, c'est-à-dire un continu à *une* dimension ; si sur cette courbe nous marquons deux points quelconques par lesquels nous nous inter-

1. Paru dans la *Revue de métaphysique et de morale*, *20*, 483-504 (1912).
2. *Dernières pensées*, 1re éd. 1913, rééd. Paris, Flammarion, 1963, p. 137.

dirons de passer, la courbe se trouvera découpée en deux parties, et il deviendra impossible de passer de l'une à l'autre en restant sur la courbe et sans passer par les points interdits. Soit au contraire une surface fermée, constituant un continu à *deux* dimensions ; nous pourrons marquer sur cette surface, un, deux, un nombre quelconque de points interdits ; la surface ne sera pas pour cela décomposée en deux parties, il restera possible d'aller d'un point à l'autre de cette surface sans rencontrer d'obstacle, parce qu'on pourra toujours *tourner* autour des points interdits. Mais si nous traçons sur la surface une ou plusieurs courbes fermées, et si nous les considérons comme des *coupures* que nous nous interdirons de franchir, la surface pourra se trouver découpée en plusieurs parties. Venons-en maintenant au cas de l'espace ; on ne peut le décomposer en plusieurs parties, ni en interdisant de passer par certains points, ni en interdisant de franchir certaines lignes ; on pourrait toujours tourner ces obstacles. Il faudra interdire de franchir certaines surfaces, c'est-à-dire certaines coupures à deux dimensions. Nous savons maintenant, conclut Poincaré, ce qu'est un continu à n dimensions. Un continu a n dimensions quand on peut le décomposer en plusieurs parties en y pratiquant une ou plusieurs coupures qui soient elles-mêmes des continus à $n-1$ dimensions. Le continu à n dimensions se trouve ainsi défini par le continu à $n-1$ dimensions ; c'est une définition par récurrence [3]. » Poincaré définit la dimension de manière inductive par la possibilité d'opérer dans un continu des coupures à l'aide de continus de dimensions inférieures. Cette définition inductive de la dimension jouit d'une sorte d'évidence intuitive. C'est elle que l'on utilise implicitement lorsqu'on caractérise une surface comme frontière d'un volume, une ligne comme frontière d'une surface, ou un point comme frontière ou extrémité d'un segment. La définition de Poincaré sera reprise en 1913 par Brouwer qui lui donnera une base mathématique précise [4], puis redécouverte de façon indépendante et simultanée en 1922 par K. Menger et P. Urysohn qui lui donneront sa forme actuelle. D'après Menger et Urysohn, la dimension topologique d'un sous-ensemble d'un espace euclidien se définit de proche en proche de la façon suivante :

---

3. *Ibid.*, p. 138-139.
4. « Über den natürlichen Dimensionsbegriff », *Journ. f. Math.*, *142*, 146-152 (1913).

a) l'ensemble vide a, par définition, la dimension −1.

b) la dimension d'un espace est le plus petit entier n pour lequel chaque point de l'espace a des voisinages arbitrairement petits dont les frontières ont une dimension inférieure à n.

Il résulte de cette définition que la dimension topologique d'un point est nulle. En effet, la frontière de tous les voisinages d'un point est vide, et a donc la dimension −1. La dimension du point est le plus petit entier n supérieur à −1, c'est-à-dire 0. De même, la dimension d'un ensemble fini ou dénombrable de points est nulle, celle d'une ligne est égale à 1, celle d'un disque vaut 2, celle d'une boule de R^3 (resp. de R^E) vaut 3 (resp. E). La dimension topologique coïncide donc, dans les cas simples, c'est-à-dire lorsque les ensembles sont « réguliers », avec la dimension ordinaire, c'est-à-dire analytique. Elle est égale au nombre minimal de paramètres indépendants nécessaires pour déterminer sans ambiguïté la position de chaque point de l'ensemble. Mais ce n'est pas toujours le cas. Ainsi, la courbe de Peano qui remplit le plan a une dimension topologique [5] égale à 2, alors que sa dimension analytique vaut 1. Le principal intérêt de la dimension topologique est d'avoir une portée très générale. Notons que cette dimension est, par définition, *toujours entière*.

Les dimensions fractales

Il existe plusieurs définitions de la dimension fractale. Nous examinerons successivement trois d'entre elles : la dimension de Hausdorff-Besicovitch, la dimension de Minkowski-Bouligand et la dimension d'homothétie.

La dimension de Hausdorff-Besicovitch

La dimension de Hausdorff-Besicovitch a été introduite par le mathématicien allemand Felix Hausdorff (1868-1942) en 1919 [6] et précisée ultérieurement par Besicovitch. Contrairement à la

5. Cf. B. Mandelbrot, *The Fractal Geometry of Nature*, chap. 7 et p. 446.
6. « Dimension und äußeres Maß », *Mathematische Annalen*, *79*, 157-179 (1919).

dimension topologique, elle n'est pas nécessairement entière et n'a pas d'interprétation intuitive simple [7].

La dimension de Hausdorff-Besicovitch n'a de sens, à vrai dire, que dans un certain type d'espace, les espaces dits « métriques », dotés de leur topologie naturelle [8]. Pour la définir, considérons un sous-ensemble quelconque X d'un espace métrique E. On construit sur X une fonction à valeurs réelles dépendant de deux paramètres : $\mathrm{m}_{\mathrm{p,s}}(X) = \inf \Sigma[\mathrm{d}(A_i)^{\mathrm{p}}]$ où les A_1, A_2, ... A_i sont des sous-ensembles de E dont le diamètre est inférieur ou égal à s et dont la réunion constitue un recouvrement dénombrable de X. Par construction, la fonction $\mathrm{m}_{\mathrm{p,s}}(X)$ croît lorsque s décroît [9], et tend vers une limite lorsque s tend vers 0. Cette limite, qui peut être égale (et même est égale en général) à 0 ou à l'infini, est par définition la *mesure* p-*dimensionnelle de Hausdorff* de X, notée $\mathrm{m}_{\mathrm{p}}(X)$ [10]. On peut montrer que, lorsque X est un sous-ensemble borélien de R^n, $\mathrm{m}_{\mathrm{p}}(X)$ est proportionnelle à la mesure de Lebesgue, c'est-à-dire au volume n-dimensionnel ordinaire, et peut s'écrire $\mathrm{m}_{\mathrm{p}}(X) = c_n \mathrm{vol}^n(X)$, où c_n est une constante égale au volume n-dimensionnel de la boule de diamètre unité, et $\mathrm{vol}^n(X)$ le volume n-dimensionnel de X [11]. La mesure de Hausdorff généralise donc les notions familières de longueur, surface et volume.

Étudions maintenant, pour un ensemble X déterminé, les variations de $\mathrm{m}_{\mathrm{p}}(X)$ en fonction de p. Lorsque p augmente, la

7. On peut interpréter intuitivement la dimension de Hausdorff d'un ensemble E comme « le plus petit nombre réel positif ou nul pour lequel on puisse définir une forme volume non identiquement nulle sur E », cf. J. L. Jonot, « Remarques sur la dimension de Hausdorff », *Fractals, dimensions non entières et applications*, éd. G. Cherbit, Paris, Masson 1987, p. 158.

8. On appelle *espace métrique* un ensemble quelconque E pourvu d'une application d de $E \times E$ dans R satisfaisant aux trois conditions suivantes : 1. $d(x, x) = 0$; si $x \neq y$, $d(x, y) \neq 0$; 2. $d(y, x) = d(x, y)$; 3. $d(x, z) \leq d(x, y) + d(y, z)$. L'application d est une *métrique*. Elle donne la distance entre deux points de E. Par exemple, l'ensemble R^n muni de la distance euclidienne : $d(x, y) = \sqrt{\Sigma(x_i - y_i)^2}$ est un espace métrique. Un espace métrique possède une topologie naturelle : c'est celle qui a pour base les boules $B(p, r)$ de E, où $B(p, r)$ désigne l'ensemble des points dont la distance au point p est inférieure à r.

9. En effet si s diminue, le nombre de recouvrements admissibles (ensembles A_1, A_2, ..., A_i, ... de diamètre inférieur à s) diminue, et par conséquent la borne inférieure $\inf \Sigma\, [\mathrm{d}(A_i)^{\mathrm{p}}]$ augmente.

10. Une mesure est, d'une manière générale, une fonction à valeurs réelles donnant la « taille » ou la « grandeur » d'un ensemble, et ceci de telle manière que si l'ensemble est décomposé en un nombre fini ou dénombrable de parties, la taille du tout soit égale à la somme de celle des parties.

11. Cf. K. Falconer, *Fractal Geometry*, p. 26.

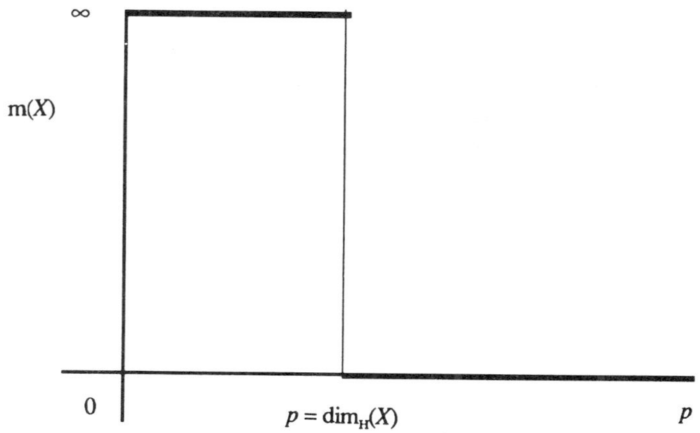

fonction $m_p(X)$ est non croissante puisqu'on peut toujours supposer que la taille du recouvrement s est inférieure à 1. On sait par ailleurs que si $m_p(X)$ est fini pour une certaine valeur de p, alors pour tout q supérieur à p, $m_q(X) = 0$. On en déduit que $m_p(X)$ ne peut prendre au plus que trois valeurs : l'infini, zéro, et (éventuellement) une valeur intermédiaire. Cela signifie qu'il existe, lorsque p augmente, une valeur critique p_c pour laquelle la mesure $m_p(X)$ « saute » brusquement de l'infini à zéro. Cette valeur critique de p est par définition la *dimension de Hausdorff-Besicovitch* de X ou plus simplement sa *dimension de Hausdorff*, notée $\dim_H(X)$ [12].

Pour illustrer ce qui précède, calculons la dimension de Hausdorff dans un cas relativement simple, celui du carré plan fermé, noté C, dans R^3 défini par l'ensemble des triplets (x, y, z) tels que $x \in [0,1]$, $y \in [0,1]$ et $z = 0$. Il faut commencer par déterminer la mesure p-dimensionnelle de Hausdorff de cet ensemble. Dans ce but, recouvrons-le par n^2 carrés élémentaires fermés de côté $1/n$ et de diamètre $\sqrt{2}/n$. La mesure p-dimensionnelle de Hausdorff de C, $m_p(C)$, est, par définition, la limite, quand n tend vers l'infini, de $(\sqrt{2}/n)^p \times n^2 = (\sqrt{2})^p/n^{p-2}$ [13]. Si p est

12. Lorsque p varie, $m_p(X)$ prend donc les valeurs suivantes :
- si $p < \dim_H(X)$, $m_p(X) = \infty$;
- si $p > \dim_H(X)$, $m_p(X) = 0$;
- si $p = \dim_H(X)$, $m_p(X) \geq 0$ (et est éventuellement infini).

On a donc $\dim_H(X) = \inf \{p ; m_p(X) = 0\} = \sup \{p ; m_p(X) = \infty\}$.

13. En toute rigueur, $m_p(C)$ est, d'après ce raisonnemment, inférieur ou égal à $(\sqrt{2})^p/n^{p-2}$. Pour montrer qu'on a bien l'égalité, il faut prouver que l'inégalité inverse est aussi vérifiée, c'est-à-dire que $m_p(C)$ est supérieur ou égal à $(\sqrt{2})^p/n^{p-2}$.

inférieur à 2, cette limite est infinie, si p est égal à 2, elle vaut 2, et si p est supérieur à 2, elle vaut 0. La fonction $m_p(C)$ saute donc brusquement de l'infini à zéro lorsque p prend la valeur 2. Cette valeur critique (2) est la dimension de Hausdorff du carré plan fermé C. Notons qu'elle est égale à la dimension topologique. Cette conclusion a une portée générale : la dimension de Hausdorff d'une sous-variété lisse (*i.e.* continûment différentiable) m-dimensionnelle de R^n est égale à m. En particulier, la dimension de Hausdorff d'une courbe lisse est égale à 1, celle d'une surface lisse à 2, etc.

Cette égalité n'est cependant pas toujours vérifiée. Certains ensembles, et notamment les ensembles fractals [14], ont une dimension de Hausdorff différente de leur dimension topologique, c'est-à-dire supérieure [15]. C'est naturellement le cas lorsque la dimension de Hausdorff est fractionnaire.

La dimension de Hausdorff-Besicovitch a l'avantage d'être définie de manière très générale, mais présente cependant un inconvénient majeur, celui d'être difficile à calculer dès que l'ensemble devient trop complexe. C'est pourquoi on a souvent recours à d'autres définitions plus maniables. Parmi ces dimensions alternatives, les plus couramment utilisées dans la pratique sont la dimension de Minkowski-Bouligand et la dimension d'homothétie.

La dimension de Minkowski-Bouligand

La dimension de Minkowski-Bouligand, qu'on appelle également dimension d'entropie, dimension capacitaire, densité logarithmique, dimension d'information, dimension de comptage de boîtes (*box-counting dimension*), etc., remonte aux années 1930. Elle n'a de sens, comme la dimension de Hausdorff, que dans les espaces métriques.

Soit donc un sous-ensemble borné F d'un espace métrique E quelconque, par exemple R^n. Appelons $N_d(F)$ le plus petit nombre de boules de diamètre d nécessaires pour recouvrir F. La dimen-

---

14. Cf. cependant les réserves exprimées *supra*, 1re partie, chap 1.

15. D'une façon générale, la dimension de Hausdorff est toujours supérieure ou égale à la dimension topologique (cf. W. Hurewicz et H. Wallman, *Dimension Theory*, p. 107).

sion de Minkowski est égale, par définition, à la limite, lorsque d tend vers zéro, du rapport du logarithme de $N_d(F)$ au logarithme de $1/d$. Si l'on note $\dim_M(F)$ la dimension de Minkowski de F, on a donc : $\dim_M(F) = \lim_{d \to 0}(\log N_d(F))/\log(1/d)$.

La dimension de Minkowski est toujours supérieure, et dans un grand nombre de cas égale (lorsque l'ensemble n'est pas trop irrégulier) à la dimension de Hausdorff. Comme cette dernière, elle n'est pas nécessairement entière. Son calcul est facilité par le fait que le recouvrement qui sert à la définir se compose d'ensembles égaux. La dimension de Hausdorff fait au contraire intervenir des recouvrements composés d'ensembles dont la taille, aussi petite soit-elle, peut varier considérablement.

Lorsque les ensembles sont réguliers, la dimension de Minkowski coïncide avec la dimension topologique. Ainsi, la dimension de Minkowski d'un point est nulle car une boule suffit pour le recouvrir, et par conséquent $\log N_d(F)/\log(1/d) = 0$ quel que soit d. La dimension de Minkowski d'une courbe de longueur L vaut 1 puisque le nombre de boules de diamètre d nécessaires pour la recouvrir est L/d. Donc $\dim_M(F) = \lim[\log(L/d)/\log(1/d)] = \lim[1+\log(L)/\log(d)] = 1$. De même, la dimension de Minkowski d'une surface plane fermée est 2, etc. D'une manière générale, la dimension de Minkowski d'une variété lisse de dimension topologique m est égale à m.

Les ensembles fractals ont en revanche une dimension de Minkowski généralement différente de la dimension topologique (c'est-à-dire supérieure) et souvent, mais pas nécessairement, fractionnaire [16].

La dimension d'homothétie

La dimension d'homothétie, ou dimension de similitude, n'est définie que pour un type bien particulier d'ensembles, les ensembles autosimilaires, ou homothétiques à soi, c'est-à-dire tels que chacune de leurs parties soit l'image réduite du tout.

Considérons un ensemble F décomposable en N parties,

---

16. Un ensemble peut avoir une dimension de Minkowski non entière, et ne pas être fractal. Par exemple $F = \{0, 1, 1/2, 1/3, ...\}$ n'est pas fractal, et a cependant une dimension de Minkowski égale à 2 (cf. K. Falconer, *Fractal Geometry*, p. 45).

chaque partie étant dans le rapport r au tout. La dimension d'homothétie de F est, par définition, le rapport du logarithme de N au logarithme de $1/r$. Si l'on note $\dim_s(F)$ la dimension d'homothétie de F, on a $\dim_s(F) = \log N/\log(1/r)$ [17]. Cette dimension, là encore, n'est pas nécessairement entière.

Lorsque l'ensemble est régulier, la dimension d'homothétie coïncide avec la dimension topologique. On peut le vérifier facilement en prenant l'exemple du segment de droite. Un segment de droite est autosimilaire, car il est décomposable en N parties, chaque partie étant dans le rapport $1/N$ au tout. Sa dimension d'homothétie est donc, par définition, $\log(N)/\log(N) = 1$, qui n'est autre que la dimension topologique. De la même façon, un carré plan est autosimilaire, car il est décomposable en N^2 parties, chacune étant dans le rapport $1/N$ au tout. Sa dimension d'homothétie vaut donc, par définition, $\log(N^2)/\log(N) = 2$, valeur de la dimension topologique. On montre, plus généralement, que la dimension d'homothétie d'un hypercube de dimension n est égale à n. Les ensembles fractals autosimilaires ont, en revanche, une dimension d'homothétie supérieure à leur dimension topologique.

La dimension d'homothétie garde un sens pour des ensembles qui ne sont pas strictement autosimilaires. Soit un ensemble F indéfiniment décomposable en N parties, chaque partie se déduisant du tout selon un rapport variable r_n, r_n étant inférieur à 1. Considérons alors la fonction $g(d) = \Sigma(r_n)^d$. Lorsque d varie de 0 à l'infini, cette fonction décroît de N à 0, et passe une fois et une seule par la valeur 1. La dimension d'homothétie de F est par définition la valeur unique de d telle que $g(d) = 1$ [18]. La dimension d'homothétie généralisée possède les mêmes propriétés que la dimension d'homothétie ordinaire.

---

17. Cf. par exemple B. Mandelbrot, *Les Objets fractals*, p. 28-30.

18. Cf. B. Mandelbrot, *ibid.*, p. 30-31 ; *Fractals, dimensions non entières et applications*, éd. G. Cherbit, p. 29-30. Sur l'utilisation de la dimension d'homothétie généralisée, cf. B. Mandelbrot, *ibid.*, p. 42.

Appendice 2

Les fractales aléatoires

Les fractales aléatoires jouent un rôle de premier plan dans la modélisation des formes naturelles. Elles se répartissent en deux grands groupes : les fractales aléatoires stratifiées d'une part, et les fractales browniennes d'autre part.

Les fractales aléatoires stratifiées

Les fractales aléatoires stratifiées résultent de la « randonisation » de (c'est-à-dire de l'introduction d'un élément de hasard dans) la procédure de construction de la fractale déterministe correspondante. Plusieurs possibilités sont ici envisageables : au lieu d'utiliser un générateur unique, on peut par exemple tirer au sort, à chaque étape, un nouveau générateur choisi sur une liste plus ou moins longue de générateurs possibles. Cette liste n'étant bien évidemment pas unique, une même fractale déterministe peut donner naissance à différents types de fractales aléatoires. Nous allons donner deux exemples simples, mais représentatifs de la méthode, le premier fondé sur l'ensemble triadique de Cantor, le second sur la courbe de von Koch.

Ensemble triadique de Cantor randonisé

La randonisation de l'ensemble triadique de Cantor peut s'effectuer de plusieurs manières : on peut modifier ou bien la règle de suppression du tiers central, ou bien celle de division du segment en trois parties égales, ou même les deux simultanément. On peut par exemple ne plus retirer systématiquement la partie centrale du segment, mais supprimer au hasard une des trois parties (la partie gauche, la partie centrale ou bien la partie droite). On obtient ainsi un ensemble moins régulier que l'ensemble triadique de Cantor classique, puisque la longueur des segments composant les ensembles E_n intermédiaires est désormais variable. Ce premier ensemble présente des amassements répartis aléatoirement, et non plus régulièrement dans l'intervalle de départ [0, 1] (cf. l'ensemble (*a*) du schéma ci-dessous).

Une structure d'un aspect un peu différent peut être obtenue en agissant sur la règle de division du segment. Au lieu de diviser le segment en trois parties égales, on peut faire varier au hasard, à chaque étape de la construction, la longueur des intervalles gauche (I_G) et droit (I_D) que l'on conserve. Pour que l'ensemble obtenu soit statistiquement autosimilaire, c'est-à-dire pour que l'agrandissement des petites parties ait la même distribution de probabilité que l'ensemble tout entier, on lie la taille des variations aléatoires à l'échelle. Cela revient à imposer aux rapports I_G/I (I_G : longueur de l'intervalle gauche ; I : longueur de l'in-

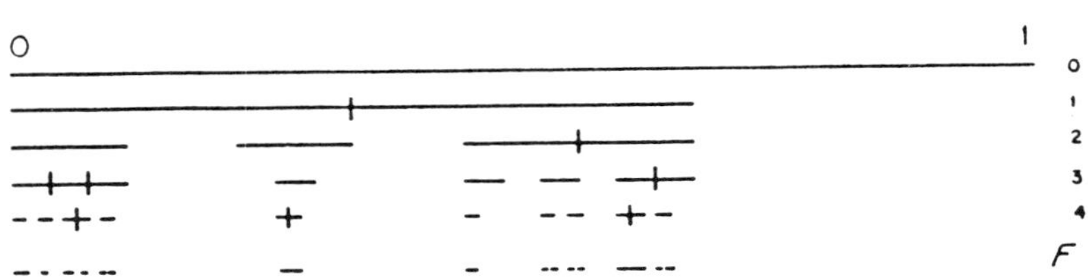

(*a*)

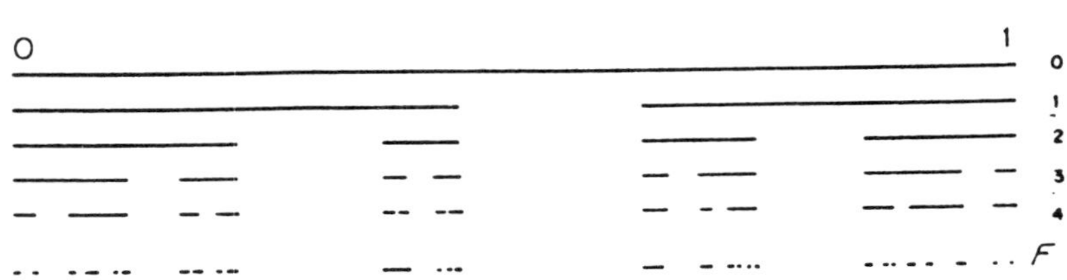

(*b*)

Ensembles de Cantor randonisés

tervalle de base) et I_D/I d'avoir la même distribution de probabilité quel que soit l'intervalle de base. On obtient de la sorte une poussière de Cantor irrégulière, avec des amassements répartis aléatoirement sur l'intervalle [0, 1] (cf. l'ensemble (*b*) du schéma). La dimension de Hausdorff d'une poussière de Cantor randonisée de cette manière est la solution de l'équation espérantielle suivante : $E[(I_G/I)^s + (I_D/I)^s] = 1$, où E désigne l'espérance mathématique de la somme des variables aléatoires $(I_G/I)^s$ et $(I_D/I)^s$ [1]. Ce résultat se généralise aisément aux poussières de Cantor aléatoires construites par division d'un segment en un nombre quelconque d'intervalles [2].

Courbe de von Koch randonisée

La courbe de von Koch donne également naissance à plusieurs fractales aléatoires. Ainsi, au lieu de placer systématiquement, à chaque étape de la construction, le triangle équilatéral au-dessus du tiers central de l'initiateur, on peut le placer au hasard au-dessus ou au-dessous. On obtient de la sorte une courbe beaucoup moins régulière que la courbe de von Koch déterministe, comme on le constate sur le schéma ci-après.

Une autre manière de randoniser la courbe de von Koch consiste à faire varier aléatoirement, à chaque étape de la construction, la longueur L servant de base au triangle équilatéral. Si la variable aléatoire L est uniformément distribuée sur l'intervalle [0, 1/3], on obtient une courbe irrégulière de dimension de Hausdorff égale à 1,144 [3].

Il y a bien sûr d'autres randonisations possibles de la courbe de von Koch, dont Mandelbrot donne des échantillons dans *The Fractal Geometry of Nature*. La figure ci-contre, par exemple, est une île de von Koch aléatoire ayant une dimension de Hausdorff de 1,6131. Elle constitue un modèle, mais très grossier car encore bien trop symétrique, de ligne côtière [4].

1. Cf. K. Falconer, *Fractal Geometry*, p. 227.
2. *Ibid.*, p. 229.
3. Cf. K. Falconer, *ibid.*, p. 230.
4. Cf. *The Fractal Geometry of Nature*, p. 228.

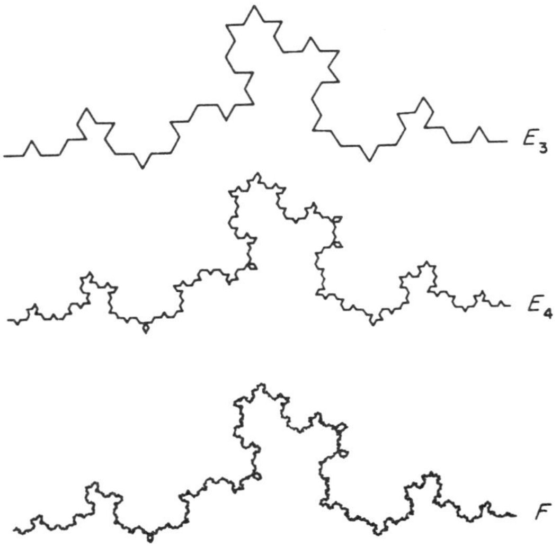

Courbe de von Koch randonisée

Île de von Koch randonisée

Les fractales browniennes généralisées

Mandelbrot distingue trois [5] généralisations essentielles du mouvement brownien scalaire, qui peuvent du reste être combinées entre elles. La première est le mouvement brownien *fractionnaire*, la seconde la *fonction brownienne d'un point* (définie sur l'espace et non plus dans le temps), la troisième *les processus stables au sens de Lévy*. Ces trois généralisations donnent naissance à trois grandes familles de fractales.

Le mouvement brownien fractionnaire

Le mouvement brownien fractionnaire a été introduit par Mandelbrot et Van Ness en 1968 [6]. Comme le mouvement brownien ordinaire, il peut être défini dans un espace de dimension quelconque. Nous allons examiner le cas où l'espace a une dimension, mais l'extension à un espace de dimension supérieure ne soulève aucune difficulté. Le mouvement brownien ordinaire est une fonction aléatoire $X(t)$ de $[0, \infty)$ dans R possédant la propriété suivante : pour tout t et pour tout h les accroissements $X(t+h)-X(t)$ ont une distribution gaussienne de moyenne nulle et de variance $h^{2\alpha}$, avec $\alpha = 1/2$. Le mouvement brownien fractionnaire résulte de la généralisation de cette définition aux valeurs du paramètre α comprises (strictement) entre 0 et 1. On définit donc le mouvement brownien fractionnaire d'indice α comme la fonction aléatoire $X_\alpha(t)$ de $[0, \infty)$ dans R telle que, pour tout t et pour tout h, les accroissements $X_\alpha(t+h)-X_\alpha(t)$ ont une distribution gaussienne de moyenne nulle et de variance $h^{2\alpha}$, avec α compris entre 0 et 1. Il résulte immédiatement de cette définition que les accroissements $X_\alpha(t+h)-X_\alpha(t)$ sont stationnaires, c'est-à-dire indépendants du temps. Le mouvement brownien fraction-

---

5. Il existe en réalité une quatrième généralisation du mouvement brownien : le mouvement brownien vectoriel dont nous avons déjà parlé (cf. B. Mandelbrot, *Les Objets fractals*, p. 169)

6. B. Mandelbrot et J. W. Van Ness, « Fractional brownian motions, fractional noises and applications », SIAM *Review*, *10*, 422-437 (1968).

naire donne naissance, comme le mouvement brownien ordinaire, à deux types de fractales : le graphe de la fonction associée $X_\alpha(t)$ et la traînée du mouvement. Le graphe est statistiquement auto-affine, alors que la traînée est statistiquement autosimilaire. Les deux sont continus, mais nulle part dérivables.

Le principal intérêt du mouvement brownien fractionnaire réside dans le fait que les accroissements de la fonction $X_\alpha(t)$ ne sont plus indépendants entre eux, comme on peut le vérifier facilement en calculant la fonction de corrélation $E[(X_\alpha(t)-X_\alpha(0))(X_\alpha(t+h)-X_\alpha(t))]$, qui vaut : $1/2[(t+h)^{2\alpha}-t^{2\alpha}-h^{2\alpha}]$. Si α est différent de 1/2, cette expression est différente de zéro, ce qui signifie que les accroissements sont interdépendants. Si α est supérieur à 1/2, la fonction de corrélation est positive, et les accroissements $X_\alpha(t+h)-X_\alpha(t)$ et $X_\alpha(t)-X_\alpha(0)$ tendent à être de même signe. Autrement dit, si la variable $X_\alpha(t)$ a eu tendance à augmenter dans le passé, elle tendra à augmenter dans le futur (et inversement) : le mouvement brownien fractionnaire d'indice supérieur à 1/2 est un processus *persistant* (cf. effet Joseph [7] en hydrologie). Inversement, si le paramètre α est inférieur à 1/2, la fonction de corrélation est négative, ce qui veut dire que les accroissements $X_\alpha(t+h)-X_\alpha(t)$ et $X_\alpha(t)-X_\alpha(0)$ tendent à être de signes contraires. Autrement dit, si la variable $X_\alpha(t)$ a eu tendance à diminuer, elle tendra à augmenter par la suite (et inversement). Le mouvement brownien fractionnaire d'indice inférieur à 1/2 est *antipersistant* [8]. La traînée d'un mouvement brownien fractionnaire de ce type « tend à retourner constamment au point dont elle vient, et donc à diffuser *plus lentement* que l'équivalent brownien [9] ».

On montre que la dimension de Hausdorff du graphe d'une fonction brownienne d'indice α de R^+ dans R est égale à $2-\alpha$ [10], que celle d'une traînée brownienne plane d'indice α vaut $1/\alpha$ si α est supérieur à 1/2, et vaut 2 si α est inférieur ou égal à 1/2 [11]. Les schémas ci-après (p. 331) donnent des exemples de graphes de fonctions browniennes fractionnaires [12] et de traînées

7. B. Mandelbrot, *Les Objets fractals*, p. 103 sq. Cf. aussi *The Fractal Geometry of Nature*, p. 248 sq.
8. Cf. B. Mandelbrot, *The Fractal Geometry of Nature*, p. 253.
9. *Ibid.*, p. 253.
10. Cf. K. Falconer, *Fractal Geometry*, p. 246.
11. Cf. B. Mandelbrot, *The Fractal Geometry of Nature*, p. 253.
12. Cf. *The Science of Fractal Images*, H.-O. Peitgen et D. Saupe (éds), p. 44.

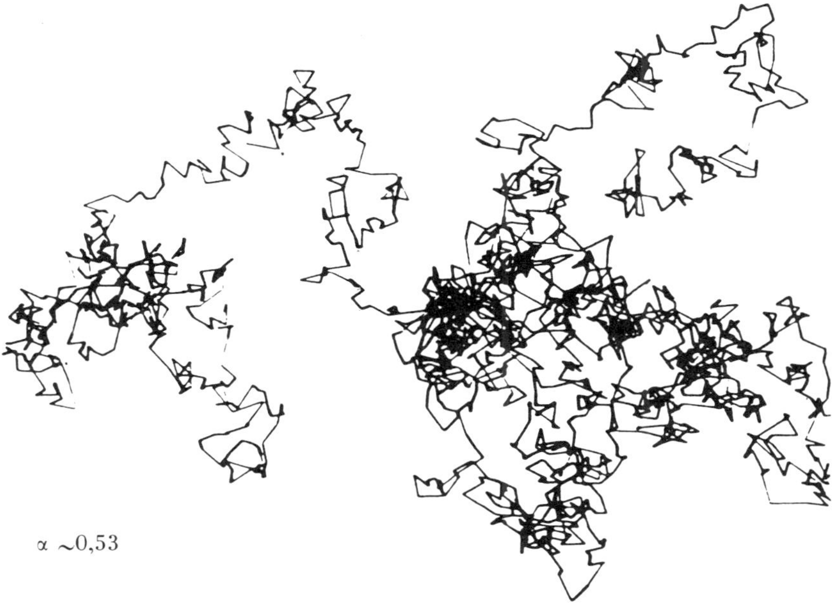

$\alpha \sim 0{,}53$

$\alpha \sim 0{,}7$

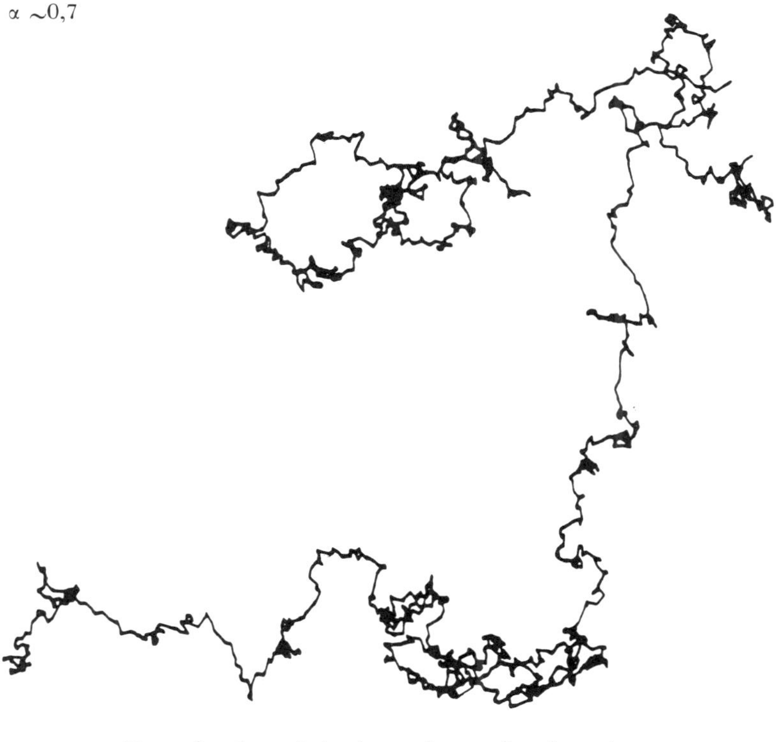

Exemples de traînées browniennes fractionnaires
(D'après B. Mandelbrot, *Les Objets fractals*, p. 114-115)

browniennes fractionnaires planes [13] pour différentes valeurs du paramètre.

Les surfaces browniennes

Une deuxième généralisation du mouvement brownien s'obtient en remplaçant la variable temporelle t de la fonction $X_\alpha(t)$ par une variable spatiale à plusieurs composantes $(x_1, x_2, ..., x_n)$. On définit de la sorte des fonctions browniennes à valeurs réelles sur un espace de dimension quelconque (R^2 en général). Cette généralisation donne naissance à des surfaces d'un type particulier, les surfaces browniennes, qui tiennent une place de premier plan dans l'imagerie fractale. Précisons que cette généralisation spatiale du mouvement brownien n'est pas due, en fait, à Mandelbrot, mais au mathématicien français Paul Lévy [14].

D'un point de vue formel, une fonction brownienne spatiale d'indice α sur R^2 sera donc, par définition, une fonction aléatoire X_α de R^2 dans R possédant les propriétés suivantes :

a) $X_\alpha(0, 0) = 0$, et $X_\alpha(x, y)$ est une fonction continue de (x, y) ;

b) Pour tout (x, y) et (h, k) appartenant à R^2, les accroissements $X_\alpha(x+h, y+k)-X_\alpha(x, y)$ sont normalement distribués avec une moyenne nulle et une variance égale à $(h^2+k^2)^\alpha$.

L'ensemble des triplets $\{x, y, X_\alpha(x, y)\}$, lorsque (x, y) décrit R^2, détermine une surface brownienne d'indice α. La valeur de $X_\alpha(x, y)$ donne la hauteur du point de coordonnées (x, y). La figure ci-après (p. 333) donne des exemples de surfaces browniennes pour deux valeurs du paramètre [15].

La dimension de Hausdorff d'une surface brownienne d'indice α est égale à $3-\alpha$. Il en résulte que plus l'indice est élevé, plus la surface est « régulière ». Les sections verticales d'une surface brownienne sont des graphes de fonctions browniennes unidimensionnelles de même indice. Ce sont des courbes de dimension de Hausdorff $2-\alpha$. Les sections horizontales, ou lignes

13. Cf. B. Mandelbrot, *Les Objets fractals*, p. 113, 114, 115.

14. Cf. B. Mandelbrot, *ibid.*, p. 106, 169. Paul Lévy a donné la première définition d'une fonction brownienne d'un point dans *Processus stochastiques et mouvement brownien*, Paris, Gauthier-Villars, 1948, 2e éd. 1965 (réédité chez J. Gabay, Paris, 1992). Parlant de cette fonction, Mandelbrot écrit : « Son inventeur a su merveilleusement en décrire les principaux apects, sans avoir pu (l'aurait-il même voulu?) la dessiner », *ibid.*, p. 106.

15. Cf. K. Falconer, *Fractal Geometry*, p. 251.

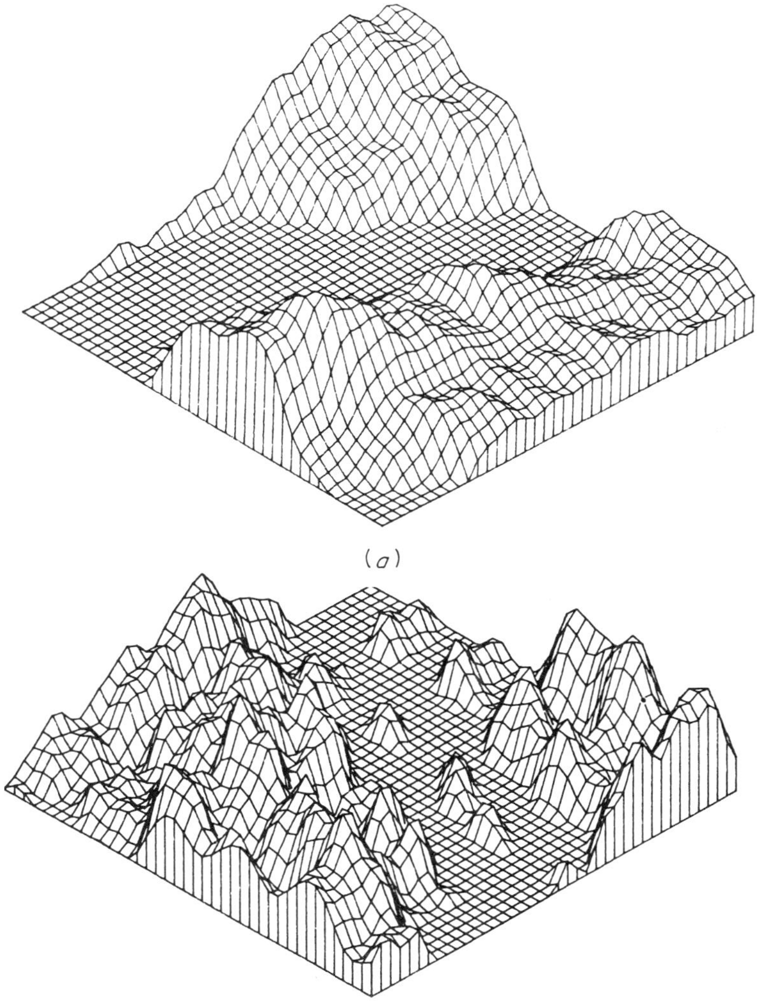

(a)

(b)

Surfaces browniennes (a) : $\alpha = 0{,}95$; (b) : $\alpha = 0{,}8$
(D'après K. Falconer, *Fractal geometry*, p. 251)

de niveaux, c'est-à-dire l'ensemble des points (x, y) de R^2 satisfaisant à la condition $X_\alpha(x, y) = c$ où c est une constante, ont également, en général, une dimension de Hausdorff égale à $2-\alpha$, et une dimension topologique égale à 1. Elles servent à modéliser les lignes côtières [16].

---

16. Cf. B. Mandelbrot, *Les Objets fractals*, p. 120-121 ; *The Fractal Geometry of Nature*, p. 270.

Les processus Lévy-stables

La troisième et dernière grande généralisation du mouvement brownien est la famille des processus stables, appelés aussi processus de Lévy. Un processus stable est, par définition, une fonction aléatoire $X(t)$ de R^+ dans R dont les accroissements $X(t+h)-X(t)$ sont d'une part stationnaires, c'est-à-dire indépendants du temps, et d'autre part indépendants entre eux. Il n'est malheureusement pas possible, sauf dans des cas très exceptionnels, d'écrire explicitement la distribution de probabilité de la variable aléatoire d'un processus stable. On peut cependant la définir indirectement par sa *fonction caractéristique*. Rappelons que la fonction caractéristique d'une variable aléatoire quelconque Y est l'espérance mathématique E de la variable aléatoire complexe $\exp(iuY)$, u désignant un paramètre réel. Le mathématicien Paul Lévy a montré [17] que la fonction caractéristique de la variable aléatoire d'un processus stable avait la forme générale suivante : $E(\exp(iuX(t))) = \exp(i\delta u - \gamma\ |u|^\alpha [1+\beta(u/|u|) \tan(\alpha\pi/2)]$, où α, β, γ, δ désignent quatre paramètres réels. Le nombre δ est un paramètre de localisation, égal, si α est supérieur à 1, à l'espérance ou à la moyenne de la distribution. Le nombre γ est un paramètre d'échelle proportionnel à t, à condition que $X(0)$ soit nul avec une probabilité de 1. Le nombre β est un paramètre de biais compris entre -1 et $+1$. Si β est positif, la distribution de probabilité de $X(t)$ est biaisée à droite (l'extrémité droite de la distribution est plus longue que l'extrémité gauche). S'il est négatif, la distribution de probabilité de $X(t)$ est biaisée à gauche (l'extrémité gauche est plus longue que l'extrémité droite). S'il est nul, la distribution de probabilité est symétrique. Le nombre α définit le type de la distribution. Il détermine le taux de décroissance des extrémités de la distribution, ou, ce qui revient au même, leur étalement. Il peut prendre toutes les valeurs dans l'intervalle semi-ouvert [0, 2]. Lorsqu'il prend la valeur 2, la distribution de probabilité du processus stable est une distribution normale, de moyenne δ et de variance 2γ. On retrouve le mouvement brownien, qui est donc un processus stable d'un genre particulier. Lorsque le para-

---

17. Cf. *Calcul des probabilités*, Paris, Gauthier-Villars, 1925, p. 255.

mètre α est inférieur à 2, les extrémités de la distribution du processus stable sont situées au-dessus de celles de la distribution normale. Celles-ci s'en écartent de plus en plus lorsque α se rapproche de zéro. Si la distribution est symétrique, et si $\delta = 0$, on a : $E(\exp(iu(X(t+h)-X(t))) = \exp(-hc\ |u|^{\alpha})$. On voit immédiatement sur cette équation que les accroissements $X(t+h)-X(t)$ sont stationnaires (*i.e.* indépendants de t).

Il est possible de mettre la distribution de probabilité d'un processus stable sous une forme analytique fermée dans trois cas seulement. Le premier est celui où le paramètre α vaut 2 : la distribution stable se réduit alors, on vient de le voir, à une distribution normale ou gaussienne. Le deuxième est celui où $\alpha = 1$ et $\beta = 0$. Dans ce cas, la distribution stable a pour densité $f(x) = 1/[\pi(1+x^2)]$ [18]. C'est une distribution classique, connue sous le nom de distribution de *Cauchy*, qui a la particularité d'avoir une espérance et une variance infinies. Le troisième cas conduisant à une solution explicite est celui où $\alpha = 1/2$ et $\beta = 1$. Pour ces valeurs, la densité $f(x)$ de la distribution stable est nulle si x est négatif, et vaut $(2\pi)^{-1/2}\exp(-1/2x)^{-3/2}$ [19]. C'est la distribution des zéros d'une fonction brownienne. Hormis ces cas bien particuliers, la densité de probabilité d'une distribution de probabilité ne peut être mise sous forme explicite. Tout ce qu'on peut dire est que, lorsque $\beta = 0$ (solution symétrique), la densité d'une distribution stable est de la forme : $f(x) = 1/\pi \int_0^{\infty}\exp(-\gamma u^{\alpha})\cos(xu)du$.

Propriétés des distributions stables

Les distributions stables jouent un rôle de premier plan en théorie des fractales, eu égard à leurs propriétés mathématiques remarquables.

STABILITÉ

Ce sont d'abord des distributions invariantes ou stables par addition (d'où leur nom). Cela signifie que si X_1 et X_2 sont deux variables aléatoires stables indépendantes de mêmes paramètres α et β (et $\delta = 0$), la somme X_1+X_2 sera une variable aléatoire

---

18. Cf. B. Mandelbrot, *The Fractal Geometry of Nature*, p. 368. Pour le graphe, cf. par exemple J. Bass, *Éléments de calcul des probabilités*, Paris, Masson, 1974, p. 28.
19. Cf. B. Mandelbrot, *ibid.*, p. 368.

stable de paramètres α et β. Si on appelle X la variable stable réduite correspondante (paramètres α, β, $\gamma = 1$, $\delta = 0$), celle-ci est solution de l'équation fonctionnelle $s_1X+s_2X = sX$ (équation de stabilité), avec la condition auxiliaire $s^\alpha = s_1{}^\alpha+s_2{}^\alpha$ [20].

VARIANCE INFINIE

La deuxième caractéristique des distributions stables est leur variance infinie (sauf dans le cas « gaussien » où le paramètre α est égal à 2). Cela signifie qu'une variable aléatoire stable peut prendre des valeurs éloignées de la moyenne avec une probabilité non négligeable. Il s'agit là d'une des raisons essentielles de l'utilisation des distributions stables en théorie des fractales [21]. Ayant une variance infinie, les processus stables sont par ailleurs discontinus. La fonction aléatoire $X(t)$ présente un certain nombre de sauts dont on peut évaluer la distribution de probabilité dans le temps. On peut montrer que, si α est inférieur à 1, la probabilité pour que la fonction $X(t)$ présente k sauts au moins égaux à a en valeur absolue dans l'intervalle $[t, t+h]$ vaut $(ha^{-\alpha})^k\exp(-ha^{-\alpha})/k!$, où l'on reconnaît une distribution de Poisson de moyenne $ha^{-\alpha}$. Lorsque α est compris entre 1 et 2, $X(t)$ est la somme d'un terme « discontinu » et d'un terme continu. Chacun d'eux est infini, mais leur somme est finie [22]. Précisons que la moyenne des distributions stables existe (*i.e.* est finie) dès que α est supérieur à 1 [23].

COMPORTEMENT ASYMPTOTIQUE HYPERBOLIQUE

Lorsque la variable tend vers l'infini, les distributions stables tendent vers une distribution hyperbolique de la forme $P(U > u) = ku^{-d}$. De manière plus précise, Lévy a montré que les extrémités d'une distribution stable tendaient vers une distribution hyperbolique de la forme $P(U > u) = k|u|^{-\alpha}$ lorsque $|u|$ tendait vers l'infini (pour les valeurs du paramètre α inférieures à 2). Les

20. Cf. B. Mandebrot, « The Variation of certain speculative prices », *op. cit.*, p. 397. Cf. aussi B. Mandelbrot,*The Fractal Geometry of Nature*, p. 367-369 et *Les Objets fractals*, p. 166-167.

21. Cf. par exemple, *Les Objets fractals*, p. 89. Cf. aussi E. Fama, « Mandelbrot and the stable Paretian hypothesis », *Journal of Business* (Chicago), *36*, 420-429 (1963), p. 421.

22. Cf. B. Mandelbrot, *The Fractal Geometry of Nature*, p. 371. Cf. aussi K. Falconer, *Fractal Geometry*, p. 249-250.

23. Cf. E. Fama, « Mandelbrot and the stable paretian hypothesis », *op. cit.*, p. 422.

distributions hyperboliques sont appelées quelquefois « distributions de Pareto » ou « distributions parétiennes ». C'est pourquoi certains auteurs appellent les distributions stables d'indice $\alpha < 2$ des distributions *parétiennes* stables (par opposition aux distributions *gaussiennes* stables [$\alpha = 2$]) [24].

LIMITE DES SOMMES DE DISTRIBUTIONS INDÉPENDANTES

La dernière propriété importante des distributions stables est qu'elles sont les seules limites possibles des sommes de variables aléatoires indépendantes, identiquement distribuées. Il s'agit là en quelque sorte d'une extension de ce qu'on appelle en théorie des probabilités le théorème central limite. D'après ce théorème, la somme de variables aléatoires indépendantes identiquement distribuées et de *variance finie* tend vers une distribution gaussienne. L'extension de ce théorème dit que, si les variables ont une variance infinie, leur somme tend vers une distribution *parétienne* stable d'indice α compris entre 0 et 2 [25].

Exemples de fractales parétiennes

Les processus stables permettent d'engendrer, comme les processus browniens ordinaires, deux types de fractales selon qu'on considère la traînée ou le graphe du processus. Les traînées des processus stables correspondent à ce que Mandelbrot appelle les *poussières de Lévy*, et les graphes des processus stables aux fonctions ou « escaliers » de Lévy.

On montre que la traînée d'un processus stable d'indice α a une dimension de Hausdorff égale à α, alors que sa dimension topologique est nulle [26]. Le graphe d'un processus stable symétrique d'indice α a, pour sa part, une dimension de Hausdorff égale à max $\{1, 2-1/\alpha\}$. Si $\alpha < 1$, sa dimension vaut 1, si $1 < \alpha < 2$, elle vaut $2-1/\alpha$. Un tel ensemble a une dimension topologique de 1, et n'est donc fractal (au sens dimensionnel) que si α est supérieur à 1.

---

24. Cf. E. Fama, *ibid.*, p. 423.
25. Cf. B. V. Gnedenko et A. N. Kolmogorov, *Limit Distributions for Sums of Independent Random Variables*, Reading, Addison-Wesley Press, 1954, p. 162-163.
26. Cf. B. Mandelbrot, *The Fractal Geometry of Nature*, p. 447. Cf. aussi K. Falconer, *Fractal Geometry*, p. 249.

POUSSIÈRES DE LÉVY

Les poussières de Lévy sont de deux sortes : elles peuvent être *linéaires* si l'espace de définition est une droite, ou bien *spatiales* s'il est de dimension supérieure.

Poussières de Lévy linéaires

Pour donner un exemple de poussière de Lévy linéaire, considérons la suite (approximativement brownienne) des gains cumulés d'un joueur au cours des jets successifs d'une pièce (500 jets pour la ligne 1 ; 6 000 pour la ligne 2 ; 10 000 pour la ligne 3) (cf. figure ci-dessous) [27]. Intéressons-nous plus particulièrement aux moments où le gain cumulé du joueur s'annule : sa fortune revient à son point de départ. Ces moments correspondent aux zéros de la fonction brownienne qui sont distribués selon un processus stable d'indice 0,5. L'ensemble des zéros d'une fonction brownienne est donc une poussière de Lévy linéaire de dimension 0,5. On peut obtenir des poussières de Lévy linéaires de dimension quelconque entre 0 et 1 en substituant à la fonction brownienne ordinaire une autre fonction aléatoire convenablement choisie [28]. Ces poussières ont la particularité d'être statistiquement autosimilaires, et ont été utilisées par Mandelbrot pour modéliser les erreurs de transmissions dans les lignes téléphoniques [29].

Un autre exemple de poussière de Lévy linéaire peut être

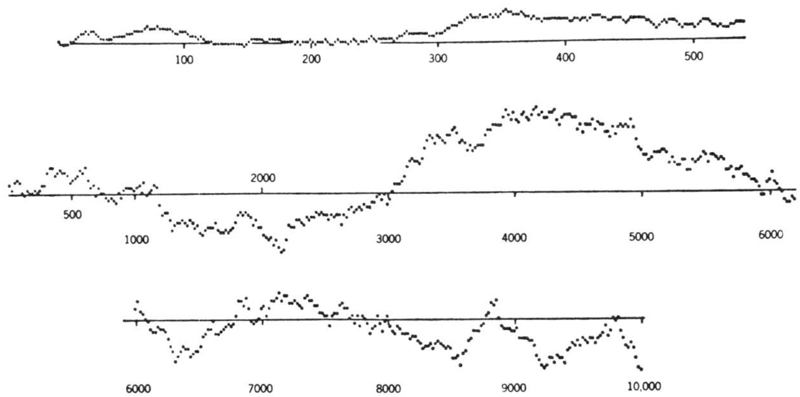

27. Cf. B. Mandelbrot, *Les Objets fractals*, p. 61.
28. Cf. B. Mandelbrot, *The Fractal Geometry of Nature*, p. 240. Cf. aussi *Les Objets fractals*, p. 61.
29. Cf. *Les Objets fractals*, p. 61.

obtenu à partir de l'intersection d'un réseau aléatoire de droites dans le plan par une droite quelconque. Dans le schéma ci-dessous, les bandes noires, que Mandelbrot interprète comme les rues d'une ville, sont disposées aléatoirement. Leur direction est isotrope (aucune n'est privilégiée), et leur largeur suit une distribution hyperbolique (limite d'une distribution stable) d'indice $\alpha < 2$. L'espace non recouvert par les bandes (c'est-à-dire l'espace occupé par les maisons) est un ensemble fractal de dimension α. Si $\alpha > 1$, l'intersection de cet espace avec une droite quelconque est un ensemble de dimension $\alpha - 1$: c'est une poussière de Lévy linéaire de dimension $\alpha - 1$ [30].

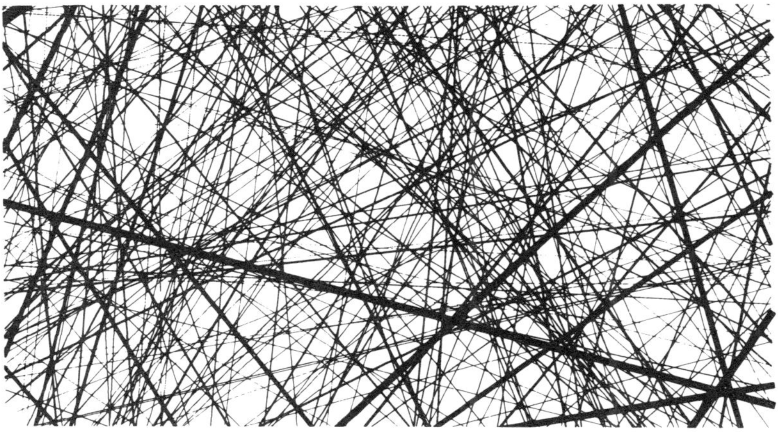

Poussières de Lévy spatiales

Une vaste classe de poussières de Lévy spatiales est engendrée par les traînées de processus stables. Elles correspondent aux sites d'arrêt de ce que Mandelbrot appelle des « vols de Lévy ». Un vol est, d'une façon générale, un cheminement aléatoire dans l'espace que le mathématicien décrit de façon imagée ainsi : « Supposons qu'une fusée parte d'un point $\Pi(0)$ de l'espace et que sa direction soit distribuée de façon aléatoire isotrope. La distance entre $\Pi(0)$ et $\Pi(1)$, défini comme le premier site d'arrêt après $\Pi(0)$, sera également aléatoire, selon une distribution prescrite à l'avance [...]. La fusée repart ensuite vers $\Pi(2)$, défini de

30. Cf. B. Mandelbrot, *The Fractal Geometry of Nature*, p. 285. Cf. aussi *Les Objets fractals*, p. 64.

telle façon que les vecteurs $\Pi(1)-\Pi(0)$, $\Pi(2)-\Pi(1)$ soient indépendants et identiquement distribués. Elle continue ainsi *ad infinitum* [31]. » Les points $\Pi(k)$ constituent les sites d'arrêt du vol spatial. Lorsque la distribution de probabilité de la longueur $|V_k|$ des vecteurs $\Pi(k+1)-\Pi(k)$ est asymptotiquement hyperbolique, c'est-à-dire lorsque $P(|V_k| > v) \propto v^{-\alpha}$, avec $(\alpha < 2)$, le vol spatial est un vol de Lévy. L'ensemble des points $\Pi(k)$ a une dimension topologique nulle et une dimension de Hausdorff égale à α. C'est une poussière de Lévy spatiale de dimension α. Les figures ci-dessous donnent des vues (projections planes) de poussières de Lévy spatiales de dimension 1 et 1,5 [32].

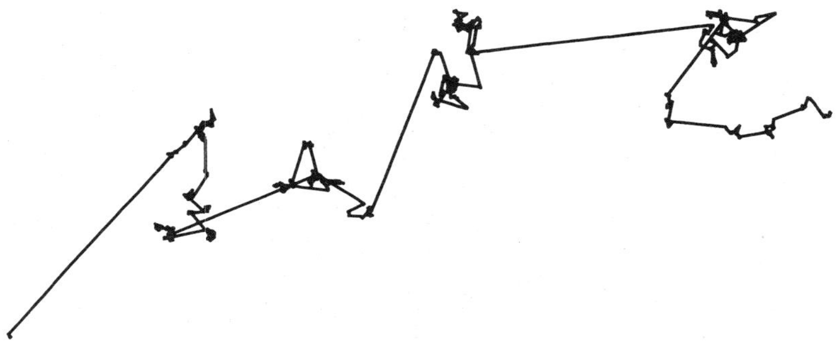

$\alpha = 1$

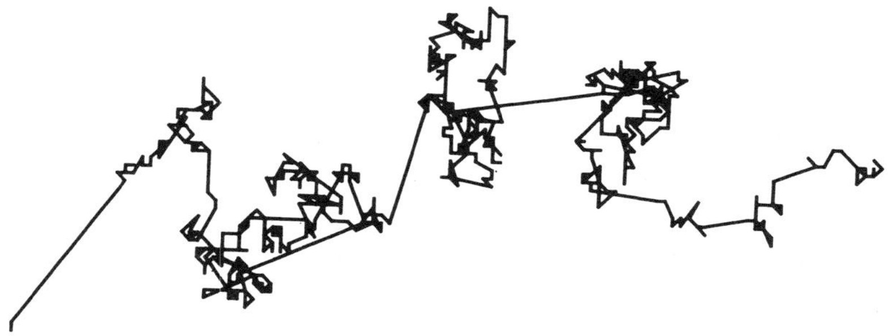

$\alpha = 1,5$

Poussières de Lévy spatiales
(D'après Mandelbrot, *Les Objets fractals*, p. 97-99)

31. *Les Objets fractals*, p. 86.
32. Cf. B. Mandelbrot, *ibid.*, p. 94, 97 et 99. On trouve dans B. Mandelbrot, *The Fractal Geometry of Nature*, p. 296-297, deux vues d'une poussière de Lévy spatiale de dimension 1,26.

ESCALIER DU DIABLE DE LÉVY

Les *graphes* des processus stables permettent d'engendrer des fractales parétiennes d'un autre type, que Mandelbrot appelle les « escaliers de Lévy », ou encore, de manière plus évocatrice, les « escaliers du diable ». Il s'agit d'une fonction en escalier aléatoire plane d'un genre un peu particulier. Pour la construire, on part de l'origine des axes, et on se déplace vers le haut à vitesse constante de façon à rejoindre un point d'ordonnée +1. Ce parcours ne s'effectue pas en ligne droite, mais se trouve, à intervalles réguliers, brusquement déporté vers la droite : chaque fois que l'ordonnée augmente d'une quantité Δy, l'abscisse croît d'une quantité aléatoire Δx distribuée hyperboliquement, c'est-à-dire telle que $P(\Delta x > u) = u^{-\alpha}$. Au terme de ce trajet heurté, on finit par atteindre un point de coordonnées $(a, 1)$. On s'arrange alors pour que l'escalier aboutisse au point de coordonnées (1, 1) en modifiant l'échelle des abscisses dans une homothétie de rapport $1/a$. On trouve chez Mandelbrot des exemples d'escalier de Lévy correspondant à différentes valeurs de α [33]. Il est à noter que la dimension de Hausdorff de ces ensembles est égale à leur dimension topologique (*i.e.* 1) [34]. Si l'on s'en tenait à une définition strictement dimensionnelle, ces ensembles ne seraient donc pas fractals.

33. Cf. B. Mandelbrot, *The Fractal Geometry of Nature*, p. 286. (Cf aussi *Les Objets fractals*, p. 63.)
34. Cf. B. Mandelbrot, *The Fractal Geometry of Nature*, p. 446.

Appendice 3

Les routes vers le chaos

Les physiciens distinguent à ce jour au moins trois routes vers le chaos, ou plus précisément trois scénarios d'installation de la turbulence [1].

Le premier de ces scénarios a été proposé par Ruelle, Takens et Newhouse [2] qui ont formulé l'hypothèse selon laquelle la turbulence apparaîtrait dans un système après seulement trois bifurcations à partir de l'état stationnaire. Une première bifurcation ferait passer le système de l'état stationnaire à l'état périodique (avec une fréquence), une seconde de l'état périodique à l'état quasi périodique (avec deux fréquences incommensurables entre elles), et une troisième de l'état quasi périodique avec deux fréquences à un état quasi périodique avec trois fréquences. Ce troisième état, étant par nature instable, céderait spontanément la place (sous l'effet d'une petite perturbation) à un régime turbulent régi par un attracteur étrange. Cette interprétation de l'installation de la turbulence implique concrètement que le spectre de l'écoulement, qui peut être analysé empiriquement, devient continu très rapidement. La théorie de Landau prévoit au contraire que le spectre de Fourier de l'écoulement ne devient continu que progressivement, après accumulation d'un grand nombre de fréquences. En effet, selon Landau, la turbulence ne s'installe dans un système qu'après un grand nombre de bifurcations à partir de l'état stationnaire. Sans entrer dans le détail,

1. Cf. l'article de J.-P. Eckmann, « Roads to turbulence in dissipative dynamical systems », *Rev. Mod. Phys.*, *53*, 643-654 (1981).

2. Cf. S. Newhouse, D. Ruelle et F. Takens, « Occurrence of strange axiom-A attractors near quasi-periodic flows on T^m, $m \geq 3$ », *Commun. Math. Phys.*, *64*, 35-40 (1978).

disons que les expériences réalisées jusqu'à présent [3] sur l'installation de la turbulence dans un fluide stationnaire n'ont pas permis de mettre en évidence cette accumulation progressive de fréquences annoncée par la théorie de Landau. Le spectre de l'écoulement présente une seule raie, puis deux raies, et devient ensuite très vite continu. Ces expériences viennent donc appuyer le scénario proposé par Ruelle, Takens et Newhouse pour expliquer l'apparition de la turbulence.

Un autre scénario est celui proposé par le physicien américain Mitchell Feigenbaum [4]. Il repose sur le mécanisme de *doublement de période*. Un régime stationnaire devient turbulent après une série de bifurcations correspondant chacune à un dédoublement de la période. Le système devient périodique, puis bipériodique, puis de période 2^n, et, à partir d'un certain seuil, apériodique ou turbulent. Ce mécanisme de doublement de période est attesté dans une multitude de domaines, comme en hydrodynamique (expérience de thermoconvection) ou en dynamique des populations (cf. équation logistique de May).

Le troisième scénario pour formaliser l'apparition de la turbulence a été imaginé par deux physiciens français, Yves Pomeau et Paul Manneville. Il repose sur la notion d'*intermittence* [5], qui recouvre un phénomène relativement simple. D'après ce scénario, un système devient turbulent lorsqu'il a été envahi par des fluctuations « anormales ». Celles-ci apparaissent lorsqu'un paramètre de contrôle (fonction du système considéré) dépasse une certaine valeur, qu'on appelle le seuil d'intermittence. En deçà de ce seuil, le régime est régulier : le système oscille avec une période bien définie. Au-delà de ce seuil, les oscillations régulières sont interrompues, de temps à autre, par de véritables « bouffées de turbulence ». Ces bouffées de turbulence apparaissent, durent un temps, puis disparaissent (il y a relaminarisation). Puis il vient un moment où le paramètre de contrôle devient trop élevé, ces fluctuations deviennent de plus en plus rapprochées, sont de

---

3. Cf. H. L. Swinney et J. P. Gollub, « Transition to turbulence », *Phys. Today*, *31*, 41-49 (1978).

4. Cf. M. J. Feigenbaum, « Quantitative universality for a class of non linear transformations », *J. Stat. Phys.*, *19*, 25-52 (1978).

5. Cf. Y. Pomeau, P. Manneville, « Intermittent transition to turbulence in dissipative dynamical systems », *Commun. Math. Phys.*, *74*, 189-197 (1980) (article reproduit dans *Chaos*, éd. B.-L. Hao, p. 355-363).

moins en moins intermittentes : c'est l'installation de la turbulence proprement dite, du chaos.

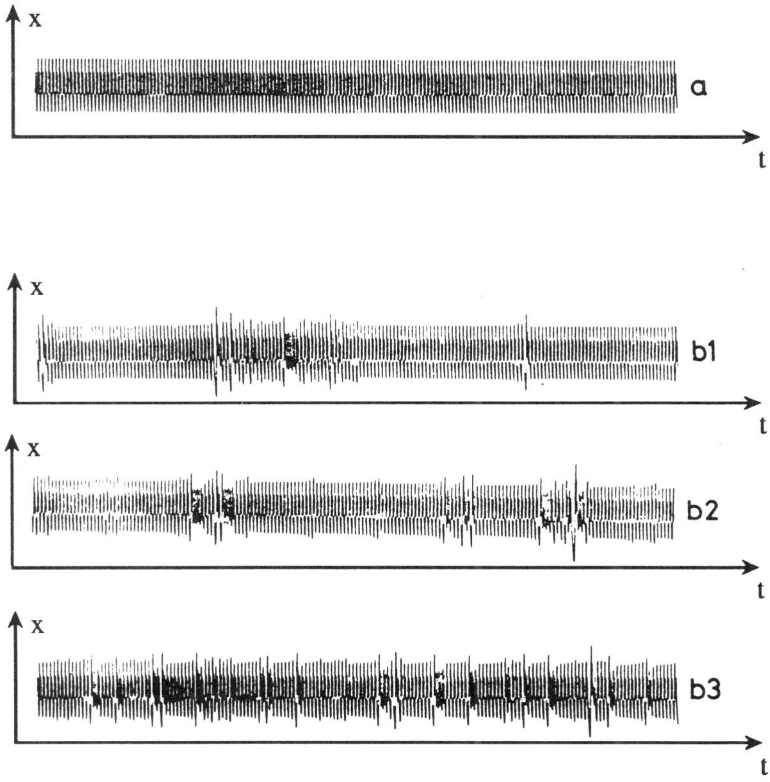

Le phénomène d'intermittence dans le modèle de Lorenz. En *a* les oscillations sont régulières ($r = 166$). En *b*, les oscillations sont interrompues par des bouffées de turbulence qui deviennent de plus en plus fréquentes lorsque r augmente
(D'après Y. Pomeau et P. Manneville, *art. cit.*, p. 190)

Bien que formellement différents, ces trois scénarios ne sont pas incompatibles et peuvent coexister dans un même système [6].

6. Pour différentes valeurs des paramètres. Cf. J.-P. Eckmann, « Roads to turbulence in dissipative dynamical systems », *loc. cit.*, p. 646.

Bibliographie

Ouvrages généraux

Philosophie

Aristote, *De Cælo*, tr. fr. J. Tricot, Paris, Vrin, 1949.
– *L'Éthique à Nicomaque*, tr. fr. J. Tricot, Paris, Vrin, 1972.
– *La Métaphysique*, tr. fr. J. Tricot, Paris, Vrin, 2 vol., 1974.
– *La Physique*, tr. fr. H. Carteron, Paris, Les Belles Lettres, 2 vol., 1969.
– *La Poétique*, tr. fr. J. Hardy, Paris, Les Belles Lettres, 1965.
Aubenque P., *Le Problème de l'être chez Aristote*, Paris, PUF, 4e éd., 1977.
Bergson H., *Œuvres*, Paris, PUF, 1970.
Bréhier E., *Histoire de la philosophie*, Paris, PUF, coll. « Quadrige », 3 vol., 1981.
Brunschvicg L., *La Modalité du jugement*, Paris, 2e éd., 1964.
Caillois R., *Cohérences aventureuses*, Paris, Gallimard, 1973.
Descartes R., *Œuvres philosophiques*, éd. F. Alquié, Paris, Garnier-Flammarion, 3 vol., 1973.
Grenet J., *Les Origines de l'analogie philosophique dans les Dialogues de Platon*, Paris, Boivin, 1948.
Heidegger M., *Essais et conférences*, tr. fr. A. Préau, Paris, Gallimard, 1958.
– *Chemins qui ne mènent nulle part*, tr. fr. W. Brokmeier, Paris, Gallimard, 1962.
– *Qu'appelle-t-on penser ?*, tr. fr. A. Becker et G. Granel, Paris, PUF, 3e éd., 1973.
Husserl E., *La Crise des sciences européennes et la phénoménologie transcendantale*, tr. fr. G. Granel, Paris, Gallimard, 1976.
Kant E., *Critique de la raison pure*, tr. fr. A. Tremesaygues et B. Pacaud, Paris, PUF, 8e éd., 1975.

– *Histoire générale de la nature et théorie du ciel*, tr. fr. A.-M. Roviello, Paris, Vrin, 1984.
Leibniz W. G., *Die philosophischen Schriften*, éd. Gerhardt, Hildesheim-New York, Olms, 1978.
Malebranche N., *De la Recherche de la Vérité, Œuvres complètes*, t. I, II et III, Paris, Vrin, 1972, 1974, 1976.
– *Traité de la Nature et de la Grâce, Œuvres complètes*, t. V, Paris, Vrin, 1958.
Pascal B., *Pensées*, éd. Lafuma, Paris, Éd. du Seuil, 1963.
Platon, *Le Timée*, tr. fr. A. Rivaud, Paris, Les Belles Lettres, 1970.
Robin L., *La Pensée grecque et les origines de l'esprit scientifique*, Paris, A. Michel, 1973.
Ross D., *Aristote*, tr. fr. J. Samuel, Paris, Gordon & Breach, 1971.
Saint Thomas d'Aquin, *Questions disputées sur la vérité, Question XI : Le Maître*, tr. fr. B. Jollès, Paris, Vrin, 1983.
Schuhl P.-M., *Machinisme et philosophie*, Paris, PUF, 2e éd., 1947.
Valéry P., *Cahiers* I et II, Paris, Gallimard, « Bibl. de la Pléiade », 1973-1974.
Wittgenstein L., *Tractatus logico-philosophicus*, tr. fr. P. Klossowski, Paris, Gallimard, 1961.

Science et philosophie des sciences

Bachelard G., *La Formation de l'esprit scientifique*, Paris, Vrin, 11e éd., 1980.
– *La Philosophie du non*, Paris, PUF, 6e éd., 1973.
– *Le Pluralisme cohérent de la chimie moderne*, Paris, Vrin, 2e éd., 1973.
Barthez P. J., *Nouveaux éléments de la science de l'homme*, 1778.
Bernard C., *Introduction à l'étude de la médecine expérimentale*, Paris, Garnier-Flammarion, 1966.
Borel E., *Le Hasard*, Paris, Alcan, 1914.
Bourbaki N., *Théorie des ensembles*, Paris, Hermann, 1977.
Broglie (de) L., *Recherches d'un demi-siècle*, Paris, A. Michel, 1976.
Buffon G. L., *Histoire naturelle*, Paris, Gallimard, 1984.
Canguilhem G., *La Connaissance de la vie*, Paris, Vrin, 1975.
Carnap R., *Les Fondements philosophiques de la physique*, tr. fr. J. M. Luccioni et A. Soulez, Paris, A. Colin, 1973.
Clavelin M., *La Philosophie naturelle de Galilée*, Paris, A. Colin, 1968.
Comte A., *Cours de philosophie positive*, Paris, Hermann, 2 vol., 1975.
– *Discours sur l'esprit positif*, Paris, Vrin, 1974.
Cuvier G., *Discours sur les révolutions de la surface du globe*, Paris, Bourgois, 1985.
D'Arcy Thompson W., *On Growth and Form*, Cambridge, Cambridge University Press, 1917.
Delgado G., *Physical Control of the Mind*, New York, Harper and Row, 1971.

Deligeorges S. (dir.), *Le Monde quantique*, Paris, Éd. du Seuil, coll. « Points Sciences » n° 46, 1984.
Dieudonné J., *Pour l'honneur de l'esprit humain*, Paris, Hachette, 1987.
Dirac P. A. M., *The Principles of Quantum Mechanics*, Oxford, Clarendon Press, 4e éd., 1958.
Du Bois-Reymond E., *Über die Grenzen des Naturerkennens*, Leipzig, 1892.
Duhem P., *La Théorie physique, son objet, sa structure*, Paris, Vrin, 2e éd., 1989.
– *Le Système du monde*, t. I, Paris, Hermann, 1913.
– *L'Évolution de la mécanique*, Paris, Vrin, 1992.
Einstein A., *Comment je vois le monde*, Paris, Flammarion, 1979.
– *Correspondance Einstein – Michele Besso, 1903-1955*, Paris, Hermann, 1972.
Ekeland I., *Le Calcul, l'imprévu*, Paris, Éd. du Seuil, 1984.
– *Au Hasard*, Paris, Éd. du Seuil, 1991.
Ellul J., *Le Système technicien*, Paris, Calmann-Lévy, 1977.
Feynman R., *Mécanique quantique*, Paris, InterÉditions, 1979.
– *Mécanique*, t. I et II, Paris, InterÉditions, 1979.
Galilée G., *Discours et démonstrations mathématiques concernant deux sciences nouvelles*, tr. fr. M. Clavelin, Paris, A. Colin, 1970.
– *L'Essayeur*, tr. fr. dans Ch. Chauviré, *L'Essayeur de Galilée*, Annales littéraires de l'Université de Besançon, n° 234, Paris, Les Belles Lettres, 1980.
Gille B., *Histoire des techniques*, Paris, Gallimard, « Bibl. de la Pléiade », 1978.
Hamelin O., *Essai critique*, Paris, Alcan, 1895.
Hawking S., *Une Brève histoire du temps*, tr. fr. I. Naddeo-Souriau, Paris, Flammarion, coll. « Champs » n° 238, 1991.
– *Commencement du temps et fin de la physique ?*, tr. fr. C. Chevalley, Paris, Flammarion, 1992.
Heisenberg W., *La Partie et le tout, Le monde de la physique atomique*, tr. fr. P. Kessler, Paris, Flammarion, coll. « Champs » n° 215, 1990.
Hempel C. G., *Éléments d'épistémologie*, tr. fr. B. Saint-Sernin, Paris, A. Colin, 1972.
Hottois G., *Le Signe et la technique*, Paris, Aubier-Montaigne, 1984.
Jorland G., *La Science dans la philosophie : les recherches épistémologiques d'Alexandre Koyré*, Paris, Gallimard, 1981.
Koyré A., *Études galiléennes*, Paris, Hermann, 1966.
– *Études newtoniennes*, Paris, Gallimard, 1968.
– *Études d'histoire de la pensée philosophique*, Paris, Gallimard, 1971.
– *Du Monde clos à l'univers infini*, Paris, Gallimard, 1973.
– *Études d'histoire de la pensée scientifique*, Paris, Gallimard, 1973.
Laplace P. S., *Essai philosophique sur les probabilités*, Paris, Bourgois, 1986.

Largeault J., *Philosophie de la nature 1984*, IRU, Université Paris XII – Val-de-Marne, 1984.
– *Principes de philosophie réaliste*, Paris, Klincksieck, 1985.
– *Systèmes de la nature*, Paris, Vrin, 1985.
– *Principes classiques d'interprétation de la nature*, Paris, Vrin, 1988.
Mach E., *La Mécanique – Exposé historique et critique de son développement*, tr. fr. E. Bertrand, Paris, Éd. Jacques Gabay, 1987 (reproduction en fac-similé de l'édition de 1904).
Meyer H. J., *Die Technisierung der Welt*, Tübingen, Niemeyer, 1961.
Meyerson E., *Identité et réalité*, Paris, Vrin, 5e éd., 1951.
– *La Déduction relativiste*, Paris, Éd. Jacques Gabay, 1992 (reproduction en fac-similé de l'édition de 1925).
Monod J., *Le Hasard et la nécessité*, Paris, Éd. du Seuil, coll. « Points » no 43, 1970.
Newton I., *Opera*, éd. Horsley, Londres, 1785.
– *Principes mathématiques de la philosophie naturelle*, tr. fr. Marquise Du Chastellet, Paris, Blanchard, 2 vol., 1966 (reproduction en fac-similé d'une édition de 1756).
Packard, V., *The People Shapers*, Londres, Futura, 1978.
Perrin J., *Les Atomes*, Paris, Flammarion, coll. « Champs » no 225, 1991.
Poincaré H., *Science et méthode*, Paris, Flammarion, 1908.
– *Dernières pensées*, Paris, Flammarion, 1963.
– *Méthodes nouvelles de la mécanique céleste*, Paris, Blanchard, 3 vol., 1987 (reproduction en fac-similé de l'édition de 1892-1899).
– *L'Analyse et la recherche*, Paris, Hermann, 1991.
– *La Querelle du déterminisme*, Paris, Gallimard, 1990.
Rostand J., *La Vie et ses problèmes*, Paris, Flammarion, 1939.
Salam A., *La Grande unification*, tr. fr. J. Kaplan et A. Laverne, Paris, Éd. du Seuil, 1991.
Schrödinger E, *Qu'est-ce que la vie ?*, tr. fr. L. Keffler, Paris, Bourgois, 1986.
Taton R. (dir.), *Histoire générale des sciences*, Paris, PUF, 4 vol., 1966², 1958¹, 1981², 1983².
Testart J., *Le Désir du gène*, Paris, F. Bourin, 1992.
Thomson W., *Conférences scientifiques et allocutions*, tr. fr. Lugol et Brillouin, Paris, 1894.
Töffler A., *Future Shock*, New York, Random House, 1970.

Théorie des catastrophes

Lévy-Leblond J.-M, « Des Mathématiques catastrophiques », *Critique, 33*, 430-441 (1977).
Lorenz K., *L'Agression : une histoire naturelle du mal*, tr. fr. V. Fritsch, Paris, Flammarion, coll. « Champs » no 20, 1977.

Petitot J. (dir.), *Logos et théorie des catastrophes* (Colloque de Cerisy), Genève, Patiño, 1988.
– « Structuralisme et phénoménologie : la théorie des catastrophes et la part maudite de la raison », *Logos et théorie des catastrophes*, Genève, Patiño, 1988, p. 345-376.
– « La Théorie des catastrophes, un événement et un avènement », *Encyclopædia universalis, Universalia – 1978*, p. 198-202.
Sussman H. et Zahler R., « Catastrophe theory as applied to the social and biological sciences : a critique », *Synthese, 37*, 117-216 (1978).
Thom R., *Modèles mathématiques de la morphogénèse*, 1re éd., Paris, UGE, (coll. 10/18, nº 887), 1974.
– *Modèles mathématiques de la morphogénèse*, 2e éd., Paris, Bourgois, 1980.
– *Paraboles et catastrophes*, Paris, Flammarion, 1983.
– *Stabilité structurelle et morphogénèse*, Paris, InterÉditions, 2e éd., 1984.
– *Esquisse d'une sémiophysique*, Paris, InterÉditions, 1988.
– *Apologie du logos*, Paris, Hachette, 1990.
– *Prédire n'est pas expliquer*, Paris, Eshel, 1991.
– « La Physique et les formes », *La Pensée physique contemporaine*, Moulidars, Éditions Augustin Fresnel, 1982, p. 335-342.
– « La Science en crise ? », *Le Débat, 18*, 34-43 (1982).
– « La Science malgré tout... », *Encyclopædia Universalis, Symposium*, 1985, p. 73-77.
– « La Théorie des catastrophes : état présent et perspectives », dans C. Zeeman, *Catastrophe Theory – Selected Papers, 1972-1977*, p. 615-621.
– « Matière, forme et catastrophes », *Penser avec Aristote*, éd. M.A. Sinaceur, Toulouse, Erès, 1991, p. 367-398.
– « Aristote et l'avènement de la science moderne : la rupture galiléenne », *Penser avec Aristote*, éd. M. A. Sinaceur, Toulouse, Erès, 1991, p. 489-496.
Zeeman C., *Catastrophe Theory – Selected Papers, 1972-1977*, Reading, Addison-Wesley, 1980.

Théorie des fractales

Albers, D. J. et Alexanderson G. L (éds.), *Mathematical People : Profiles and Interviews*, Boston, Birkhauser, 1985.
Bachelier, L. *Théorie de la spéculation*, Thèse pour le Doctorat ès Sciences Mathématiques, soutenue le 29 mars 1900, *Annales Scientifiques de l'École Normale Supérieure, III-17*, 21-86.
Bass J., *Éléments de calcul des probabilités*, Paris, Masson, 1974.
Brouwer L., « Über den natürlichen Dimensionsbegriff », *Journ. f. Math.*, *142*, 146-152 (1913).

Cherbit G. (éd.), *Fractals, dimensions non entières et applications*, Paris, Masson, 1987.

Falconer K., *Fractal Geometry*, New York, Wiley, 1990.

Fama E., « Mandelbrot and the stable Paretian hypothesis », *Journal of Business* (Chicago), *36*, 420-429 (1963).

Feder J., *Fractals*, New York, Plenum Press, 1988.

Fournier d'Albe E.-E., *Two New Worlds : I The Infra World ; II The Supra World*, Londres, Longmans green, 1907.

Gnedenko B. V. et Kolmogorov A. N., *Limit Distributions for Sums of Independent Random Variables*, Reading, Addison-Wesley Press, 1954.

Hahn H., « The Crisis in Intuition », *The World of Mathematics*, éd. J. R. Newman, New York, Simon & Schuster, t. 3.

Hausdorff F., « Dimension und äußeres Maß », *Mathematische Annalen*, *79*, 157-179 (1919).

Hermite C. et Stieltjes T., *Correspondance*, éd. par B. Baillaud et H. Bourget, Paris, Gauthier-Villars, 2 vol., 1905.

Hurewicz W. et Wallman H., *Dimension Theory*, Princeton, Princeton University Press, 2e éd., 1948.

Jullien R., Botet R. et Kolb M., « Les Agrégats », *La Recherche*, *16*, 1333-1343 (1985).

Koch (von) H., « Sur une courbe continue sans tangente obtenue par une construction géométrique élémentaire », *Arkiv för Matematik, Astronomi och Fysik*, *1*, 681-704 (1904).

Le Méhauté A., *Les Géométries fractales*, Paris, Hermès, 1990.

Lévy P., *Calcul des probabilités*, Paris, Gauthier-Villars, 1925.

– *Processus stochastiques et mouvement brownien*, Paris, Éd. Jacques Gabay, 1992 (reproduction en fac-similé de l'édition de 1965).

Mandelbrot B. et J. W. Van Ness, « Fractional brownian motions, fractional noises and applications », SIAM *Review*, *10*, 422-437 (1968).

Mandelbrot B., *The Fractal Geometry of Nature*, New York, W. H. Freeman, 3e éd., 1983.

– *Les Objets fractals*, Paris, Flammarion, 3e éd., 1989.

– « The Variation of certain speculative prices », *Journal of Business* (Chicago), *36*, 394-419 (1963).

– « How long is the coast of Britain ? Statistical self-similarity and fractional dimension », *Science*, *155*, 636-638 (1967)

– « Des Monstres de Cantor et de Peano à la géométrie fractale de la nature », *Penser les mathématiques*, Paris, Éd. du Seuil, coll. « Points Sciences » n° 29, 1982, p. 226-251.

– « Comment j'ai découvert les fractales », *La Recherche*, *17*, 420-424 (1986).

Niemeyer L., Pietronero L. et Wiesman H. J., « Fractal dimension of dielectric breakdown », *Phys. Rev. Lett.*, *52*, 1033-1036 (1984).

Peitgen H.-O. et Saupe D. (éds.), *The Science of Fractal Images*, New York, Springer, 1988.

Richardson L. F., « The Problem of Contiguity », *General Systems Yearbook, 6*, 139-187 (1961).
Sierpinski W., « Sur une courbe dont tout point est un point de ramification », *Comptes rendus* (Paris), *160* (1915).
Steinhaus H., « Length, shape and area », *Colloquium Mathematicum, 3*, 1-13 (1954).
Vaucouleurs G. (de), « The Case for a hierarchical Cosmology », *Science, 167*, 1203-1213 (1970).
Weitz D. A. et Oliveria M., « Fractal structures formed by kinetic aggregation of aqueous gold colloids », *Phys. Rev. Lett, 52*, 1433-1436 (1984).
Witten T. A. et Sander L. M., « Diffusion-limited aggregation, a kinetic phenomenon », *Phys. Rev. Lett., 47*, 1400-1403 (1981).

Théorie des structures dissipatives

Bénard H., *Annales de chimie et de physique, 23*, 62-144 (1901).
Clausius R, « Über eine veränderte Form des Zweites Haupsatzes der mechanischen Wärmentheorie », *Annalen der Physik und Chemie, 169*, 127-154 (1854).
– « Über die Anwendung des Satzes von der Äquivalenz der Verwandlungen auf die innere Arbeit », *ibid., 192*, 73-112 (1862).
Glansdorff P. et Prigogine I., *Structure, stabilité et fluctuations*, Paris, Masson, 1971.
Nicolis G. et Prigogine I., *Self-Organization in Nonequilibrium Systems*, New York, Wiley & Sons, 1977.
– *À la Rencontre du complexe*, tr. fr. J. Chanu, Paris, PUF, 1992.
Prigogine I., *Introduction à la thermodynamique des processus irréversibles*, tr. fr. J. Chanu, Paris, Dunod, 1968.
– *Physique, temps et devenir*, tr. fr. J. Chanu, Paris, Masson, 1982.
Prigogine I. et Stengers I., *La Nouvelle alliance*, Paris, Gallimard, 2e éd., 1986.
– *Entre le Temps et l'éternité*, Paris, Fayard, 1991.
Thomson W., « On a universal tendency in nature to the dissipation of mechanical energy », *Transactions of the Royal Society of Edinburgh, 20* (1850/1853), 3e partie, 139-142.
Truesdell C., *The Tragicomical History of Thermodynamics 1822-1854*, New York-Heidelberg-Berlin, Springer, 1980.
Ullmo J., « Le Principe de Carnot et la philosophie », *Sadi Carnot et l'essor de la thermodynamique*, Paris, Éditions du CNRS, 1976, p. 399-408.

Théorie du chaos

Arnold V., *Méthodes mathématiques de la mécanique classique,* Moscou, Mir, 1976.

– *Chapitres supplémentaires de la théorie des équations différentielles ordinaires,* Moscou, Mir, 1980.

Bergé P., Pomeau Y. et Vidal C., *L'Ordre dans le chaos,* Paris, Hermann, 1984.

Bergé P. et Pomeau Y., « La Turbulence », *La Recherche, 11,* 422-432 (1980).

Cvitanović P., *Universality in Chaos,* Bristol, Adam Hilger, 2e éd., 1989.

Dynamical Chaos, Proceedings of the Royal Society, Londres, Royal Society, 1987.

Eckmann J.-P., « Roads to turbulence in dissipative dynamical systems », *Rev. Mod. Phys., 53,* 643-654 (1981).

Feigenbaum M. J., « Quantitative universality for a class of non linear transformations », *J. Stat. Phys., 19,* 25-52 (1978).

Ford J., « What is chaos ? », preprint, Georgia Institute of Technology.

Gleick J., *La Théorie du chaos,* Paris, Albin Michel, 1989.

Hadamard J., « Les Surfaces à courbures opposées et leurs lignes géodésiques », *Journal de mathématiques pures et appliquées, 4,* 27-73 (1898).

Hao B.-L. (éd.), *Chaos,* World Scientific, Singapore, 1989.

Landau L. D. et Lifchitz E., *Mécanique des fluides,* Moscou, Mir, 1971.

Landau L. D., « Sur le Problème de la turbulence » (en russe), *Dokl. Akad. Nauk* SSSR, 44, 339-342 (1944).

Lorenz E., « Deterministic Nonperiodic Flow », *Journal of the atmospheric sciences, 20,* 130-141 (1963).

– « Predictability : does the flap of a butterfly's wings in Brazil set off a tornado in Texas ? », Communication devant l'*American Association for the Advancement of Science* à Washington le 29 décembre 1979.

May R., « Biological populations with nonoverlapping generations : stable points, stable cycles and chaos », *Science, 186,* 645-647 (1974).

– « Simple mathematical models with very complicated dynamics », *Nature, 261,* 459-467 (1976).

Newhouse S., Ruelle D. et Takens F., « Occurrence of strange axiom-A attractors near quasi-periodic flows on T^m, $m \geq 3$ », *Commun. Math. Phys., 64,* 35-40 (1978).

Pomeau Y. et Manneville P., « Intermittent transition to turbulence in dissipative dynamical systems », *Commun. Math. Phys., 74,* 189-197 (1980).

Ruelle D., *Chaotic Evolution and Strange Attractors,* Cambridge, Cambridge University Press, 1989.

– *Hasard et chaos*, Paris, Éd. Odile Jacob, 1991.
– « Strange attractors », *The Mathematical Intelligencer, 2,* 126-137 (1980).
– « Les Attracteurs étranges », *La Recherche, 11,* 132-144 (1980).
– « Déterminisme et prédicibilité », *Pour la Science*, août 1984, p. 58-67.

Ruelle D. et Takens F., « On the Nature of turbulence », *Communications in mathematical physics, 20,* 167-192 (1971).

Smale S., « Differentiable dynamical systems », *Bull. Am. Math. Soc., 73,* 747-817 (1967).

Swinney H. L. et Gollub J. P., « Transition to turbulence », *Phys. Today, 31,* 41-49 (1978).

Yorke J. et Li T.-Y, « Period three implies chaos », *Amer. Math. Monthly, 82,* 985-992 (1975).

Index des noms

Index des matières

Table des matières

CRÉDITS ILLUSTRATIONS

L'Ordre dans le chaos – Vers une approche déterministe de la turbulence, P. Bergé, Y. Pomeau, Ch. Vidal, Hermann, Paris, 1984, p. 134, 136.

Réaction de Belousov-Zhabotinsky, p. 50 et *Ondes planes observées dans la réaction de Belousov-Zhabotinsky*, p. 52, droits réservés.

Fractal Geometry – Mathematical Foundations and Applications, K. Falconer, John Wiley & Sons, Chichester, 1990, illustrations reproduites avec l'aimable autorisation de John Wiley & Sons Ltd, p. 42, 44, 46, 214, 247, 248, 270, 328, 333.

Chaos : the Making of a New Science, J. Gleick, Viking Penguin, New York, 1987, p. 238.

The Fractal Geometry of Nature, Benoît B. Mandelbrot, W.H. Freeman and Company, New York, 1983, © Benoît B. Mandelbrot pour les illustrations, droits réservés, p. 45, 199, 328, 341.

Les Objets fractals – Forme, hasard, dimension, Benoît B. Mandelbrot, Flammarion, Paris, 3e éd. 1989, © Benoît B. Mandelbrot pour les illustrations, droits réservés, p. 196, 199, 201, 206, 210, 271, 331, 338, 339, 340.

Self-Organization in Nonequilibrium Systems – From Dissipative Structures to Order through Fluctuations, G. Nicolis & I. Prigogine, John Wiley & Sons, New York, 1976, p. 259.

The Science of Fractal Images, H.O. Peitgen & D. Saupe, Springer Verlag, New York, 1988 – droits réservés, p. 202.

« Intermittent Transition to Turbulence in Dissipative Dynamical Systems », *Commun. Math. Phys. 74*, Y. Pomeau & P. Manneville, John Wiley & Sons, New York, 1980, p. 345.

Topologie et perception, Claude Paul Bruter, Maloine, 2e édition, 1985, p. 75.

CET OUVRAGE
A ÉTÉ TRANSCODÉ
ET ACHEVÉ D'IMPRIMER
PAR L'IMPRIMERIE FLOCH À MAYENNE
EN FÉVRIER 1993

N° d'impression : 33481.
N° d'édition : 7381-0201-1.
Dépôt légal : février 1993.
Imprimé en France